油气藏地质及开发工程国家重点实验室资助

复杂油气藏开发丛书

复杂油气藏固井液技术研究与应用

郭小阳 李早元 辜 涛 张兴国 等 编著

科学出版社

北 京

内 容 简 介

本书主要介绍解决我国复杂地质、工况条件下的固井问题中针对固井液研究得到的基础理论、新思路、新材料、新方法及现场应用等方面的总结，具有针对性、实用性、知识性的特点，面向研究、面向生产，希望能通过此书为广大油气井固井技术领域相关人员提供有益的借鉴。全书共分为八章，主要介绍固井工作液的概念及在复杂油气藏勘探开发中遇到的挑战、高效抗污染隔离液技术、可固化诸漏工作液、固井水泥石酸性气体腐蚀与防腐体系、稠油热采井铝酸盐水泥浆体系、水泥环完整性评价模型与试验、固井水泥石增韧改性技术以及自修复水泥浆技术。

本书读者对象为相关科研院所研究人员、高等学校教师和研究生，同时也适合石油行业专业技术人员和材料、化学等其他相关专业技术人员作为参考。

图书在版编目(CIP)数据

复杂油气藏固井液技术研究与应用 / 郭小阳等编著. —北京：科学出版社，2017.6
　　（复杂油气藏开发丛书）
　　ISBN 978-7-03-042918-6

Ⅰ.①复…　Ⅱ.①郭…　Ⅲ.①复杂地层–油气藏–固井–油井水泥–研究
Ⅳ.①TE256

中国版本图书馆 CIP 数据核字（2014）第 309772 号

责任编辑：张　展　刘　琳 / 责任校对：韩雨舟
封面设计：陈　敬 / 责任印制：余少力

科学出版社 出版
北京东黄城根北街16号
邮政编码：100717
http://www.sciencep.com

四川煤田地质制图印刷厂 印刷
科学出版社发行　各地新华书店经销

*

2017 年 6 月第 一 版　　开本：787×1092 1/16
2017 年 6 月第一次印刷　　印张：15
字数：350 千字
定价：149.00 元
（如有印装质量问题，我社负责调换）

丛书编写委员会

主　　编：赵金洲

编　　委：罗平亚　周守为　杜志敏

　　　　　张烈辉　郭建春　孟英峰

　　　　　陈　平　施太和　郭　肖

本书作者

郭小阳　李早元　辜　涛

张兴国　程小伟　李　明

刘　健　黄　盛　郑冠一

丛 书 序

石油和天然气是社会经济发展的重要基础和主要动力，油气供应安全事关我国实现"两个一百年"奋斗目标和中华民族伟大复兴中国梦的全局。但我国油气资源约束日益加剧，供需矛盾日益突出，对外依存度越来越高，原油对外依存度已达到 60.6%，天然气对外依存度已达 32.7%，油气安全形势越来越严峻，已对国家经济社会发展形成了严重制约。

为此，《国家中长期科学和技术发展规划纲要(2006~2020 年)》对油气工业科技进步和持续发展提出了重大需求和战略目标，将"复杂地质油气资源勘探开发利用"列入 11 个重点领域之首的能源领域的优先主题，部署了我国科技发展重中之重的 16 个重大专项之一"大型油气田及煤层气开发"。

国家《能源发展"十一五"规划》指出要优先发展复杂地质条件油气资源勘探开发、海洋油气资源勘探开发和煤层气开发等技术，重点发展天然气水合物地质理论、资源勘探评价、钻井和安全开采技术。国家《能源发展"十二五"规划》指出要突破关键勘探开发技术，着力突破煤层气、页岩气等非常规油气资源开发技术瓶颈，达到或超过世界先进水平。

这些重大需求和战略目标都属于复杂油气藏勘探与开发的范畴，是国内外油气田勘探开发工程界未能很好解决的重大技术难题，也是世界油气科学技术研究的前沿。

油气藏地质及开发工程国家重点实验室是我国油气工业上游领域的第一个国家重点实验室，也是我国最先一批国家重点实验室之一。实验室一直致力于建立复杂油气藏勘探开发理论及技术体系，以引领油气勘探开发学科发展、促进油气勘探开发科技进步、支撑油气工业持续发展为主要目标，以我国特别是西部复杂常规油气藏、深海油气以及页岩气、煤层气、天然气水合物等非常规油气资源为对象，以"发现油气藏、认识油气藏、开发油气藏、保护油气藏、改造油气藏"为主线，油气并举、海陆结合、气为特色，瞄准勘探开发科学前沿，开展应用基础研究，向基础研究和技术创新两头延伸，解决油气勘探开发领域关键科学和技术问题，为提高我国油气勘探开发技术的核心竞争力和推动油气工业持续发展作出了重大贡献。

近十年来，实验室紧紧围绕上述重大需求和战略目标，掌握学科发展方向，熟知阻碍油气勘探开发的重大技术难题，凝炼出其中基础科学问题，开展基础和应用基础研究，取得理论创新成果，在此基础上与三大国家石油公司密切合作承担国家重大科研和重大工程任务，产生新方法，研发新材料、新产品，建立新工艺，形成新的核心关键技术，以解决重大工程技术难题为抓手，促进油气勘探开发科学进步和技术发展。在基本覆盖石油与天然气勘探开发学科前沿研究领域的主要内容以及油气工业长远发展急需解决的？

主要问题的含油气盆地动力学及油气成藏理论、油气储层地质学、复杂油气藏地球物理勘探理论与方法、复杂油气藏开发理论与方法、复杂油气藏钻完井基础理论与关键技术、复杂油气藏增产改造及提高采收率基础理论与关键技术以及深海天然气水合物开发理论及关键技术等方面形成了鲜明特色和优势，持续产生了一批有重大影响的研究成果和重大关键技术并实现工业化应用，取得了显著经济和社会效益。

我们组织编写的"复杂油气藏开发丛书"包括《页岩气藏缝网压裂数值模拟》《复杂油气藏储层改造基础理论与技术》《页岩气渗流机理及数值模拟》《复杂油气藏随钻测井与地质导向》《复杂油气藏相态理论与应用》《特殊油气藏井筒完整性与安全》《复杂油气藏渗流理论与应用》《复杂油气藏钻井理论与应用》《复杂油气藏固井液技术研究与应用》《复杂油气藏欠平衡钻井理论与实践》《复杂油藏化学驱提高采收率》等 11 本专著，综合反映了油气藏地质及开发工程国家重点实验室在油气开发方面的部分研究成果。希望这套丛书能为从事相关研究的科技人员提供有价值的参考资料，为提高我国复杂油气藏开发水平发挥应有的作用。

丛书涉及研究方向多、内容广，尽管作者们精心策划和编写、力求完美，但由于水平所限，难免有遗漏和不妥之处，敬请读者批评指正。

国家《能源发展战略行动计划(2014－2020 年)》将稳步提高国内石油产量和大力发展天然气列为主要任务，迫切需要稳定东部老油田产量、实现西部增储上产、加快海洋石油开发、大力支持低品位资源开发、加快常规天然气勘探开发、重点突破页岩气和煤层气开发、加大天然气水合物勘探开发技术攻关力度并推进试采工程。国家《能源技术革命创新行动计划(2016－2030 年)》将非常规油气和深层、深海油气开发技术创新列为重点任务，提出要深入开展页岩油气地质理论及勘探技术、油气藏工程、水平井钻完井、压裂改造技术研究并自主研发钻完井关键装备与材料，完善煤层气勘探开发技术体系，实现页岩油气、煤层气等非常规油气的高效开发，保障产量隐步增长突破天然气水合物勘探开发基础理论和关键技术，开展先导钻探和试采试验；掌握深－超深层油气勘探开发关键技术，勘探开发埋深突破 8000m 领域，形成 6000～7000m 有效开发成熟技术体系，勘探开发技术水平总体达到国际领先；全面提升深海油气钻采工程技术水平及装备自主建造能力，实现 3000m、4000m 超深水油气田的自主开发。近日颁布的《国家创新驱动发展战略纲要》将开发深海深地等复杂条件下的油气矿产资源勘探开采技术、开展页岩气等非常规油气勘探开发综合技术示范列为重点战略任务，提出继续加快实施已部署的国家油气科技重大专项。

这些都是油气藏地质及开发工程国家重点实验室的使命和责任，实验室已经和正在加快研究攻关，今后我们将陆续把相关重要研究成果整理成书，奉献给广大读者。

2016 年 1 月

前　言

固井是建井的主要工程环节之一，对钻井和采油工程有承上启下的重要作用。其成败关系到一口井的前期钻井投资效益，作业质量也会对单井产能和油气藏整体开发效果造成极大影响。

固井的工程工艺、装备工具和工作液性能都是影响成败和质量的关键因素。本书所指固井液，主要包括完成固井必须使用的前置液（冲洗液和隔离液）与后置液、固井水泥浆及其形成的水泥石。由于固井水泥浆为水硬性胶凝材料，一旦注入井内并凝结，其作业效果就难更改。所以，固井是石油勘探开发工程技术领域中唯一一项地下隐蔽性高风险作业，而固井液的设计和应用是关系到提高注水泥质量、保证油气井寿命、提高采收率及合理开发油气田的关键技术之一。

当前，油气勘探开发已由简单地貌区转到复杂地形区域，由浅层转到深层，由常规油气资源转到低渗透和非常规油气资源，由陆地转向海域、深海等地区。固井工程的核心始终在于获得优质的水泥环并保证其在油气井整个生命周期内具有有效的层间封隔能力。复杂勘探开发条件下保证固井质量的难度不断增大，由此对常规固井液提出了更严峻的挑战。

作者认为工程应用科学与材料科学研究的关系为：工程需求促进材料科学研究，材料科学技术发展创新保障工程效果和质量。因此，作者及其课题组近年来围绕提高复杂油气藏固井质量的要求，在材料科学研究的基础上，对复杂油气藏固井液技术进行了较为系统的研究，形成了具有一定研究特色的固井液技术，部分研究成果在复杂油气井固井工程中进行了现场试验或得到了推广应用。

本书主要是团队近年来在解决我国复杂地质、工况条件下的固井问题中针对固井液研究得到的基础理论、新思路、新材料、新方法及现场应用等方面的总结，具有针对性、实用性、知识性的特点，面向研究、面向生产，希望能通过此书为广大油气井固井技术领域相关人员提供有益的借鉴。全书共分为八章，主要介绍固井工作液的概念及其在复杂油气藏勘探开发中遇到的挑战、高效抗污染隔离液技术、可固化工作液技术、固井水泥石酸性气体腐蚀与防腐体系、稠油热采井铝酸盐水泥浆体系、水泥环完整性评价模型与试验、固井水泥石增韧改性技术以及自修复水泥浆技术。

本书的研究成果得到了中国石油天然气集团公司科技发展部、中国石油天然气股份有限公司西南油气田分公司、塔里木油田分公司、辽河油田分公司、川庆钻探公司以及中国石化西南油气分公司以和中石化石油工程西南分公司等单位的大力支持和帮助。杨香艳、赵启阳、吴奇兵、谢鹏、关素敏、武鹏、王岩、刘萌、易亚军、胡光辉、杨元意、杨雨佳、刘萌、张凯、梅开元、王升正、龙丹、张明亮、杜建波、邓双、谢冬柏、邓智中、孙劲飞、樊晓霞等研究生参与了研究以及资料收集和整理工作。对以上单位和个人表示衷心的感谢。

由于水平有限，加上编写比较仓促，书中难免出现一些不妥与错误之处，敬请专家、读者批评指正。

编写组
2017 年 5 月

目　　录

第1章 绪 论

1.1 固井及固井液

固井的主要工作内容是在钻井作业钻达一定的井深后，在已完钻的井眼内下入套管，在套管与裸眼、套管与上层套管之间的环形空间注入具有设计性能的水泥浆，使其在预定时间内凝结、硬化并与地层、套管胶结，达到密封环空、封隔井下复杂情况与复杂地层、支撑与保护套管、层间封隔等目的[1-4]。

固井连接钻井、完井、开发三大环节，具有承前启后的重要作用，针对钻井开发的不同时期，其主要作业目的如下。

(1)对钻井而言：封隔井下复杂情况，如塑性盐层、高压水层、大段泥页岩以及疏松破碎带等，防止井眼失稳，从而减少井下复杂事故；同时，为泥浆循环提供良好的井眼通道，保证后续钻井作业能顺利进行，以缩短建井周期，降低油气勘探开发成本。

(2)对完井而言：为完井作业提供良好的井眼基础。只有得到良好层间封隔的井眼，才能根据油田长期开发的需要选用适宜的完井方式，如多油层的分层测试、分层开采、分组开采等，同时，有利于完井作业的顺利进行。

(3)对油气井投产开发而言：①为油气开采提供良好的油气流通通道；②防止油气资源由于环空窜流而散失，以提高采收率；③防止油气藏本身的能量由于环空窜流而散失，以延长油气井自喷生产时间，降低油气生产成本；④防止井口套管外冒油、气、水影响油气井正常生产，并降低由此而产生的额外生产费用；⑤支撑、保护套管，防止套管在后续生产过程中因受力或受地层流体腐蚀而损坏，确保油气井寿命满足油田长期开发的需要；⑥便于实施压裂、酸化、分层注水、分层开采等强化开采措施，以提高采收率。

如果固井质量不好、层间未能得到良好的封隔，将对后续钻井、完井、开发等作业造成一系列不利影响。

(1)对钻井而言，由于不能有效封隔井下复杂情况，复杂情况将影响后续钻井作业的顺利进行，从而影响油气井的建井周期和建井成本，甚至影响整个区块的勘探、开发进程。

(2)对完井而言，由于地层之间未能得到良好的层间封隔，将无法根据油田长期开发的需要，选择适宜的完井方式，同时，地层流体乱窜也不利于完井作业的顺利进行。

(3)对开发而言，由于地层未能得到良好的层间封隔，①将难以进行分层测试、分层开采或分组开采等开采措施，致使部分储量难以动用，从而不利于提高采收率；②油气藏本身的能量将通过窜流通道散失，油气井、油气藏均达不到其全部产能，从而不利于提高采收率并降低油气开采成本；③高压地层水将通过窜流通道进入油气藏，影响油气资源在地下的分布、运移，甚至对油气藏造成严重破坏，如油层水淹；④酸液、压裂液、注入水将通过窜流通道进入非目的层，从而降低强化开采措施的效果，同时，注入流体乱窜，将使波及地区的地应力、地层压力剖面发生显著变化，从而影响油气田的正常生产及合理开发，甚至造成严重生产事故，如断块复活造成的套管成片破坏；⑤油气井套管得不到水泥环的良好保护，容易被地层流体、注入流体腐蚀损坏，被非均匀地应力压坏，从而影响油气井的正常生产，甚至缩短油气井的正常生产寿命，使其无法满足油田长期开发的需要，从而影响油田的长期勘探开发效益。

在影响固井质量的因素中，井眼条件、地层条件、井身结构、套管选型及作业工况等因素是客观存在的或限定的，仅有固井液和注水泥施工工艺可以设计和调控。因此，性能优良的固井工作液是保证固井作业顺利实施并获得良好固井质量的重要物质基础，固井液的相关研究也一直是油气井工程领域的重点和热点。

所谓固井液，就狭义而言，主要包括前置液（冲洗液和隔离液）、水泥浆（领浆和尾浆）和后置液。就广义而言，还应该包括钻井液，其原因在于，固井时井筒内均为钻井液，固井过程中必须将待封固段内的钻井液全部替换为水泥浆。

1. 前置液

由于组分之间不具有相容性，水泥浆和钻井液接触后，常常发生化学接触污染，出现流动性能恶化、稠化时间急剧缩短、强度降低等影响固井质量、危及作业安全的现象，甚至还会造成"插旗杆""灌香肠"等恶性固井事故。为此，在固井作用中，必须在钻井液和水泥浆之间注入一定数量的前置液，其主要作用包括：隔离水泥浆与钻井液，防止二者直接接触而产生混浆污染；稀释和分散钻井液，使钻井液更利于被顶替干净而提高顶替效率；有效地冲刷井壁和套管壁上的钻井液和/或虚厚泥饼，提高水泥与井壁和套管壁的界面胶接强度。

前置液一般按加重与否可分为冲洗液和隔离液，根据作业要求的不同，二者既可单独使用，也可配合使用。前置液的主要性能要求包括密度、流变性、悬浮稳定性、耐温性、与钻井液和水泥浆的相容性以及冲洗效率。

2. 水泥浆

水泥浆是固井工程的核心，其主要由油井水泥、多种少量加入以调节水泥浆性能的外加剂和多种大量加入以改善水泥浆性能的外掺料组成。如无特指的情况下，油井水泥一般是指应用历史最长、应用范围最为广泛的 API 硅酸盐油井水泥。近年来，针对某些特殊工况固井需求，逐渐发展出了一些特种油井水泥，如为满足稠油火烧固井需要而发展起来的高铝水泥、磷酸盐水泥等。常用的油井水泥浆外加剂包括改善水泥浆流动性能的分散剂、控制水泥浆失水的降失水剂、加快油井水泥水化反应进程的促凝剂和延迟油井水泥水化反应进程的缓凝剂，以及其他一些改善水泥浆、水泥石性能的材料，如纤维增塑剂、橡胶粉增塑剂等。常用的油井水泥外掺料包括用于降低水泥浆密度的减轻剂、用于提高水泥浆密度的加重剂和防止水泥石高温强度衰退的高温稳定剂等。

水泥浆的主要性能要求包括：常规的 API 性能，如密度、流变性、悬浮稳定性、滤失量、稠化时间、抗压强度等。近年来随着固井工况复杂程度的提高以及人们对固井水泥石性能认识的发展，相继提出了一些特殊的性能要求，如体积收缩率、抗拉强度、杨氏模量、泊松比等。

3. 后置液

后置液，因被置于碰压用的固井胶塞之后，也常被称为压塞液，其主要作用是清洗胶塞下行和/或破损后套管内壁上残留的水泥浆，防止其与钻井液掺混发生污染，同时，也协助防止钻井液中的固相颗粒在候凝期间大量沉降、在胶塞以上大段堆积、测井工具下不到底的情况。现场应用中，后置液的类型多样，既有专门配制的后置液，也有直接将处理后钻井液或将水泥浆配浆水作为后置液的情况。

4. 钻井液（固井时井眼中的钻井液）

钻井液本身的黏切、重力、对井壁和套管的吸附力是阻碍顶替的三大因素。在钻进过程中，钻井液必须具备较高的黏度和切力，以悬浮岩屑、携带岩屑，有效清洗井眼、净化井眼，防止岩屑在井底被重复切削而影响钻井效率，防止岩屑在斜井段、水平段、大肚子井段堆积而造成阻卡等。在固井过程中，为提高顶替效率，钻井液反而不能具备太高的黏度和切力，否则将不利于被顶替干净，从而严重降低固井质量。因此，通过调整钻井液性能，降低钻井液塑性黏度，屈服值会降低环空压耗，水泥浆能更有效地将窄间隙中的钻井液置换出来，有助于提高顶替效率和固井质量。

1.2 复杂油气藏固井液面临的挑战

经过多年的探索、发展与积累，目前国内固井液技术已趋于成熟，基本能够满足常规油气藏固井的需要。但在油气勘探开发由简单地貌区转到复杂地形区域，由浅层转到深层，由常规油气转到低渗透和非常规油气，由陆地转向海域、深海及极地以及深井超深井、水平井与大位移井、水力压裂等钻完井方式由特殊走向普及的新背景下，复杂油气藏固井对固井液提出了更高的要求，固井液技术液面临着新的挑战[5-7]。概括起来，国内固井液目前面临的挑战有"盐、温、漏、蚀、热、压"六大方面。

1. "盐"

"盐"的问题，主要是指复合盐层、盐水层以及海洋固井用盐水混配水泥浆，对水泥浆和油井水泥外加剂的抗盐要求较高，同时对水泥石和套管形成腐蚀，以及盐层蠕变可引发井下事故复杂，如卡套管、挤毁套管等的问题。国内主要有以塔里木油田为代表的巨厚复合盐层，以青海油田为代表的高含盐地层，以四川龙岗、九龙山、磨溪为代表的深层上覆高压盐水气藏。海外主要有中亚、西亚等合资勘探区域盐下油藏与油区，如阿姆河右岸 B 区块上侏罗统启莫里－提塘阶潟湖相盐膏岩层，其埋藏深度为 2200~3600m，平均盐膏岩层厚度达 1000m，局部含高压盐水。

高含盐地层对固井工作液的挑战主要表现在以下方面。

（1）无盐或欠饱和盐水泥浆，地层溶解进入的盐会造成水泥浆促凝或超缓凝。

(2)盐的溶解造成水泥环与盐膏层间形成溶蚀裂隙区,二界面形成窜流通道。

(3)饱和盐水泥浆,流变性差,失水量大,稠化时间难控制,高含盐量使强度发展缓慢。

(4)盐饱和度受井温影响较大,长封固段很难做到上下水泥石强度一致。

(5)凝固后盐重结晶时水泥基体形成微裂隙,影响水泥石强度和安定性。

2. "温"

油井水泥在不同温度、环境条件下的水化机理以及外加剂、外掺料在不同循环温度、温度区间下的性能变化规律是影响固井工作液性能与固井质量的要素之一。"温"的问题,主要是指海洋浅表低温、长封固段上下的大温差、深井超深井的井底高温、稠油热采井超高温等工况下面临的异常温度情况,这些工况对外加剂和油井水泥浆的性能要求高,影响油井水泥浆的性能、外加剂的作用效果,易引发固井水泥环的封固性能或完整性等方面的问题。

温度对固井工作液的挑战主要表现在以下方面。

(1)低温:水泥浆强度发展缓慢,静胶凝过渡时间长,容易发生窜流和套管变形。

(2)高温/超高温:化学反应加速导致水泥浆体系敏感反应,有机材料降解造成化学品有既定安全温度区间,高温条件下外加剂效能与稠化时间难掌控。

(3)大温差:封固段超长温差大,造成顶部水泥浆超缓凝。

(4)温度影响水泥浆流变参数,影响注替参数、水泥浆密度科学设计。

3. "漏"

"漏"的问题,主要是在地层承压能力低、安全压力窗口窄的情况下,水泥浆密度设计、合理浆柱结构设计和平衡压力固井设计困难大的问题,以及注水泥过程中水泥浆漏失无法确保返高、导致需封固井段漏封、影响井控安全和井筒完整性的问题。井漏几乎是全国各油气田固井均常面临的一大难点,国内典型代表有塔里木山前地区盐膏层及盐下目的层、塔里木台盆区碳酸盐岩地层、四川川东北裂缝性酸性气藏、青海南翼山构造地层等窄安全密度窗口地层。

漏失对固井作业的影响如下。

(1)钻井液和水泥浆严重掺混,降低顶替效率。

(2)严重影响后期水泥石性能,使层间封隔质量得不到良好的保证。

(3)水泥浆漏失会使有效液柱压力降低而不能压稳地层,带来井控风险。

4. "蚀"

"蚀"的问题,主要是指高酸性气藏开发、二氧化碳提高采收率、二氧化碳地质封存、高矿化度地层水等腐蚀性工况环境对水泥石形成腐蚀损伤,进而影响井筒完整性的问题。国内酸性气藏有长庆地层水腐蚀、塔里木迪那-克拉和川渝地区 CO_2 与 H_2S 酸性气田伴生水腐蚀、大庆-吉林松辽盆地气藏 CO_2 腐蚀等。

腐蚀对固井工作液的挑战主要表现在以下两个方面。

(1)水泥石性能受腐蚀后退化,水泥环层间封隔能力将降低甚至失去层间封隔的作用。

(2)失去对套管的保护作用，引起套管腐蚀，诱发地层流体窜流及环空和井口带压，对自然环境和人身安全产生严重威胁，增加勘探开发成本。

5."热"

"热"的问题，主要是指在稠油蒸汽吞吐（>300℃）、火烧油层（>500℃）等超高温条件下，现有常规加砂水泥体系经多个热循环周期后，水泥石强度衰退明显，渗透率急剧增大，造成套损严重，难以满足油井开采寿命对水泥环耐久性要求的问题。国内采用热采强化开采技术的油田有辽河油田和吐哈油田的中深井稠油热采以及新疆克拉玛依的浅层稠油热采。

超高温作业对固井工作液的挑战主要表现在以下两个方面。

(1)油井水泥浆组分中的硅酸盐矿物发生水化，单体强度降低，在硬化过程中发生晶型转化，水泥石结构破坏。

(2)火驱开发燃烧过程伴随热裂解、低温氧化及高温氧化等化学反应，产生的CO_2对水泥石有腐蚀作用。

6."压"

"压"的问题是指水泥环受到外力冲击或井筒内压力大幅变化或周期性变化，局部区域产生高压、高拉的应变区，使水泥环结构完整性和力学完整性遭到破坏，导致层间封隔失效，严重影响后期采气及井的使用寿命问题。国内复杂应力环境的工况有致密油气井压裂、页岩气井大规模体积压裂、储气库井周期性注采等。

复杂应力作业工况对固井工作液的挑战主要表现在以下三个方面。

(1)固井水泥石在井下应力环境下的力学行为和失效机理尚未完全探明，制约材料改性技术进步。

(2)水泥石属于天然的硬脆性材料，对其韧性化改造难度大。

(3)水泥石增韧改性效果评价手段尚未统一，常规方法不能准确反映井下实际工况。

1.3 本书主要内容简介

针对上述复杂油气藏为固井液带来的技术难题，西南石油大学固井研究室围绕提高复杂油气藏固井质量、保证水泥环在油气井正常生产寿命期间的长期密封性能的要求，并结合川渝酸性油气藏、辽河油田稠油热采以及川渝页岩气的勘探开发等实际需求，进行了系列的固井液体系研究工作，形成了以下七个方面的复杂油气井固井液相关技术成果。

1.高效抗污染隔离液

通过研究水基钻井液和油钻井液对水泥浆化学污染的规律和机制，初步探明了化学接触污染的机理。针对接触污染问题，开展材料优选与性能设计，研发出了具有性能优良、适用范围广等特点的高效抗污染隔离液材料体系，建立了钻井液与水泥浆相容性评价方法和前置液多倍体积置换工艺，形成了集机理研究、材料研发、标准建立、工艺优化为一体的高效抗污染隔离液技术，并在川渝地区复杂深井中开展了大量现场应用，有效解决了钻井液与水泥浆严重化学不兼容的问题，保证了复杂深井固井安全和质量。

2. 可固化堵漏工作液

针对传统的物理堵漏(桥浆堵漏)和化学堵漏(水泥浆堵漏)存在的不足，以具有碱激活特性的水淬高炉矿渣为基础材料，通过配套关键材料优选及工程适用性、相容性、堵漏性能评价，研究出兼具化学堵漏硬化后止漏效果好、物理堵漏施工工艺简便且可添加堵漏颗粒等方面优点的可固化堵漏工作液，符合堵漏"进得去、站得住、硬得起"的设计原则，并成功进行了工业试验，可有效提高地层的承压能力。

3. 固井水泥石酸性气体腐蚀与防腐水泥浆

从井筒腐蚀完整性角度出发，通过室内模拟高酸性气田腐蚀环境，考察了 CO_2、H_2S 及 CO_2 与 H_2S 联合等腐蚀介质条件下固井水泥石的腐蚀规律、腐蚀机理和影响因素，建立了符合实际井下条件的界面腐蚀方法。在腐蚀机理认识的基础上，提出改善水泥石抗腐蚀能力的技术措施，通过优选材料形成了粉煤灰、胶乳、磷酸盐、锌盐等抗腐蚀水泥浆体系。

4. 稠油热采井铝酸盐水泥浆体系

通过模拟稠油热采井水泥环所承受的高温湿热环境，实验分析了 G 级加砂水泥石高温强度衰退规律和机理，证实 G 级加砂水泥石难以满足稠油热采井要求。通过引入抗高温性能优良的铝酸盐水泥，并基于稠油热采固井作业特点和要求，开展了配套外加剂和外掺料优选、体系研究与综合性能评价和耐高温机理分析，研制出可适应稠油热采的抗温水泥体系并在辽河油田现场应用，取得了良好应用效果，推动了稠油热采水泥浆体系的换代。

5. 水泥环完整性评价模型与试验研究

将理论模型研究与等效物理实验研究相结合，对水泥环初始界面应力进行了分析，在此基础上，建立了定向井水泥环应力分布模型，并将该模型应用于现场实例井分析。建立了水泥环完整性评价装置，实验分析了高/低地层压力下水泥环力学损伤失效过程及其失效机理，并提出应重视水泥材料组分对水泥环力学完整性的影响。

6. 固井水泥石增韧改性技术

为保证水泥环在整个油气井正常生产寿命期间的长期密封性能，在固井水泥环力学完整性失效研究的基础上，提出了水泥石降脆增韧的方法，评价了橡胶粉、传统聚酯纤维以及碳纤维、水镁石无机矿物纤维、碳酸钙晶须等新型纤维材料或类纤维材料对固井水泥石力学性能的影响。

7. 自修复水泥浆技术

基于固井水泥石性能的要求，建立了以力学强度恢复率和渗透率恢复率为基础的固井水泥石自修复性能评价方法，为自修复固井水泥浆体系研究奠定了基础。开展了以吸油树脂合成为基础的烃激活型自修复材料研究，对烃激活型自修复水泥浆体系和 EVA 热熔型自修复水泥浆体系的性能进行了评价。

参 考 文 献

[1] 张明昌. 固井工艺技术[M]. 北京：中国石化出版社，2007.

[2] 陈庭根，管志川. 钻井工程理论与技术[M]. 东营：中国石油大学出版社，2000.

[3] 刘崇建，黄柏宗，徐同台，等. 油气井注水泥理论与应用[M]. 北京：石油工业出版社，2001.

[4] 刘崇建，张玉隆. 国外油井注水泥技术[M]. 成都：四川科学技术出版社，1992.

[5] 孙龙德，邹才能，朱如凯，等. 中国深层油气形成、分布与潜力分析[J]. 石油勘探与开发，2013，6：641-649.

[6] 胡文瑞，翟光明，李景明. 中国非常规油气的潜力和发展[J]. 中国工程科学，2010，5：25-29，63.

[7] 贾承造，郑民，张永峰. 中国非常规油气资源与勘探开发前景[J]. 石油勘探与开发，2012，2：129-136.

第 2 章　高效抗污染隔离液技术

钻井液与水泥浆的接触污染是影响油气井固井质量和固井作业安全的重要因素之一。为防止或缓解水泥浆和钻井液的接触污染，需要在水泥浆和钻井液之间注入隔离液，有效地隔开钻井液和水泥浆，以解决水泥浆和钻井液相容性差、固井顶替效率低和界面胶结质量差等问题[1-3]。在深井、超深井、大斜度井和水平井等复杂地质井或复杂工艺井中，由于面临地质情况和钻井工艺复杂、高温高压等难点，其所用钻井液体系成分较为复杂且常伴有高温高密度的情况。在固井时，受井眼状况、水泥浆和钻井液性能、环空内顶替流态的影响，固井中水泥浆与钻井液常会掺混而出现接触污染，即混浆段出现流动性急剧变差的现象[4]。因此，性能优良的隔离液是复杂井固井取得良好固井质量的重要保障。本章针对复杂井特别是复杂深井中水泥浆与钻井液易发生接触污染的问题，重点介绍钻井液与水泥浆接触污染机理、针对接触污染问题而研发的高效抗污染隔离液体系及其配套工艺措施，并对相关技术的现场应用情况进行介绍。

2.1　钻井液与水泥浆接触污染机理

2.1.1　钻井液与水泥浆接触污染的危害

钻井液与水泥浆是两种物理化学性能和用途均不相同的工作流体，两种流体的组分及物理化学特征不同，因此在相互接触掺混后就出现不同程度的物理化学反应，产生化学干涉现象。

1. 水泥浆与水基钻井液接触污染后的危害

固井现场应用中，流变性、稠化时间及抗压强度是固井水泥浆（石）最基本也是最重要的三个性能，大量的室内实验和现场结果表明，水泥浆与水基钻井液发生接触污染后，上述三个性能也将发生大幅变化。为进一步明确钻井液掺混对水泥浆流变性的影响规律，取某油田的现场水基钻井液与常用两种水泥浆体系（A 体系和 B 体系）开展了不同比例掺混后的混浆流变性、稠化时间和抗压强度评价实验[4-6]。

1）流变性变化

如图 2.1 和图 2.2 所示，由于掺混后浆体过稠，流变性数据用旋转黏度计已测不出，采用流动度也无法测出，因此以图片方式给出可以直观地观察掺混后混浆流变性能的变化。从图中可以看出，水泥浆与水基钻井液混合后出现了不同程度的化学干涉现象，严重破坏了两种流体原有的流动性能。水泥浆受到钻井液污染后会形成絮凝状团块，降低

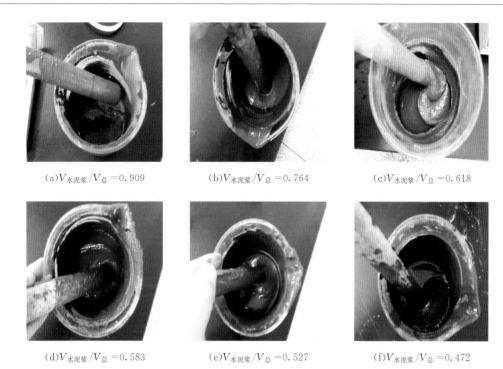

(a)$V_{水泥浆}/V_{总}=0.909$　　(b)$V_{水泥浆}/V_{总}=0.764$　　(c)$V_{水泥浆}/V_{总}=0.618$

(d)$V_{水泥浆}/V_{总}=0.583$　　(e)$V_{水泥浆}/V_{总}=0.527$　　(f)$V_{水泥浆}/V_{总}=0.472$

图 2.1　A 体系水泥浆与钻井液掺混后流动性

(a)$V_{水泥浆}/V_{总}=0.909$　　(b)$V_{水泥浆}/V_{总}=0.764$　　(c)$V_{水泥浆}/V_{总}=0.618$

(d)$V_{水泥浆}/V_{总}=0.583$　　(e)$V_{水泥浆}/V_{总}=0.527$　　(f)$V_{水泥浆}/V_{总}=0.472$

图 2.2　B 体系水泥浆与钻井液掺混后流动性

混浆流动性能,使固井泵压升高,甚至发生井漏,从而影响了固井作业的正常施工,甚至水泥浆顶替不到预定位置。絮凝物质还有可能会在界面滞留,特别是在井眼不规则处、套管鞋处、套管偏心时的窄隙里,将形成滞留区而严重影响固井质量。

2)稠化时间变化

按照表 2.1 中的比例，考察了不同掺混比例条件下的混浆稠化时间；结果如表 2.2 和表 2.3 所示。

表 2.1　混浆比例表

比例序号	1	2	3	4	5	6	7
$V_{水泥浆}/V_{总}$	1.00	0.978	0.944	0.909	0.854	0.819	0.764
比例序号	8	9	10	11	12	13	14
$V_{水泥浆}/V_{总}$	0.708	0.673	0.618	0.583	0.527	0.472	0.382

表 2.2　A 体系水泥浆与钻井液掺混后稠化时间变化情况

混浆比例	A 体系水泥浆与钻井液掺混后稠化时间/min	稠化曲线描述	稠化时间变化分析
1	153	直角稠化	正常
2	>153	直角稠化	稠化时间延长
3	>153	直角稠化	稠化时间延长
4	>153	直角稠化	稠化时间延长
5	>153	直角稠化	稠化时间延长
6	<153	曲线鼓包，直角稠化	稠化时间缩短
7	<153	曲线鼓包，直角稠化	稠化时间缩短
8	<153	曲线鼓包，直角稠化	稠化时间缩短
9	<153	瞬时稠化	稠化时间大幅缩短
10	<153	瞬时稠化	稠化时间大幅缩短
11	<153	瞬时稠化	稠化时间大幅缩短
12	<153	曲线鼓包，直角稠化	稠化时间缩短
13	>153	曲线鼓包，直角稠化	稠化时间延长
14	>153	曲线鼓包	超缓凝

表 2.3　B 体系水泥浆与钻井液掺混后稠化时间变化情况

混浆比例	B 体系水泥浆与钻井液掺混后稠化时间/min	稠化曲线描述	稠化时间变化分析
1	187	直角稠化	正常
2	>187	直角稠化	稠化时间延长
3	>187	直角稠化	稠化时间延长
4	>187	直角稠化	稠化时间延长
5	>187	曲线鼓包，直角稠化	稠化时间延长
6	≈187	曲线鼓包，直角稠化	与原水泥浆相差不多
7	<187	曲线鼓包，直角稠化	稠化时间缩短
8	<187	曲线鼓包，直角稠化	稠化时间缩短

混浆比例	B 体系水泥浆与钻井液掺混后稠化时间/min	稠化曲线描述	稠化时间变化分析
9	<187	瞬时稠化	稠化时间大幅缩短
10	<187	瞬时稠化	稠化时间大幅缩短
11	<187	瞬时稠化	稠化时间大幅缩短
12	<187	曲线鼓包，直角稠化	稠化时间缩短
13	>187	曲线鼓包，直角稠化	稠化时间延长
14	>187	曲线鼓包	超缓凝

从表 2.2 和表 2.3 可以看出，水泥浆与钻井液掺混后稠化时间将发生改变。在固井施工过程中，水泥浆体系的稠化特性无论是瞬时稠化、稠化时间缩短或超延长、非直角稠化等对固井施工都是非常不利的。稠化时间缩短将导致水泥浆返高达不到预定位置，如果瞬时稠化形成刚性水泥塞就会导致固井失败；稠化时间超延长会导致水泥浆液体在井内长时间静止，给水泥浆凝固前油气水窜留下隐患，同时井口需长时间憋高压，对井口设备造成不必要的负担。

3）抗压强度变化

按照表 2.1 中的比例，考察了不同掺混比例条件下的混浆抗压强度，结果如表 2.4 所示。

表 2.4　水泥浆与钻井液掺混后抗压强度变化情况

混浆比例	A 体系水泥浆与钻井液掺混后抗压强度/MPa	B 体系水泥浆与钻井液掺混后抗压强度/MPa
1	34.9	15.0
2	28.8	13.5
3	28.1	9.0
4	28.2	7.5
5	25.0	7.0
6	23.5	5.6
7	18.9	4.0
8	15.2	2.5
9	11.1	0
10	11.4	0
11	8.6	0
12	7.0	0
13	0	0
14	0	0

表 2.4 中的结果表明，即使在钻进液少量掺入的条件下，水泥石的抗压强度都会出现降低的现象。随着钻井液掺入比例增加，水泥石抗压强度降低幅度越大，当钻井液掺入量达到一定比例时，水泥浆体系出现超缓凝现象，强度降低至零。

从以上流变性、稠化时间和抗压强度实验数据和分析可知，钻井液与水泥浆的接触污染会产生严重的后果，给后期的生产带来不必要的麻烦和各种安全隐患。在有接触污染的情况下，水泥环封隔质量将降低，承压能力减弱，严重污染可致使水泥环出现井下不连贯，导致层间封隔失效，使得开发井后期酸化压裂等增产作业受到限制或无法进行。

2. 水泥浆与油基钻井液接触污染后的危害

由于油基钻井液具有优良的抑制性、抗温性和润滑性等优点，近年来已大量地应用于页岩气、盐膏层、大位移、大斜度等特殊地质和特殊工艺井中，但同时因油基钻井液与水泥浆接触污染引起的固井安全和质量问题时常发生，两者接触污染后的危害也越来越得到关注，但鲜见关于水泥浆与油基钻井液接触污染的研究[7-9]。为此，采用某油田现场油基钻井液与水泥浆考察了两者之间的接触污染[10-12]。

油基钻井液掺混对水泥浆流动度和稠化时间的影响见表 2.5，掺混后混浆如图 2.3 所示。

表 2.5　油基钻井液掺混对水泥浆流动度和稠化时间的影响

水泥浆∶油基钻井液	常温流动度/cm	高温(93℃)流动度/cm	稠化时间/min	初始稠度/Bc
100∶0	20	22	420	24.9
95∶5	22	24	457	20.1
75∶25	17.5	19	484	33.4
50∶50	10	干稠	—	—

(a)水泥浆与油基钻井液 95∶5 混浆　　　　　　(b)水泥浆与油基钻井液 75∶25 混浆

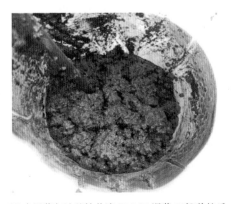

(c)水泥浆与油基钻井液 50∶50 混浆　　　　　(d)水泥浆与油基钻井液 50∶50 混浆 93℃ 养护后

图 2.3　水泥浆与油基钻井液不同比例混浆照片

由表 2.5 和图 2.3 可知，在 95：5 的掺混条件下，混浆的常温和高温流动度有所增加，但混浆中出现了少量絮凝颗粒。当油基钻井液掺混比例提高到 75：25 时，混浆中出现了大量的絮凝结构，流动度大幅降低，初始稠度也随之增加，这将严重影响顶替效率和固井质量。当油基钻井液的掺混比例达到 50：50 时，混浆经高温(93℃)养护后呈干稠状并丧失流动能力，这在固井作业中可能引发严重的工程事故，造成固井失败。稠化实验结果表明，混浆的稠化时间没有因油基钻井液的掺混而急剧缩短，反而出现了延长。这与水基钻井液和水泥浆接触污染后流动度和稠化时间同时缩短的现象不同，表明实验条件下油基钻井液掺混对水泥浆的作用是增稠而不是促凝。

油基钻井液掺混后对水泥石性能的影响见表 2.6。养护后水泥石的形貌如图 2.4 所示。

表 2.6　油基钻井液掺混后对水泥石性能的影响

水泥浆：油基钻井液	抗压强度/MPa	胶结强度/MPa	孔隙度/%	气测渗透率/mD
100：0	17.2	3.4	11.2	0.04
95：5	13.5	2.2	16.8	0.19
75：25	4.1	0.7	32.1	0.41
50：50	无强度	无强度	—	—

注：强度养护条件为 135℃，20.7MPa，48h。

(a)水泥浆与油基钻井液　　　　　(b)水泥浆与油基钻井液　　　　　(c)水泥浆与油基钻井液
95：5 掺混水泥石　　　　　　　　75：25 掺混水泥石　　　　　　　　50：50 掺混水泥石

图 2.4　水泥浆与油基钻井液不同比例掺混水泥石照片

由表 2.6 可知，油基钻井液掺混后的水泥石抗压强度和胶结强度出现了较大幅度的降低，这表明混浆水泥石不具备层间封隔能力，如果出现窜槽和顶替不充分，将对固井质量和环空水力密封产生不利影响。当掺混比例达到 50：50 时，混浆虽已经凝结成形，但由于含有大量油分，结构松散，无法形成强度。同时油基钻井液掺混后的水泥石孔隙度和渗透率急剧升高，从图 2.4 中可以看出，水泥石与油基钻井液 75：25 掺混水泥石中形成了大量肉眼可见的孔洞，这可为井下流体窜流提供通道。总之，油基钻井液掺混会对水泥浆的流动度、抗压强度、胶结强度、孔隙度、渗透率等性能产生不良影响，降低固井顶替效率及层间封隔能力，破坏水泥环完整性。

2.1.2　钻井液与水泥浆接触污染机理研究

1. 水基钻井液污染水泥浆的机理

水基钻井液中所含组分是多种多样的，通过对水泥水化过程分析以及钻井液组分与水泥浆相互作用研究，得出水基钻井液污染水泥浆的机理主要有两个方面：一方面是钻井液中的电解质离子破坏水泥水化离子平衡；另一方面是钻井液中阴离子聚合物与水泥浆中高价阳离子络合，圈闭水泥浆中自由水[13-15]。

1) 钻井液中电解质离子破坏水泥水化离子平衡

当水泥矿物与水接触后，水泥熟料矿物颗粒表面立即与水发生水化反应，生成水化硅酸钙(C-S-H)和氢氧化钙[Ca(OH)$_2$]，并形成一层水化产物膜包裹在熟料颗粒表面。在开始阶段，由于水中水化产物离子浓度低，生成的水化产物又会溶于水中，使得水泥熟料颗粒新的表面暴露出来，水化作用得以继续进行，直到水泥颗粒周围的液体变成反应产物的饱和溶液。由于 C-S-H 不溶于水，会以胶体微粒的形式析出，并逐渐凝聚成 C-S-H 凝胶。而 Ca(OH)$_2$ 在溶液中达到饱和后会以六方板状晶体析出。因此，水泥水化过程就是熟料矿物不断溶解、水化产物不断沉淀以及胶凝结构和晶体结构不断发育的过程，水化产物膜的形成阻碍了水泥矿物水化速度，而膜的破坏会加速水泥水化。当含有大量 Na$^+$、OH$^-$、SO$_4^{2-}$、CO$_3^{2-}$ 等离子的钻井液与水泥浆掺混后，钻井液中的外来离子就会打破这种动态平衡，水泥矿物水化分解和反应速度发生变化，如钻井液体系中具有高浓度的 Na$^+$，可与水泥水化双电层中的 Ca^{2+}、Fe^{3+}、Al^{3+} 交换吸附，使水泥熟料颗粒表面的水化膜溶解速度增加，进而使得水泥浆的水化速度加快，导致浆体稠度急剧增大、稠化时间缩短。此外，钻井液与水泥浆掺混后，其所含 OH$^-$、CO$_3^{2-}$ 会与水泥水化产生的 Ca^{2+} 结合生成 Ca(OH)$_2$ 和 CaCO$_3$ 沉淀，从而加快了 Ca^{2+} 从内部向外部扩散的速度，使得水化膜破坏和溶解的速度也随之加快，导致水泥浆水化速度加快，水泥浆稠化缩短。

然而，水化速度增加并不意味着水泥石强度也会增加，这是因为快速的水化过程并不利于水化产物胶凝结构和晶体结构的形成与发育。图 2.5 为纯水泥的扫描电镜图，从图中可以看出，纯水泥中板状 Ca(OH)$_2$ 晶体和 C-S-H 凝胶发育良好，水泥石整体结构致密。图 2.6 为受钻井液滤液污染后的水泥石扫描电镜图，从图 2.6(a) 和图 2.6(b) 可以看出，污染后的水泥石内部 C-S-H 凝胶结构松散、孔洞较多，Ca(OH)$_2$ 晶体以细针状形式存在。图 2.6(c) 为与 CO$_3^{2-}$ 含量较高的钻井液掺混后的水泥石扫描电镜图。可以看出，水泥石中生成了菱状 CaCO$_3$ 晶体，内部结构同样松散。以上这些变化都会导致水泥石的孔隙度增加、强度降低。

2) 钻井液中聚合物处理剂圈闭自由水

钻井液体系中处理剂种类多，大多都是高分子聚合物。通过固井实践和室内研究发现生物增黏剂、KPAM、JD-6 等聚合物类钻井液处理剂对水泥浆流动性影响最大。因此，以生物增黏剂为例分析钻井液中聚合物处理剂对水泥浆的污染机理。表 2.7 是生物增黏剂对常规密度水泥浆流动度和稠化时间的影响。从表中结果可以看出，生物增黏剂加量 0.3% 以上会使水泥浆丧失流动度，加量较小时会对水泥浆流动度影响明显，加入生物增黏剂急剧缩短水泥浆稠化时间。

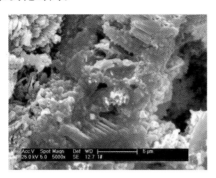

图 2.5　纯水泥石扫描电镜图片(×5000 倍)

 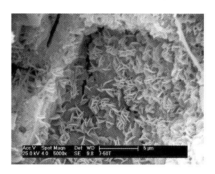

(a)钻井液滤液污染后水泥石中的 C-S-H 凝胶(×5000 倍)　　(b)钻井液滤液污染后水泥石中的 Ca(OH)$_2$晶体(×5000 倍)

(c)高含 CO$_3^{2-}$钻井液滤液污染后水泥石中的碳酸钙(×5000 倍)

图 2.6　与钻井液掺混后水泥石扫描电镜图片

表 2.7　生物增黏剂对常规密度水泥浆流动度和稠化时间的影响

生物增黏剂加量/%	常温流动度/cm	高温(90℃)流动度/cm	稠化时间/min
2.0	干稠	干稠	太稠，无法试验
0.5	干稠	干稠	63
0.3	16	很稠	115
0.2	18	12	168
0.1	20	18	231
0	25	22	300

水泥净浆与加入 0.3% 生物增黏剂的水泥浆的红外光谱图如图 2.7 所示。由图 2.7 可知,与水泥净浆相比,加入 0.3% 生物增黏剂后水泥石中 C_3S 的特征峰强度(871cm^{-1},521.04cm^{-1},440.55cm^{-1})有所增加,可能是生物增黏剂在一定程度上抑制了 C_3S 的水化。

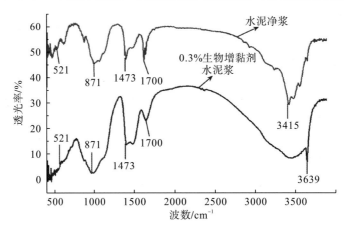

图 2.7   加入生物增黏剂前、后水泥浆红外光谱对比图

鉴于水泥浆水化产生的各类离子也可能对钻井液产生影响,因此通过研究水泥浆滤液对生物增黏剂溶液的影响来研究生物增黏剂对水泥浆的污染机理。具体方法是:首先使用高温高压失水仪获得水泥净浆、常规密度水泥浆和高密度水泥浆的滤液,使用原子吸收分光光度计确定滤液中所含金属离子种类及含量;然后测试金属离子对生物增黏剂溶液的影响。使用原子吸收分光光度计测定水泥浆滤液中金属离子种类及含量,结果见表 2.8,水泥滤液中金属离子主要有 Ca^{2+}、Fe^{3+}、Mg^{2+}、Al^{3+}。据此,配制 0.5% 生物增黏剂溶液(图 2.8),分别在其中加入 0.1%、0.2%、0.3%、0.4%、0.5% 的 $FeCl_3$、$CaCl_2$、$AlCl_3$、$MgCl_2$,结果如下:①加入 Al^{3+} 后,溶液迅速生成大量半透明白色独立的小粒径球状凝胶,里面包裹了大量的水,随着加量增大,凝胶量不断增多,直到加量 0.4% 后不再变化;②加入 Fe^{3+} 后,溶液迅速生成大量棕黄色独立的小粒径球状凝胶,里面包裹了大量的水,随着加量增大,凝胶体积不断增大,直到加量 0.4% 后不再变化(图 2.9);③加入 Mg^{2+} 和 Ca^{2+} 后溶液无明显变化。此外,考察了温度对加入 Al^{3+} 和 Fe^{3+} 后的生物增黏剂溶液的影响,温度选取 30℃、50℃、70℃、90℃,结果发现随着温度升高,凝胶物质略微减少且溶液变清,但 90℃ 后仍有大量凝胶物质。上述现象说明生物增黏剂可与水泥浆水化产生的 Al^{3+}、Fe^{3+} 这两种高价金属离子发生交联,形成凝胶并大量包裹吸附水。

表 2.8   水泥浆滤液中主要金属离子种类及含量表

水泥浆种类	离子含量/(mg/L)			
	Ca^{2+}	Mg^{2+}	Fe^{3+}	Al^{3+}
水泥净浆	258	0	0.0056	29.6
1.90g/cm^3 固井水泥浆	413	6.13	51.82	99.6
2.30g/cm^3 固井水泥浆	187	5.37	9.58	400

图 2.8　0.5％生物增黏剂溶液图　　　　　图 2.9　加入 0.4％ Fe^{3+} 的生物增黏剂溶液图

　　进一步地，将不同阶段的生物增黏剂加入水泥浆后的混浆迅速用液氮冷冻，使其不再继续发生反应，24h 后取出用环境扫描电子显微镜观察其微观形貌，对不同阶段的水泥结构进行分析。水泥净浆和加入 0.5％生物增黏剂后的水泥浆在不同时间段的 SEM 图（放大 10000 倍）如图 2.10 所示。由图 2.10 可知，生物增黏剂加入水泥浆中，随养护时间的增加聚合成网，形成比较大的网架结构，同时自由水因为这种反应而被圈闭，微观图像中孔洞也随之减少，直至稠化。这种微观上的变化，宏观上的表现即是混浆中的水

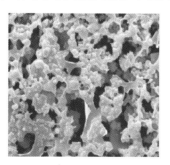

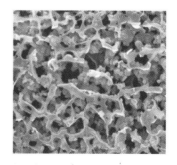

（a）未养护的水泥净浆　　　　　（b）90℃养护 15min 水泥净浆　　　　（c）刚加 0.5％生物增黏剂后水泥浆

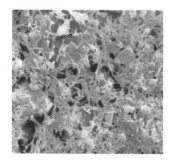

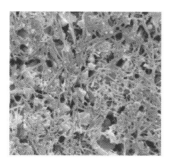

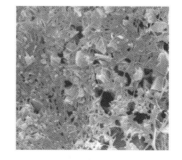

（d）加入 0.5％生物增黏剂在　　　　（e）加入 0.5％生物增黏剂在　　　　（f）加入 0.5％生物增黏剂在
90℃下养护 4min 的水泥浆　　　　90℃下养护 7min 的水泥浆　　　　90℃下养护 10min 的水泥浆

图 2.10　不同阶段水泥浆 SEM 图片（×10000 倍）

分不断减少，造成流动度不断降低，直至失去可泵性。而且胶凝结构的形成还会导致参与水化反应的水减少，不利于水泥石强度发展，而在后期可能会在温度等作用下脱水形成孔洞，增加水泥石的孔隙度。

此外，对钻井液用聚合物处理剂 KPAM、JD-6 进行相同实验，也出现了与生物增黏剂类似的结果。综合上述实验结果，可将钻井液中所含聚合物在对水泥浆的接触污染中所起的作用概括为：水泥与水拌和所形成的水泥浆可视为一个粗分散体系，水泥浆中的水一方面保证水泥水化过程的进行，另一方面以自由水的形式来维持水泥浆的流动性。随着水化的进行，水泥浆产生大量的 Ca^{2+}、Fe^{3+}、Mg^{2+}、Al^{3+}，当钻井液与水泥浆掺混后，水泥浆水化产生的 Fe^{3+}、Al^{3+} 等高价金属离子与钻井液中的生物增黏剂等聚合物接触，Fe^{3+} 和 Al^{3+} 等与生物增黏剂侧链中的羟基、羧基等基团交联生成凝胶，凝胶大量包裹吸附混浆中的自由水，使得混浆中维持其流动性的自由水显著减少，混浆流动度急剧降低，凝胶的产生使得混浆的稠度快速增加，表现为混浆出现"假凝"，稠化时间大为缩短。

2. 油基钻井液与水泥浆接触污染机理研究

利用水泥超声波强度分析仪考察了不同油基钻井液掺混比例条件下混浆的凝结过程，实验结果如图 2.11 所示。

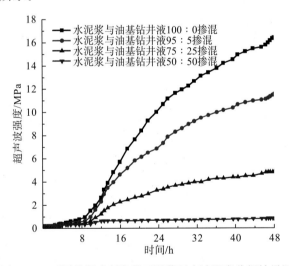

图 2.11　不同掺混比例条件下混浆超声波强度分析结果图

由图 2.11 可知，虽然油基钻井液的掺混影响了水泥石强度的最终强度，但是未掺混的净浆和掺混后的混浆均在 10h 左右出现了一个水泥快速水化、强度迅速升高的过程，说明油基钻井液的掺入没有影响水泥石的水化过程，这与稠化实验结果相对应。不同掺混比例水泥石的 XRD 分析结果(图 2.12)表明，油基钻井液掺混后除了引入加重剂重晶石外，混浆水泥石中没有物相的消失和新物相的生成。不同掺混比例水泥石的热重分析(图 2.13)结果表明，混浆水泥石中的特征水化物氢氧化钙含量没有发生较大变化。以上分析实验结果表明，化学干涉不是造成油基钻井液与水泥浆接触污染的主要原因。

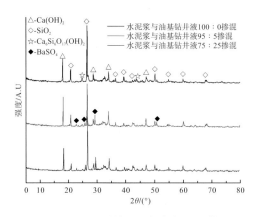

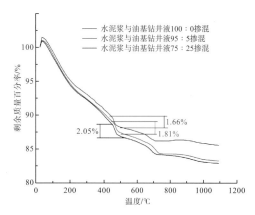

图 2.12　不同掺混比例条件下混浆　　　　　图 2.13　不同掺混比例条件下混浆
　　　　　水泥石 XRD 分析图　　　　　　　　　　　　水泥石热重分析图

　　为探明油基钻井液影响水泥浆流变性能的本质，同样将掺有不同含量油基钻井液的水泥浆混浆分别在不同温度条件下养护 20min 后，用液氮进行冷冻干燥 24h，然后用环境扫描电子显微镜观察其微观形貌，结果如图 2.14 所示。

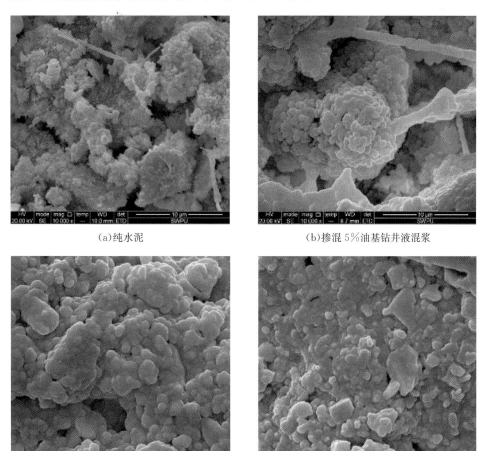

（a）纯水泥　　　　　　　　　　　　　　　（b）掺混 5％油基钻井液混浆

（c）掺混 25％油基钻井液混浆　　　　　　　（d）掺混 50％油基钻井液混

图 2.14　常温条件下不同油基钻井液加量的混浆冷冻干燥 ESEM 图片（×10000 倍）

从图 2.14 中可以看出，纯水泥养护后会产生明显的针状水化硅酸钙(C-S-H)和一些孔隙，这些孔隙是由冷冻干燥后混浆水分干燥后所形成的，孔隙随油基钻井液掺量增大而逐渐减少，说明混浆自由水的含量逐渐减少。这种微观上自由水含量及其分布的变化，从宏观角度观察则表现为水泥浆混浆的流动度不断降低，体系水分减少，直至失去可泵性。当油基钻井液掺量达到 25% 以上时，水泥浆混浆的微观表现为没有产生相应的水化特征物，整体被油基钻井液完全包裹。这种现象在高温条件下掺量 50% 最为明显。

油基钻井液与水泥浆的润湿性完全相反，两者之间的接触污染需要从润湿性角度去认识。如图 2.15 所示，在搅拌等外力作用下，油基水泥浆以油滴或油带的形式分散在水泥浆中，近似地形成了一种以水泥浆为连续相的"水包油"乳化结构。除了会形成"水包油"的结构外，油基钻井液还会包裹水泥浆中的自由水，形成"水包油包水"多重乳化结构，从而对水泥浆中的自由水产生了束缚作用。在低油基钻井液掺混条件下，混浆中"水包油包水"多重乳化结构的数量是有限的，因此对水泥浆性能的影响是有限的。但在较高的油基钻井液掺混比例条件下，会形成大量的"水包油包水"多重乳化结构，使得水泥浆中自由水被大量束缚，导致混浆流动性降低甚至丧失。此外，由于油基钻井液中的分散相为盐度较高的 $CaCl_2$ 溶液，油水界面相当于半透膜，当与水泥浆接触时，水泥浆中的盐度较低的自由水会在内外盐度差的作用下向内部迁移，这会进一步导致水泥浆流动能力降低。水泥石的强度不仅与水泥本身的水化程度和水化产物组成有关，还与水泥石的孔隙率、孔结构等因素有关，其中，水泥石孔洞越多，其力学强度越差。由于油基钻井液油滴或油带不具有固结能力，会在水泥石中形成孔洞，破坏水泥石骨架的连续性和结构完整性。同时油相还可在水泥石骨架颗粒之间起到润滑作用，使得水泥石在受外力作用时骨架颗粒之间更易发生滑移变形。因此，由油基钻井液掺混而形成的孔洞和油相的润滑作用使得掺混后的水泥石强度降低，孔隙度和渗透率升高。

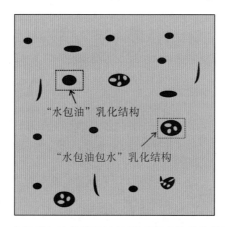

图 2.15　水泥浆与油基钻井液掺混后形成的乳化结构示意图

2.1.3　固井井下流体相容性评价方法

固井作业时，井下流体相容性的好坏是决定隔离液设计性能是否合理、固井工艺是否恰当、固井作业能否安全顺利进行的重要前提。然而，前期成文的相容性评价方法只有 API 标准评价方法，但该方法存在诸多不足，特别是对高温深井等易发生接触污染的井况下，采用 API 标准评价方法存在较高的施工风险，因此现场实际应用比较少。缺乏科学的相容性评价方法和标准，将导致注水泥作业安全无法得到有效的保证。为此，在 API 标准评价的基础上，结合高温深井固井的流体掺混特点，形成了改进的井下流体相容性实验评价方法。

1. API 标准评价方法

API 标准评价方法主要包括流变性相容实验和污染稠化实验两部分。API 方法认为前置液（隔离液）在注水泥过程中能够有效分隔钻井液与水泥浆，井下只存在钻井液与前置液、前置液与水泥浆的两相流体污染，所以设计的实验内容也主要考察两相流体污染。主要包含流变相容性、污染稠化和污染强度三个方面的内容。

如表 2.9 所示，API 标准评价方法中对流变相容性主要是以钻井液与前置液、前置液与水泥浆的两相混浆为主，测试常温和高温条件下混浆的六速旋转黏度计读值，并根据测量结果计算出混浆屈服值以反映出混浆形成的内部结构强弱，定量地描述浆体泵送难易程度，以此来判断混浆的流变相容性。对高温流变相容性，当循环温度低于 90℃时，用常压稠化仪将实验样品升至循环温度后，再移至旋转黏度计上进行测量；若循环温度高于 90℃时，则将实验样品放入增压稠化仪加热至循环温度，然后迅速冷却至沸点以下，取出样品，测其 60℃的流变性。API 标准方法中的污染稠化和污染强度实验均是将前置液与水泥浆按体积比 5∶95、25∶75、50∶50 混合后，测试混浆的稠化时间和抗压强度，并与未掺混水泥浆进行对比。

表 2.9 API 标准方法流变相容性实验内容

混合类别	序号	体积比	混合体积
钻井液∶前置液	1#	95∶5	取 760mL 钻井液与 40mL 前置液
	2#	75∶25	取 1# 样品 375mL 钻井液与 100mL 前置液
	3#	5∶95	取 40mL 钻井液与 760mL 前置液
	4#	25∶75	取 3# 样品 375mL 钻井液与 100mL 前置液
	5#	50∶50	取等量的 1# 样品与 3# 样品
水泥浆∶前置液	6#	95∶5	取 760mL 水泥浆与 40mL 前置液
	7#	75∶25	取 6# 样品 375mL 水泥浆与 100mL 前置液
	8#	5∶95	取 40mL 水泥浆与 760mL 前置液
	9#	25∶75	取 8# 样品 375mL 水泥浆与 100mL 前置液
	10#	50∶50	取等量的 6# 样品与 8# 样品
钻井液∶前置液∶水泥浆	11#	25∶50∶25	取等量的 5# 样品与 10# 样品

从上述实验内容和实验方法的介绍可以看出，API 标准主要是以前置液与水泥浆两相污染为考察对象，而忽略了在注水泥过程中由于井眼不规则、井斜大、封固段长残留钻井液或钻井液窜槽易产生三相污染，这对复杂井固井作业安全极为不利。表 2.10 的对比实验表明，往往钻井液的少量掺混就会使得水泥浆性能恶化，导致注水泥事故的发生，

因此有必要对 API 标准进行完善。在流变相容性方面，API 标准并未对测量的六速值或是计算出的屈服值做出任何规定，计算出的结果也不能直观反映工作液流变相容性对现场泵注作业的影响。此外，API 标准对实验条件要求苛刻，需要使用常压稠化、旋转黏度计、增压稠化仪开展实验，并且对实验温度和实验时间要求严格，不适用于现场快速应用。

表 2.10　川中某井固井水泥浆 API 标准实验结果与掺入钻井液后实验结果

水泥浆比例/%	前置液比例/%	API 标准实验结果		掺混钻井液后的实验结果		
		稠化时间(70Bc)/min	24h 抗压强度/MPa	掺混钻井液比例/%	稠化时间(70Bc)/min	24h 抗压强度/MPa
95	5	330	19.8	10	251	17.6
75	25	383	15.2	15	233	13.3
50	50	477	无	20	341	无

注：水泥浆原浆稠化时间 300min/70Bc，24h 抗压强度 21MPa。

2. 改进评价方法

针对 API 标准评价方法存在的不足，在井下环空流体流动与掺混模拟分析及借鉴 API 标准方法的基础上，结合川渝地区复杂深井固井特点和经验做法，形成了改进的井下流体相容性实验评价方法(以下简称改进评价方法)。该方法同样包括流变性相容实验及污染稠化实验，但是流变性评价方法、掺混流体类型及比例与 API 标准相比有较大不同。为能够最大限度地保证作业安全，改进评价方法中充分考虑了注水泥过程中由于井眼不规则、井斜大、封固段长造成钻井液残留或窜槽而导致的钻井液与水泥浆的接触污染，以不同比例的两相、三相及四相混浆来评价钻井液、水泥浆、前置液之间的流变相容性和稠化相容性。

改进评价方法中的流变相容性是以测试混浆流动度为手段，所使用的装置包括水泥净浆流动度模(图 2.16)、玻璃板、直尺和常压稠化仪。实验时，将玻璃板放置在水平位置，将截锥圆模放在玻璃板的中央，并用湿布覆盖待用，将水泥浆迅速注入截锥圆模内，用刮刀刮平，将截圆模按垂直方向提起，同时开启秒表计时，任水泥浆在玻璃板上流动，至少 30s，用直尺量取流淌部分互相垂直的两个方向的最大直径，取平均值作为水泥浆流动度。开展高温流变相容性实验时，采用常压稠化仪加热，以井底循环温度作为实验温度(当井底循环温度大于 95℃时，实验温度取 95℃)，养护 30min 后取出测试流动度。如表 2.11 所示，改进评价方法流变性相容性实验共 12 组常规污染实验，测量水泥浆、钻井液、隔离液在常温和高温下的流动度共 3 组实验，测量两相工作液混浆(水泥浆和钻井液、水泥浆和隔离液)在常温和高温下的流动度共 6 组实验，测量三相工作液混浆(水泥浆、钻井液和隔离液)在常温和高温下的流动度共 3 组实验。与 API 标准评价方法相比，虽然改进评价法方法所用的流动度实验的精细程度要差一些，但流动度能够更直观地反映出混浆是否具备可泵性，并且改进评价法方法还提出了量化的指标要求，现场应用中更易实施。此外，改进评价方法从现场角度考虑，所需实验仪器和测量方法简便，现场操作效率更高。

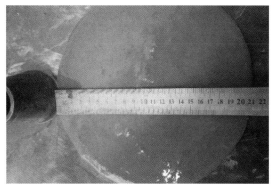

图 2.16　水泥浆流动度测试模(左)与测试示意图(右)

表 2.11　改进评价方法相容性实验内容及要求

序号	水泥浆/%	钻井液/%	前置液/%	常温流动度/cm	高温流动度/cm
1	—	100	—	≥18	≥12
2	100	—	—	≥18	≥12
3	—	—	100	≥18	≥12
4	50	50	—	实测	实测
5	70	30	—	实测	实测
6	30	70	—	实测	实测
7	1/3	1/3	1/3	≥18	≥12
8	70	20	10	≥18	≥12
9	20	70	10	≥18	≥12
10	5	—	95	≥18	≥12
11	95	—	5	≥18	≥12
12	90	10		≥18	≥12

在污染稠化实验方面,为了模拟井下实际情况,改进评价方法中污染稠化实验温度根据井底循环温度确定,压力根据钻井液在井底产生的静液柱压力确定,升温时间根据钻井液从井口到井底的时间确定。具体实验内容包括:①按水泥浆和钻井液容积比 7∶3 做污染稠化实验稠化时间实测,主要目的是了解钻井液对水泥浆的污染程度;②按水泥浆和隔离液容积比 7∶3 做污染稠化实验,稠化时间(40Bc)大于施工总时间,主要是考察隔离液与水泥浆之间的相容性;③按水泥浆、井浆(或先导浆)和隔离液容积比 7∶2∶1 做污染稠化实验,稠化时间(40Bc)大于施工总时间,如果该组不能满足施工要求,则调整各浆体的材料组成和性能并再次试验;④如果设计有冲洗液或第③组试验无法满足要求必须设置冲洗液,则按水泥浆、井浆(或先导浆)、隔离液和冲洗液容积比 7∶2∶1∶0.5 做污染稠化实验,稠化时间(40Bc)大于施工总时间。通过对比可看出,改进评价方法既考虑了隔离液对水泥浆稠化时间的影响,同时也比较重视钻井液对水泥浆稠化时间的影响,而 API 标准方法则更多地考虑隔离液对水泥浆稠化时间的影响。

2.2 高效抗污染隔离液体系

在明确钻井液对水泥浆的污染机理以及确定相容性评价方法后,开展了高效抗污染隔离液体系研究。主要从四方面展开:隔离液材料组成材料优选、隔离液相容性与抗污染性能评价、隔离液综合性能评价以及配套工艺研究。

2.2.1 高效抗污染隔离液组成材料

隔离液首要的性能就是具有良好的抗水泥污染能力,此外满足体系自身应具备的三大关键性能,即良好的流变性能调控能力,满足施工要求;较宽的密度调节范围,适应不同井深和地层压力;可靠的悬浮稳定能力,保证安全使用。另外,隔离液应具有一定抗温抗盐和滤失控制能力[16,17]。因此,材料设计要求:第一,处理剂的抗钙能力强,保证处理剂在钻井液、水泥浆体系中不失效,此外还有一定的解除污染的能力;第二,处理剂材料使用条件和加量范围宽,即要使隔离液具有宽广的密度调节范围、灵活的流变性能调节控制能力、低失水等性能特点;第三,现场易于使用,配制工艺简单,即要求材料具有良好的溶解性和便利的运输和储存性。

1. 抗污染剂

抗污染剂的作用是当出现水泥浆、隔离液、钻井液三相流体混浆时,隔离液中的抗污染剂能通过其自身化学特性,解除钻井液对水泥浆的污染,达到化学抗污染的目的。在分析钻井液处理剂所含易对水泥浆产生污染基团的基础上,开展分子设计,选用抗温抗盐性能良好的 AMPS 类聚合物为载体,通过二次接枝聚合,在分子链上引入氨基等能与钻井液处理剂上的有害基团反应的分子基团,得到了抗污染剂 Kx。

前置液首先自身应具有良好的抗水泥浆中高价金属离子污染的能力,为考察 Kx 的抗金属离子污染能力,将不同浓度比例的 $CaCl_2$、$FeCl_3$、$AlCl_3$ 加入配制好的隔离液中考察金属离子对流动度的影响,结果如表 2.12 所示。从表中可以看出,当掺入不同浓度的高价金属离子后,隔离液的流动度仍能保持在较高的范围内,且浆体均匀、稳定性良好,未出现絮凝团块,这些实验说明隔离液具有良好的抗水泥浆污染能力,反之也不会污染水泥浆。

表 2.12　高价金属离子对隔离液流动度影响实验

离子种类	浓度/%	常温流动度/cm	高温流动度(90℃)/cm
	0	26	28
	2	26	28
Ca^{2+}	5	24	27
	10	22	25
	15	21	25

续表

离子种类	浓度/%	常温流动度/cm	高温流动度(90℃)/cm
	0	26	28
Fe^{3+}	2	25	27
	5	23	25
	10	22	25
	0	26	28
Al^{3+}	2	26	27
	5	22	25
	10	21	24

图 2.17～图 2.19 是将隔离液分别加入钻井液、水泥浆中，考察隔离液对两相或三相混浆流动状态的影响。可以看出，隔离液具有优良的抗污染能力，不会对钻井液和水泥浆流动性能产生不良影响，而且能够改善钻井液与水泥浆混浆的流动能力。

(a)95∶5　　　(b)75∶25　　　(c)50∶50　　　(d)25∶75　　　(e)5∶95

图 2.17　隔离液∶钻井液掺混后的流动状态

(a)95∶5　　　(b)75∶25　　　(c)50∶50　　　(d)25∶75　　　(e)5∶95

图 2.18　隔离液∶水泥浆掺混后流动性

(a)20∶10∶70　　　(b)10∶20∶70　　　(c)25∶25∶50　　　(d)33∶33∶33

图 2.19　隔离液∶钻井液∶水泥浆掺混后流动性

2. 流型调节剂

流型调节剂是保证流体在流动过程保持良好的流动状态，提高流体的施工效果。优选出一种改性丹宁类聚合物处理剂 Hx 作为流型调节剂。

不同 pH 条件下，流型调节剂加量对基浆流变性能的影响如表 2.13 所示。由表中数据可以看出，Hx 具有很好的稀释作用，加量大于 1.0% 时就可以很好地改善基浆的流变性能。此外，对比不同 pH 条件下的浆体流变性能可以看出，溶液的 pH 值越高，稀释效果越佳。因此，在使用 Hx 时应尽量发挥其在高 pH 环境下的稀释作用。

表 2.13　Hx 加量对基浆流变性能影响（70℃）

流变性能	Hx 加量/%	0.3	0.5	0.8	1.0	1.5
pH=8	流性指数 n	0.34	0.44	0.57	0.58	0.65
	$K/(Pa \cdot s^n)$	1.88	0.92	0.38	0.32	0.20
	PV/(mPa·s)	8.5	10.0	12.0	12.0	12.5
	YP/Pa	11.8	9.2	6.6	6.1	4.9
pH=10	流性指数 n	0.46	0.50	0.60	0.76	0.77
	$K/(Pa \cdot s^n)$	0.41	0.40	0.36	0.05	0.049
	PV/(mPa·s)	5.5	7.5	7.5	8.0	8.5
	YP/Pa	4.60	5.36	2.37	1.79	1.79

3. 增黏剂和降失水剂

增黏剂是一种改性的淀粉类物质 Wx。其主要作用是悬浮隔离液中加重材料，保持工作液密度稳定。考察了隔离液密度 1.50g/cm³、不同 Wx 加量条件下的悬浮稳定性。测试方法为：采用 500mL 量筒，装满隔离液在常温下静止 4h 后，测定浆体上下密度，上下密度差小于 0.02g/cm³ 表明稳定性好，反之则表明稳定性不好。表 2.14 数据显示，Wx 加量大于 1% 时就可以很好的悬浮稳定性能，同时 Wx 也具有一定的降失水能力，随着加量升高，降失水作用增强。

表 2.14　Wx 加量对悬浮性能影响

悬浮性能	Wx 加量/%	0.3	0.5	0.7	1.0	1.2
沉降稳定性		分层	分层	微沉	好	好
API 失水量/mL		98	85	46	31	28

注：隔离液密度 1.50g/cm³。

降失水剂是一种改性的纤维素类物质 Jx。表 2.15 数据表明，Jx 具有很好的降失水能力，在加量 0.5% 以上就可以将失水控制在 25mL 以内。从处理剂作用机理分析，增黏剂和降失水剂都是一种水溶性高分子材料，可通过吸附基团在黏土颗粒吸附作用和水化基团提高黏土颗粒表面水化溶剂层的程度不同，包裹住体系大量自由水，从而提高液相黏度，保证隔离液体系的聚结稳定性，降低泥饼渗透率，起到降滤失的作用。

表 2.15　Jx 加量对降失水效果影响（70℃×0.7MPa×30min）

Jx 加量/%	0.1	0.3	0.5	0.7	1.0
API 失水量/mL	75	48	20	14	8

注：隔离液密度 1.70g/cm³。

4. 表面活性剂

对于采用油基钻井液或混油钻井液钻进的井，表面活性剂是保证隔离液能够有效驱替钻井液和获得良好界面胶结质量的关键[18,19]。表面活性剂首先利用其双亲性来降低油基钻井液黏附层与隔离液的界面张力，当隔离液的表面张力低于或接近油基钻井液黏附层的临界表面张力(γ_c)时，隔离液溶液就易在井壁或套管壁表面的油基钻井液黏附层产生铺展润湿作用，从而通过渗透作用来润湿井壁和套管壁，然后在表面活性剂的作用下将黏附的油基钻井液撕裂和卷离，变为小的油珠，乳化分散在运动的隔离液体系中，从而提高其清洗效率。

通过分别对 4 种非离子表面活性剂(A、B、C、D)和 3 种阴离子表面活性剂(E、F、G)配制的乳液的稳定性以及 HLB 值、临界胶束浓度(CMC)、最低表面张力以及对油基钻井液的清洗效率评价，如图 2.20 和表 2.16 所示，优选出稳定性最好、清洗效率较高的非离子型表面活性剂 A、C 和阴离子型表面活性剂 G。

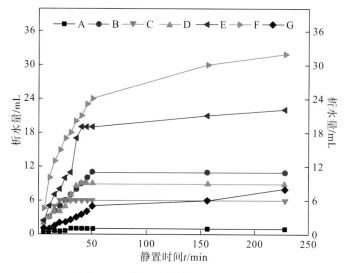

图 2.20　表面活性剂的乳化稳定性能

表 2.16　表面活性剂的综合性能

综合性能	非离子型				阴离子型		
	A	B	C	D	E	F	G
HLB 值	13.4	12.8	13.6	14.6	14.0	14.3	12.3
CMC/%	0.03	0.04	0.05	0.25	0.1	0.3	0.5
$\gamma_{lg最小值}$/(mN/m)	28.435	29.652	29.220	28.973	27.492	27.842	28.532
对 UDM-2 型油基钻井液清洗效率/%	72.24	52.12	73.34	43.32	53.85	51.64	62.34
对 VER 型油基钻井液清洗效率/%	74.65	58.82	75.32	51.26	58.56	56.53	68.62

为弥补因单一使用离子型表面活性剂或非离子型表面活性剂的不足，将优选得出的3 种不同表面活性剂进行不同比例复配，形成 3 种复配表面活性剂体系，再次测定复配

表面活性剂水溶液的表面张力和CMC值，相关具体性能如表2.17所示。通过实验最终选定由2种非离子型和1种阴离子型复配而成的FPC三元复配表面活性剂体系，具有小于或接近柴油基钻井液γ_c的表面张力值，CMC值较低，且清洗效率较高。

表 2.17 复配表面活性剂体系的综合性能

复配代号	HLB 值	CMC/%	$\gamma_{\lg}$最小值 /(mN/m)	对 UDM-2 型油基钻井液清洗效率/%	对 VER 型油基钻井液清洗效率/%
FPA	13.1	0.07	27.234	81.13	82.75
FPB	12.8	0.09	27.362	79.68	80.34
FPC	13.3	0.06	26.800	82.52	85.66

2.2.2 高效抗污染隔离液体系综合性能

优良的隔离液体系必须具有良好的综合性能，能够满足不同复杂工况的要求。一般来讲，隔离液需要具有优良的密度调节能力和稳定性、抗高温能力、滤失控制能力、抗盐能力以及掺入表面活性剂后的清洗和润湿反转能力。

1.密度调节能力与稳定性

密度调节能力决定了隔离液的应用范围，一般可分为5个密度段：超低密度段1.00~1.30g/cm³、低密度段 1.30~1.60g/cm³、常规密度段 1.60~1.90g/cm³、高密度段1.90~2.30g/cm³和超高密度段2.30~2.60g/cm³。对于密度调节能力一般是以隔离液的稳定性和流变性作为评价指标的，这是因为隔离液所用加重材料如重晶石、铁矿粉的密度均远高于隔离液基液密度。如果隔离液稳定性能不好，加重材料发生沉降就会导致隔离液的性能偏离设计，引起顶替窜槽、流道堵塞、地层不能压稳等一系列问题，危及固井安全和固井质量。而流变性则反映了隔离液的混配能力和驱替能力。因此，如果隔离液在设计密度条件下能够具有良好的稳定性和流变性则可认为其具有配制该密度隔离液的能力。实验选取 1.10~2.60g/cm³ 的隔离液，考察了各密度点隔离液的稳定性流变性，测试结果如表2.18所示。

表 2.18 隔离液密度调节能力实验结果

密度 /(g/cm³)	4h 上下密度差 /(g/cm³)	流动度 /cm	n	K /(Pa·s^n)	AV /(mPa·s)	PV /(mPa·s)	YP/Pa
1.10	≤0.01	25	0.71	0.35	47.5	37.0	10.7
1.30	≤0.01	23	0.68	0.56	60.0	45.0	15.3
1.50	≤0.02	23	0.67	0.68	67.5	50.0	17.9
1.70	≤0.02	22	0.68	0.56	60.0	45.0	15.3
1.90	≤0.02	22	0.69	0.53	63.0	48.0	15.3
2.10	≤0.03	20	0.67	0.69	70.0	52.0	18.4
2.30	≤0.03	20	0.68	0.74	80.0	60.0	20.4
2.40	≤0.04	18	0.67	0.86	87.5	65.0	23.0
2.60	≤0.04	16	0.67	0.90	91.5	68.0	24.0

表 2.18 的数据表明，所研究的高效抗污染隔离液体系在 1.10～2.60g/cm³ 的密度范围内均具有良好的稳定性和流变性，可满足不同密度工况要求。

2. 抗高温性能

考察了不同密度隔离液在 90℃ 和 150℃ 条件下的稳定性，结果如表 2.19 所示。结果表明，研究的隔离液在 90℃ 和 150℃ 条件养护 4h 后均能保持良好的稳定性和流变性，具有良好的抗高温能力。

表 2.19　隔离液在高温下流动性和稳定性

密度/(g/cm³)	90℃(4h)		150℃(4h)	
	稳定性/(g/cm³)	流动度/cm	稳定性/(g/cm³)	流动度/cm
1.10	≤0.04	20	≤0.05	16
1.50	≤0.03	22	≤0.04	18
1.80	≤0.02	24	≤0.03	20
2.00	≤0.02	23	≤0.03	20
2.20	≤0.02	20	≤0.03	18
2.40	≤0.04	18	≤0.04	16
2.60	≤0.05	16	≤0.05	14

3. 滤失控制能力

表 2.20 的数据说明，隔离液体系具有良好的滤失控制能力，体系的滤失量很低，适用于水敏、易漏等地层，有很好的保护地层作用。

表 2.20　隔离液的 API 滤失量测定(70℃×0.7MPa×30min)

密度/(g/cm³)	1.10	1.30	1.60	1.90	2.10	2.30	2.40	2.60
析水/%	0.5	0.5	0	0	0	0.1	0.5	1.0
滤失量/mL	25	30	18	8～19	10～20	13～21	12～18	5～18
滤饼厚度/mm	0.5	0.5	0.5	0.5	0.5	0.5～1.0	0.5～1.0	0.5～1.0

4. 抗盐能力

对于盐膏层或是含盐地层，隔离液进入井内会发生不同程度的离子侵入，为了满足井壁稳定和安全固井作业，隔离液体系必须具有一定的抗盐污染能力，其中主要的污染源为含钠离子和钾离子等的可溶性盐，它们是一种强电解质。因此，考察了隔离液在采用 NaCl 盐水配制和配制后加入 KCl 两种条件下的抗盐性能。

1)NaCl 对体系性能影响

分别配制 3%、5%、8%、10%、15% 浓度的 NaCl 盐水，然后用盐水配制密度为 1.60g/cm³ 的隔离液，测定 60℃ 和 80℃ 下静置 4h 前置液的析水和稳定性、流变性和失水量，结果如表 2.21、表 2.22 和表 2.23 所示。

表 2.21 密度为 1.60g/cm³ 的盐水隔离液稳定性

盐水浓度/%	60℃		80℃	
	析水/%	密度差/(g/cm³)	析水/%	密度差/(g/cm³)
0	0	≤0.01	0	≤0.01
1	0	≤0.01	0	≤0.01
3	0	≤0.015	0	≤0.015
5	0	≤0.01	0	≤0.015
7	0	≤0.03	0	≤0.035
10	0	≤0.07	0	≤0.065

注：采用 NaCl 盐水来配制隔离液。

表 2.22 密度为 1.60g/cm³ 的盐水隔离液流变性

盐水浓度/%	60℃			80℃		
	AV/(mPa·s)	PV/(mPa·s)	YP/Pa	AV/(mPa·s)	PV/(mPa·s)	YP/Pa
0	111.00	64.00	48.03	93.50	51.00	43.44
1	85.50	51.00	35.26	70.50	40.00	31.17
3	82.50	55.00	28.11	68.50	41.00	28.11
5	75.00	50.00	25.55	69.00	44.00	25.55
7	66.50	45.00	21.97	57.00	39.00	18.40
10	68.50	46.00	23.00	56.00	39.00	17.37

注：采用 NaCl 盐水来配制隔离液。

表 2.23 密度为 1.60g/cm³ 的盐水隔离液失水控制能力

盐水浓度/%	0	1	3	5	7	10
滤失量/mL	8	11	12	14	16	21

注：采用 NaCl 盐水来配制隔离液。

实验结果表明，NaCl 的浓度小于 10% 时，其对隔离液体系的稳定性、流变性和滤失控制能力影响比较小。说明隔离液材料具有一定的抗盐性能，可以用于配制欠饱和盐水（NaCl）隔离液。

2)KCl 对体系性能影响

配制好密度为 1.60g/cm³ 隔离液后，加入 1%、3%、5% 浓度的 KCl，分别测定了 60℃ 和 80℃ 下静置 4h 前置液的析水和稳定性、流变性和失水量，结果如表 2.24、表 2.25 和表 2.26 所示。

表 2.24 加入 KCl 后体系的稳定性

盐水浓度/%	60℃，4h		80℃，4h	
	析水/%	密度差/(g/cm³)	析水/%	密度差/(g/cm³)
0	0	≤0.005	0	≤0.005
1	0	≤0.03	0	≤0.02

续表

盐水浓度/%	60℃，4h		80℃，4h	
	析水/%	密度差/(g/cm³)	析水/%	密度差/(g/cm³)
3	0	≤0.03	0	≤0.025
5	0	≤0.08	0	≤0.07

表 2.25　加入 KCl 后隔离液流变性

盐水浓度/%	60℃，4h			80℃，4h		
	AV/(mPa·s)	PV/(mPa·s)	YP/Pa	AV/(mPa·s)	PV/(mPa·s)	YP/Pa
0	111.00	64.00	48.03	93.50	51.00	43.44
1	75.00	46.00	29.64	65.50	43.00	23.00
3	77.00	48.00	29.64	63.00	38.00	25.55
5	73.50	47.00	27.08	62.00	40.00	22.48

表 2.26　加入 KCl 后隔离液滤失控制能力

序号	1#	2#	3#	4#
盐水浓度/%	0	1	3	5
滤失量/mL	8	15	16	18

实验结果表明，KCl 浓度小于 5% 盐水中，对隔离液体系的稳定性、流变性和滤失控制能力影响比较小，说明隔离液体系具有一定的抗钾盐的能力。

5. 隔离液相容性评价

良好的相容性是隔离液必须具备的性能，即使隔离液本身的性能再优越，而不具有与钻井液、水泥浆体系的相容性，那研究的隔离液也就失去了意义和价值。

1）隔离液对钻井液和水泥浆流变性影响

对于固井作业，流体顶替过程中不可避免地会出现前后相邻流体的接触置换情况，对于不同流变学顶替模式和流体自身流变性能以及相邻流体流变性能，出现接触掺混段的长度不同，有研究表明最长的掺混段达千米以上。因此，顶替中相邻流体掺混后的流变性能是否能够保持流体自身良好的流变能力是能否保证固井顶替效率和安全施工的前提。

表 2.27　隔离液与钻井液的相容性

钻井液：隔离液	n	$K/(Pa·s^n)$	AV/(mPa·s)	PV/(mPa·s)	YP/Pa	流动度/cm
100：0	0.66	0.24	22.5	16.5	6.1	25
95：5	0.66	0.43	42.0	31.0	11.2	25
75：25	0.67	0.25	25.5	19.0	6.6	25
50：50	0.73	0.17	26.5	21.0	5.6	24
25：75	0.74	0.20	33.5	27.0	6.6	22.5
5：95	0.68	0.27	30.5	23.0	7.7	24
0：100	0.64	0.74	62.5	45.0	17.9	19

注：隔离液与钻井液密度为 1.70g/cm³。

　　从表 2.27 可以看出，隔离液与钻井液相互掺混后，钻井液与隔离液的流变性能变好，流动能力增加，说明在固井中采用前置液，能够有效改善和提高钻井液的流动能力，提高顶替效率，减少井壁和套管滞留物，提高界面胶结质量。

表 2.28　隔离液与常规密度水泥浆相容性（60℃）

水泥浆：隔离液	n	$K/(Pa \cdot s^n)$	$PV/(mPa \cdot s)$	YP/Pa	流动度/cm
100：0	0.69	0.55	65.3	8.3	24
95：5	0.58	2.20	113.3	23.9	22
75：25	0.73	0.62	95.3	10.1	19.5
50：50	0.71	0.64	85.5	10.0	16.5
25：75	0.72	0.58	84.8	9.3	18
5：95	0.66	0.80	73.5	11.0	20
0：100	0.69	0.46	42.0	13.3	23

注：隔离液与水泥浆密度为 1.90g/cm³。

表 2.29　隔离液与高密度水泥浆相容性（95℃）

水泥浆：隔离液	n	$K/(Pa \cdot s^n)$	$PV/(mPa \cdot s)$	YP/Pa	流动度/cm
100：0	0.63	1.31	97.5	16.6	20
95：5	0.54	2.89	110.3	27.5	19.5
75：25	0.61	1.92	127.5	23.3	19
50：50	0.52	4.89	165.0	43.9	17.5
25：75	0.62	1.88	135.0	23.5	18
5：95	0.63	1.51	112.5	19.2	20
0：100	0.69	0.69	63.0	19.9	19.5

注：隔离液与水泥浆密度为 2.30g/cm³。

　　表 2.28 和表 2.29 的数据表明，隔离液体系与各种水泥浆体系有很好的相容性，无絮凝、增稠等现象，掺混后流动度为 16～22cm，具有较好的流动性。

　　2）隔离液对水泥浆稠化时间的影响

　　稠化时间是水泥浆体系重要施工性能参数，隔离液的应用必须在对水泥浆的稠化时间没有缩短的前提下，才能保证安全固井要求。将图 2.21 与图 2.22 对比可以看出，由于隔离液掺入水泥浆后相当于提高了水灰比，延长了水泥浆的稠化时间，稠化曲线的发展趋势良好，无鼓包、闪凝等异常现象。

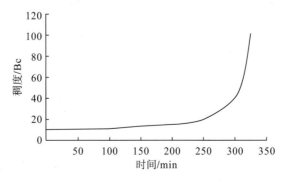

图 2.21　常规密度水泥浆净浆稠化曲线（105℃×60MPa×50min）

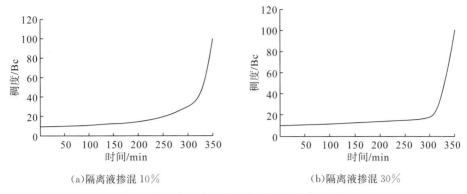

(a)隔离液掺混 10%　　　　　　　　　　　(b)隔离液掺混 30%

图 2.22　隔离液掺混对常规密度水泥浆稠化时间的影响(105℃×60MPa×50min)

同样由图 2.23 和图 2.24 可以看出，隔离液高密度水泥浆体系的稠化时间起延长作用，稠化曲线的发展趋势良好，无鼓包、闪凝等异常现象。

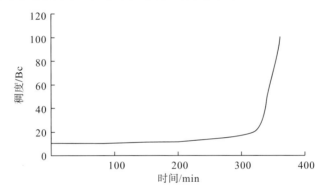

图 2.23　高密度水泥浆净浆稠化曲线(105℃×60MPa×50min)

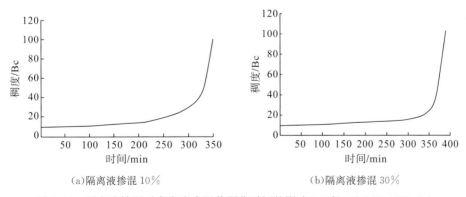

(a)隔离液掺混 10%　　　　　　　　　　　(b)隔离液掺混 30%

图 2.24　隔离液掺混对高密度水泥浆稠化时间的影响(105℃×60MPa×50min)

6. 表面活性剂隔离液性能评价

1)清洗效率评价

从图 2.25 可以看出，加入 1.5%FPC 复配表面活性剂体系后隔离液对柴油基钻井液体系的清洗效率接近 100%，且对不同种类柴油基钻井液的清洗效率变化不大。

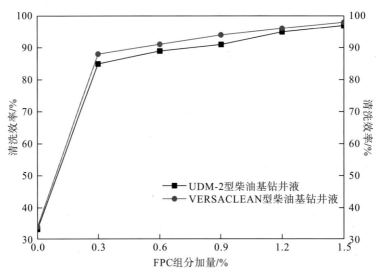

图 2.25　FPC 型隔离液的清洗效率

2)润湿反转评价

如图 2.26 所示,清水在浸泡油基钻井液表面的接触角为 88.7°,说明清水不能有效润湿渗透油基钻井液黏附层。

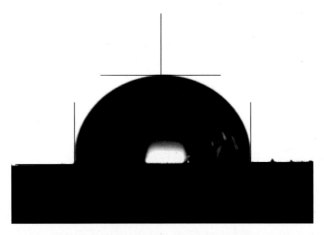

图 2.26　清水滴浸油表面(量高法测量)

表 2.30　水在隔离液处理后铸铁片表面的稳定接触角

FPC 体系质量分数/%	接触角/(°)
0	88.7
0.3	16.7
0.6	10.4
0.9	5.2
1.2	3.1
1.5	铺展

从表 2.30 可以看出，FPC 隔离液体系具有优异的界面改性作用。随着 FPC 体系质量分数的增加，清水滴在经隔离液处理后的浸油铸铁片表面的接触角逐渐变小，最后接近完全铺展润湿，如图 2.27 所示。说明 FPC 隔离液体系处理后的铸铁片表面明显由原来的亲油性表面润湿反转成为亲水性表面。

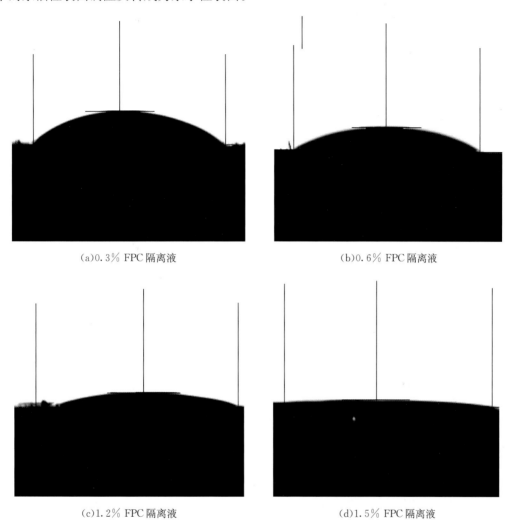

(a)0.3% FPC 隔离液　　　　　　　　　　　　(b)0.6% FPC 隔离液

(c)1.2% FPC 隔离液　　　　　　　　　　　　(d)1.5% FPC 隔离液

图 2.27　清水滴浸泡 FPC 隔离液后含油表面的接触角(量高法测量)

从图 2.28 可以看出，加入 38% 有效体积(隔离液/总体积)的含量为 1.5% 的 FPC 隔离液可以达到完全润湿反转，与某公司产品 A 对比，加入较少量就可以达到完全润湿反转。说明 FPC 隔离液体系在与油基钻井液掺混后，利用其较强的乳化分散作用，裹覆油基钻井液体系，使混浆最终达到完全的润湿反转，即混浆体系由原来的亲油性转变为亲水性，这样可以使冲刷过的界面表面都转化为亲水表面。

胶结强度很大程度上是对清洗效率和表面润湿性好坏的反映，冲洗效率高、表面润湿效果好则胶结强度高，反之则低。如表 2.31 所示，油基钻井液浸泡后模拟套管和岩心与水泥之间胶结能力明显变差，几乎为 0。如图 2.29 所示，左侧为浸泡过油基钻井液的套管与水泥石的胶结形貌；右侧为干净套管与水泥石的胶结形貌。由此可看出水泥石表

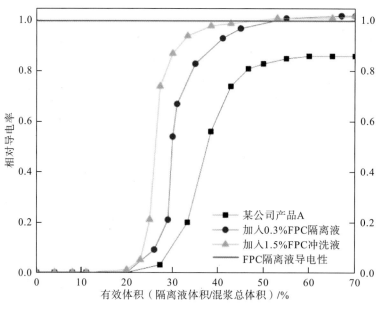

图 2.28　FPC 隔离液动态润湿反转混浆

表 2.31　FPC 隔离液体系改善水泥石的胶结强度

实验过程	第一界面胶结强度/MPa	第二界面胶结强度/MPa
未浸泡油基钻井液，注入水泥养护	2.49	2.33
浸泡油基，未使用隔离液，注入水泥	0.65	0.18
浸泡油基，使用 FPC 隔离液，注入水泥	1.89	1.84

图 2.29　水泥石与模拟套管的胶结形貌

面裹覆的油基钻井液不能与模拟套管进行很好的胶结，最终会造成界面封固不良，引发
油气窜。加入 FPC 隔离液冲洗后的胶结强度明显提高，接近于未浸泡油基钻井液的水泥
石胶结强度。

2.2.3　隔离液多倍体积置换技术

对于深井超深井而言，隔离液的有效隔离作用是防止钻井液和水泥浆界面接触、解决钻井液与水泥浆接触污染的重要措施之一，而确定隔离液的用量是达到防污染目的的关键[20]。偏心将影响环空流体的流动分布，由于环形各方向间隙大小不一致，如图 2.30 所示，由于环空宽间隙和窄间隙流体流动阻力的差异，使得流体在宽窄间隙的流动速度存在差异。

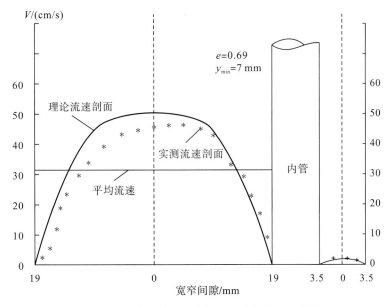

图 2.30　宽窄间隙对环空平均流速的影响示意图

由于钻井液与隔离液具有静切应力的特性，采用宾汉模式研究钻井液与隔离液在偏心环空内的流动特性。塑性液体在同心环空内平均流速的表达式为

$$v = \frac{p_{an}(D-d)^2}{48L\eta_p}\left(1 - \frac{3}{2}a + \frac{1}{2}a^3\right) \tag{2-1}$$

式中，p_{an} 为同心环空压降；L 为环空长度；η_p 为塑性黏度；a 为液体的核隙比；D 为环空内径；d 为套管内径。

根据相似原理，只需将偏心环空的压降 p_{an} 及不同位置的间隙 $y(y=D-d)$ 值代入式(2-1)即可求出偏心环空内任意间隙处平均速度：

$$v_y = \frac{p'_{an}y^2}{12L\eta_p}\left(1 - \frac{3}{2}a + \frac{1}{2}a^3\right) \tag{2-2}$$

由此计算出偏心环形空间内，宽间隙和窄间隙的平均速度比为

$$\frac{v_w}{v_n} = \left(\frac{y_w}{y_n}\right)^2 = \left(\frac{1+e}{1-e}\right)^2 \tag{2-3}$$

偏心环形空间内宽、窄间隙的宽度比(y_w/y_n)，环空流速比(v_w/v_n)与套管偏心度的关系如表 2.32 所示。

表 2.32　偏心环形空间内宽窄间隙、环空流速与套管偏心度的关系

偏心度 e	0.1	0.2	0.3	0.4	0.5	0.6	0.7	0.8	0.9	1.0
窄间隙的宽度比(y_w/y_n)	1.22	1.50	1.86	2.33	3	4	5.67	9	19	∞
环空流速比(v_w/v_n)	1.49	2.25	3.46	5.44	9	16	32.15	81	361	∞

表 2.32 的数据说明，随套管偏心度增加，偏心环空不同间隙处的流速将发生极大的变化，宽窄间隙的流速差可达几十倍。宽间隙范围的隔离液达到了紊流，而其他间隙，特别是窄间隙却有可能作层流流动。当隔离液驱替钻井液时，宽间隙钻井液可能被顶替挤走，而窄间隙钻井液仍然滞留在原来位置，将与宽间隙流过的水泥浆产生界面接触，造成窄间缓慢驱替的钻井液与宽间隙快速流动的水泥浆界面接触和不同程度的混浆段，使整个环形空间的密封质量变差，污染严重者直接造成工程事故。

因此，为避免宽间隙快速流动的水泥浆与窄间隙缓慢驱替钻井液界面接触形成混浆段，隔离液的用量必须足够保证宽间隙水泥浆不与窄间隙缓慢流动的钻井液接触。如果计算时将偏心环空流体驱替流动视为槽式流体流动，如图 2.31 所示，可把问题简化为简单的"追及"问题来计算完全隔离钻井液和水泥浆的隔离液理论用量。

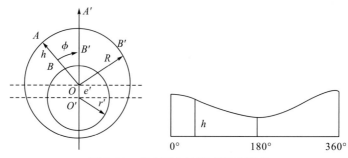

图 2.31　偏心环空的槽式流动模型

当以排量为 Q 的隔离液驱替裸眼段长为 L 的钻井液时，单位环空体积为 V_L，环空平均返速 $v=Q/V_L$，结合表中数据可计算出宽、窄间隙隔离液平均流速 v_w 和 v_n。利用简化的"追及"模式可计算出完全隔开钻井液需要的隔离液用量 V_s：

$$V_s = \left(\frac{L}{v_n} - \frac{L}{v_w}\right) \times v_w \times V_L \tag{2-4}$$

假设环空为规则井眼，采用式(2-4)来计算不同偏心度环空中的钻井液被完全隔开时所需隔离液体积 V_s，假设裸眼环空段长 $L=1000$m，顶替排量 $Q=12$L/s，单位环空体积 $V_L=12$L/m，则环空体积 $V=V_L \times L=1000 \times 12=12$m³，环空平均返速 $v=Q/V_L=12/12=1$m/s，则可计算出不同偏心度环空对应的隔离液体积量，如表 2.33 所示。

表 2.33　隔离液理论用量及体积置换系数

偏心度	0.1	0.2	0.3	0.4	0.5	0.6	0.7	0.8	0.9
裸眼环空段长/m	1000	1000	1000	1000	1000	1000	1000	1000	1000
单位环空体积/(L/m)	12	12	12	12	12	12	12	12	12
顶替排量/(L/s)	12	12	12	12	12	12	12	12	12
环空体积/m³	12	12	12	12	12	12	12	12	12

续表

偏心度	0.1	0.2	0.3	0.4	0.5	0.6	0.7	0.8	0.9
宽窄间隙比	1.22	1.50	1.86	2.33	3	4	5.67	9	19
宽窄间隙速度比	1.49	2.25	3.46	5.44	9	16	32.15	81	36.1
环空平均速度/(m/s)	1	1	1	1	1	1	1	1	1
宽间隙平均速度/(m/s)	0.60	0.69	0.78	0.84	0.90	0.94	0.97	0.99	1.00
窄间隙平均速度/(m/s)	0.40	0.31	0.22	0.16	0.10	0.06	0.03	0.01	0.00
隔离液理论用量/m³	29.88	39	53.52	77.28	120	204	397.8	984	4344
体积置换系数	2.49	3.25	4.46	6.44	10	17	33.15	82	362

注：本表中计算数据建立在大量假设及理想条件的基础上，旨在说明隔离液体积置换防污染原理；体积置换系数是指隔离液用量与裸眼环空体积之比。

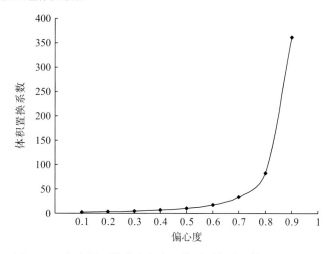

图 2.32　完全隔开钻井液与水泥浆时隔离液的体积置换系数

　　表 2.33 和图 2.32 中的体积置换系数建立在流体流动的理想条件下，其基本规律满足完全隔离钻井与水泥浆的要求，偏心度对完全隔开钻井液与水泥浆的隔离液用量影响极大，偏心度越大，隔离液对环空容积的体积置换系数越大。因此，现场作业很有必要采用多倍体积隔离液隔离钻井液和水泥浆，但表 2.32 中的数据表明要达到完全隔离目的，隔离液的用量无疑是极大的，根据偏心度的不同，从几倍到几十倍均有可能，考虑现场施工作业隔离液配制及成本问题，隔离液用量受到限制，但为了尽可能提高隔离效果，防止接触污染，现场作业尽可能采用多倍体积置换环空钻井液。

2.3　高效抗污染隔离液的现场应用

　　高效抗污染隔离液体系及其改进后的流体相容性评价技术、前置液多倍体积置换技术从 2007 年开始已在川渝地区龙岗、九龙山、高石、磨溪等构造上深井超深井中应用，至 2014 年年底总计应用 70 余井次，作业成功率达 100%。最高应用密度为 2.52g/cm³，最高应用井深为 7350m，在保证安全注水泥的同时还有效地提高了固井质量。表 2.34 为隔离液体积置换技术在龙岗区块部分井中的应用情况。表 2.35 为高效抗污染隔离液在川渝地区深井超深井的应用情况。

表 2.34 体积置换技术在龙岗区块应用情况

序号	井号	钻头/mm	套管/mm	封固井段/m	环容/m³	隔离液/m³	体积置换系数	固井质量 优/%	合格/%	差/%
1	龙岗 001-2	215.9	177.8	3564~6095	63.64	13	0.2	18.80	53.67	27.54
2	龙岗 21	215.9	177.8	2950~5448	52.08	20	0.38	22.99	42.38	34.63
3	龙岗 22	215.9	177.8	2804~5378	49.3	20	0.41	36.31	27.97	35.72
4	龙岗 27	215.9	177.8	2400~4535	23.53	10	0.42	57.59	31.52	10.88
5	龙岗 10	149.2	127	5949~6728	5.80	15	2.59	48.91	41.18	9.91
6	龙岗 12	149.2	127	5926~6544	5.91	12	2.03	53.25	40.13	6.62
7	龙岗 13	149.2	127	5349~6425	10.79	20	1.85	75.89	23.07	1.04
8	龙岗 17	149.2	127	5707~6356	5.66	12	2.12	54.54	42.58	2.88
9	龙岗 20	149.2	127	5793~6454	6.88	12	1.74	20.24	57.57	22.19
10	龙岗 22	149.2	127	5226~5640	2.2	8	3.64	56.97	42.51	0.51
11	龙岗 26	149.2	127	5262~6096	3.58	10	2.79	40.50	57.43	2.08
12	龙岗 28	149.2	127	5460~6217	5.6	15	2.68	62.94	37.06	0
13	龙岗 39	149.2	127	6000~6698	5.28	20	3.79	59.4	35.37	5.23

注：隔离液用量为尾管固井时的前隔离液用量。

从表 2.34 可以看出，隔离液体积置换系数越高，隔离液的顶替冲洗效果越好，固井质量越高。

表 2.35 高效抗污染隔离液在川渝地区深井超深井的应用情况

隔离液密度范围	应用井号	合计井次
低密度 1.3~1.6g/cm³	龙岗 9 井、龙岗 18 井(技术套管)、龙岗 28 井、龙岗 39 井、龙岗 7 井、龙岗 18 井(油层套管)、龙岗 12 井、龙岗 13 井、龙岗 001-1 井、龙岗 17 井、龙岗 29 井(表层套管)、龙岗 26 井、龙岗 6 井、分水 1 井(技术套管)、磨 154 井(技术套管)、磨 160 井(技术套管)	17
常规密度 1.6~1.9g/cm³	龙岗 29 井、龙岗 8 井、龙岗 19 井、龙岗 001-7 井、龙岗 10 井、龙岗 13 井、龙岗 001-8-1 井、龙岗 23 井(技术套管)、龙岗 11 井、龙岗 21 井(技术套管)、龙岗 36 井、龙岗 63 井、龙岗 21 井(油层套管)、龙岗 22 井、龙岗 23 井(油层套管)、龙岗 68 井、龙岗 6 井、宝龙 1 井、龙岗 001-2 井、龙岗 001-1 井、龙岗 20 井、龙岗 26 井、分水 1 井(油层套管)、天东 026-2 井、龙岗 22 井、磨溪 21 井、磨 158 井(技术套管)、磨 005-2(技术套管)、磨 005-1(技术套管)	29
高密度 1.9~2.3g/cm³	龙岗 20 井、龙 101 井、龙岗 001-1 井、龙岗 27 井、天东 017-X2 井、龙 104 井、龙岗 68 井、龙岗 61 井、高石 1 井、包 003-2 井、龙岗 63 井、龙 104 井、磨溪 17 井、磨溪 23 井、双探 1 井(2 次)	16
超高密度 ≥2.3g/cm³	磨溪 1 井(技术套管)、磨溪 1 井(油层套管)、龙岗 17 井、龙岗 61 井、龙岗 61 井、龙 106 井、龙岗 62 井、磨 005-1(油层套管)、磨 005-2(油层套管)、磨 154 井(油层套管)、磨 158 井(油层套管)、磨 160 井(油层套管)	12

1. FS1 井 5 寸尾管固井

FS1 井是部署在分水岭潜伏构造上的一口重点预探井，井深 7353.84m，是中石油

2007 年陆上最深的一口井，5 寸尾管固井要求封固 6287.96～7353.84m 裸眼段和 6100.00～6287.96m 重合段。该井属于大斜度超深井，最大井斜角达 78.32°，固井施工存在以下难点：①井底循环温度高，施工时间长，水泥浆配方设计及性能设计难度大。该井井底循环温度达到了 142℃，井底静止温度 153℃，施工时间长达 330min。②属于小井眼井，环空间隙小，套管居中度不高，窄间隙处容易形成钻井液滞留区，并且由于小间隙产生的高环空摩阻，限制了施工排量，无法实现紊流顶替，顶替效率难以保证。③气层活跃、显示层多，防气窜难度大。④水泥浆与钻井液相容性差，施工安全及顶替效率难以保障。

现场办公会分析表明，在提高固井质量的主要技术措施中，合理设计隔离液用量、密度、流变性是最关键的一点，其原因在于：①环空间隙小，施工排量受限，水泥浆无法实现紊流驱替，只有通过使用流动性能良好的隔离液，才能实现紊流驱替钻井液；②井斜大，扶正器安放数量受限，居中度难以保证，需要使用隔离液以多倍体积置换窄间隙处的钻井液提高顶替效率；③只有使用隔离液解决接触污染问题，优良的水泥浆体系才能发挥作用，否则水泥浆与钻井液发生接触污染，水泥浆在两者交界面上窜，在井壁和套管壁留下泥浆带，严重影响界面胶结质量；④为了保证沉降稳定性，钻井液性能调整有限，需要使用隔离液冲刷、稀释、分散残留在井壁的钻井液和泥饼。

根据 FS1 井实际复杂情况，为了确保施工安全和提高固井质量，使用了高效抗污染隔离液。现场施工时共注入密度为 1.60g/cm³ 的高效抗污染隔离液 25m³，以 2 倍裸眼环容置换钻井液，防止窜槽，并能有效清除附着于井壁和套管壁上的油膜，提高界面胶结质量。固井作业期间未发生井漏，碰压 25MPa，碰压后起钻 20 柱，未遇阻，然后以 1.2m³/min 大排量正循环洗井，钻井液、隔离液返出界面清晰，相互之间无较严重化学干涉现象，三种流体及掺混段流动性均很好，隔离液的使用保证了施工安全，固井后未发生气窜。

2. ST1 井 5 寸尾管固井

ST1 井是部署在双鱼石潜伏构造上的一口重点预探井，是当时中石油西南油气田分公司井深第三、垂深第一的超深井。该井五开使用 Φ149.2mm 钻头，钻至 7308.65m 完钻，下 Φ127mm 尾管封固上部不同的压力系统。该井裸眼段长，环空间隙小，钻井液与水泥浆污染严重(水泥浆：钻井液 7：3 稠化时间 116min/40Bc、120min/100Bc)，井底温度高(电测井温 159℃，试验温度 143℃)，封固段上下温差大(83～143℃)，油气显示活跃，漏喷同存，施工难度大，给固井施工带来严峻挑战。

根据 ST1 井实际复杂情况，为确保施工安全和提高固井质量，该井使用了高效抗污染隔离液。现场施工采用正注正挤固井工艺，首先注入密度 1.90g/cm³ 的高效抗污染先导浆 28.1m³，然后共注入密度 1.92g/cm³ 的高效抗污染隔离液 20.1m³，防止窜槽，并有效清除附着于井壁和套管壁上的油膜，提高界面胶结质量。固井作业期间未发生井漏，碰压后起钻未遇阻。在测井井段总长度 999.5m 中，测井结果显示好的总长度 726.6m 占 72.7%，中等的总长度 235.5m 占 23.6%，显示差的井段只有 37.4m 占 3.7%。后进行天然气放喷点火测试，初测显示单井日无阻流量 300 万 m³，控制流量 124 万 m³。

参 考 文 献

[1]Savery M，Darbe R，Chin W. Modeling fluid interfaces during cementing using a 3D mud displacement simulator [C]//Offshore Technology Conference. Offshore Technology Conference，2007.

[2]龙晓蕾. 超深井复杂地层固井技术研究与应用[J]. 今日科苑，2010，(6)：41-41.

[3]Joel O F，Ndubuisi E C，Ikeh L. Effect of cement contamination on some properties of drilling mud[C]//Nigeria Annual International Conference and Exhibition. Society of Petroleum Engineers，2012.

[4]杨香艳，郭小阳，陈浩，等. 一种新型广谱水基固井前置液体系的研究[J]. 钻井液与完井液，2006，23(1)：58-61.

[5]杨香艳. 一种新型水基广谱前置液体系研究与应用[D]. 成都：西南石油大学，2004.

[6]马勇，郭小阳，姚坤全，等. 钻井液与水泥浆化学不兼容原因初探[J]. 钻井液与完井液，2010，27(6)：46-48.

[7]辜涛，李明，魏周胜，等. 页岩气水平井固井技术研究进展[J]. 钻井液与完井液，2013，30(4)：75-80.

[8]李健，李早元，辜涛，等. 塔里木山前构造高密度油基钻井液固井技术[J]. 钻井液与完井液，2014，31(2)：51-54.

[9]童杰，李明，魏周胜，等. 油基钻井液钻井的固井技术难点与对策分析[J]. 钻采工艺，2014，37(6)：17-20.

[10]李早元，辜涛，郭小阳，等. 油基钻井液对水泥浆性能的影响及其机理[J]. 天然气工业，2015，35(8)：63-68.

[11]李早元，柳洪华，郭小阳，等. 油基钻井液组分对水泥浆性能的影响及其机理[J]. 天然气工业，2016，36(3)：63-68.

[12]李早元，柳洪华，郭小阳，等. 套管表面润湿性对固井界面胶结强度的影响[J]. 油田化学，2016，33(1)：20-24.

[13]易亚军，郭小阳，李明，等. 典型水溶性聚合物对水泥浆性能影响研究[J]. 塑料工业，2014，42(7)：118-21.

[14]易亚军. 常用钻井液处理剂对固井水泥浆的污染研究[D]. 成都：西南石油大学，2014.

[15]李明，杨雨佳，张冠华，等. 钻井液中生物增黏剂对固井水泥浆性能及结构的影响[J]. 天然气工业，2014，34(9)：1-6.

[16]杨香艳，郭小阳，李云杰，等. 高密度抗污染隔离液在川中磨溪气田的应用[J]. 天然气工业，2006，26(11)：83-86.

[17]张林海，郭小阳，李早元，等. 一种提高注水泥质量的可固化工作液[J]. 西南石油大学学报，2007，29：85-90.

[18]欧红娟，李明，辜涛，等. 适用于柴油基钻井液的前置液用表面活性剂优选方法[J]. 石油与天然气化工，2015(3)：74-78.

[19]郭小阳，欧红娟，李明，等. 适用于柴油基钻井液的洗油型冲洗液研究[J]. 西南石油大学学报(自然科学版)，2017，39(1)：155-160.

[20]郭小阳，张凯，李早元，等. 超深井小间隙安全注水泥技术研究与应用[J]. 石油钻采工艺，2015，37(2)：39-43.

第3章 可固化堵漏工作液

在钻遇裂缝孔隙发育良好的地层、破碎性地层时，常常会出现井漏现象。井漏是石油工业至今仍然无法完全解决的世界性难题，且漏失机理没有被很好地掌握，很多都是靠现场经验来解决。井漏一旦发生，会大大影响钻井速度，而且也会造成巨大的经济损失。固井是钻井工程的最后一道工序，同时也是完井工程的第一道工序，是衔接钻井和采油的关键工程，如果在固井过程中出现井漏将对后期固井质量有以下几个方面的影响[1-5]。

(1)固井施工作业中的水泥浆漏失会导致水泥浆返高不够，不能按设计要求封隔地层，使上面一段漏封(图3.1)，固井不能达到目的。特别是地层承压能力较薄弱的含高压气层，工作液漏失更严重，由于该地层密度窗口窄，堵漏以及固井都很困难，严重影响到后继的施工作业。

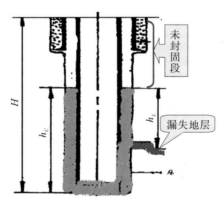

图 3.1 井漏导致水泥浆低返示意图

(2)为了施工安全，在固井前必须进行堵漏，由于地质复杂，漏失地层裂缝尺寸难以准确预测，导致堵漏材料所形成屏蔽区的承压能力差。大量惰性堵漏材料黏在井壁上，与钻井液形成厚而疏松的泥饼，其不仅使水泥浆滤失量增大、流变性变差，还可能导致浆液稠度增加、泵送难度增大，甚至可能使水泥浆提前稠化造成"灌香肠""插旗杆"等恶性固井工程事故。同时惰性堵漏材料所形成的泥饼还会影响固井液正常顶替，残留的堵漏材料使第二界面无法与固井液牢固胶结，导致第二界面胶结质量较差，达不到固井工程有效封隔地层的设计要求。

(3)在漏失严重的井中，由于滤失量的增加，水泥浆还会在环空内的漏失井壁上形成水泥滤饼，使环空通道变窄，增大环空压耗，以致本来还未漏的薄弱地层发生漏失，进一步加重了整口井的漏失情况。

对于漏失的治理，国内已经形成了随钻堵漏技术[6-7]、桥塞堵漏技术[8-9]、高失水堵漏技术[10-11]、纤维水泥材料堵漏技术[12-14]、凝胶与胶凝堵漏技术[15-18]等处理方式，这些技术都可以应付孔隙和裂缝所引起的部分漏失，但都具有一定的局限性。传统的桥接堵漏液和堵漏技术由于浆体不能固化，形成的封堵层承压能力低，重新建立循环后在钻井液液柱压力作用下漏层能重新被打开，需要反复堵漏。在钻井工程中，有时不能准确掌握漏失地层的缝宽和孔隙尺寸，无法优选和确定堵漏剂配方，从而降低了堵漏成功率。多次试堵，消耗大量的堵漏材料，而且由于较多堵漏材料的存在，不但会导致浆体黏度过高，而且不利于泵送。使用无机胶凝堵漏材料水泥堵漏，虽然自身能够固结，但是与钻井液的相容性很差，且对地层的污染严重、可操作性存在不确定性，安全施工无法保证。水泥浆不能有效停留在漏失地层，与钻井液混合后强度严重衰减。水泥堵漏还需要水泥车等大型设备，施工过程烦琐。

因此，探索研究一种低成本、多效能、工艺简单、适用性强的既可以在固井时防止钻井液、水泥浆漏失又与水泥浆、钻井液相容性较好的多功能可固化堵漏液。该堵漏液结合了传统的物理堵漏（桥浆堵漏）和化学堵漏（水泥浆堵漏）的优点。自身具有较强的触变性和固化性能，与钻井液相容性好，同时浆体中可以混入一定量传统的桥接堵漏材料，对漏失地层进行桥塞、堆积和充填，起到有效的"封门"作用。堵漏液进入漏失地层后能够有效停留，阻止其进一步的流失，并快速固化形成具有一定强度的固化体堵塞漏失地层。遵循了堵漏"进得去、站得住、硬得起"的原则，能很好地提高地层的承压能力。该堵漏液能有效防止钻井液和水泥浆的进一步漏失，提高堵漏成功率，具有实际的工程应用价值与现实的技术经济意义。

3.1　可固化堵漏工作液材料组成及性能

通过前面的分析可知，对可固化堵漏工作液而言，要实现对漏失通道的有效封堵并提高井筒的承压能力，首先，其性能除了要满足类似水泥浆稠化时间、悬浮稳定等常规性能要求外，还要能满足堵漏施工作业的要求。其次，还要具有较好的抗污染性和相容性，以免被钻井液等污染后无法形成强度而影响堵漏效果。还得配方简单、工艺简洁，便于现场混配和顺利施工。对可固化堵漏工作液而言，固化材料的优选在综合性能方面至关重要，在进行体系研发之前，必须优选合适的固化材料和配套的外加剂[19-23]。

3.1.1　可固化堵漏液基础材料优选

1.固化剂优选

1）固化材料的选择

可固化堵漏工作液主要选择高炉水淬矿渣作为固化剂，对其加以利用，一方面变废为宝，另一方面利于节约资源和保护环境[24-27]。矿渣是高炉冶炼生铁时产生的副产物，在 1400～1500℃下由铁矿石的土质成分和石灰石助熔剂熔融化后经水淬处理急剧冷却而成。其成分与硅酸盐水泥比较接近，只是其组分中的活性及含量不同，主要含有 CaO（30%～50%）、MgO（1%～15%）、Al_2O_3（7%～12%）等活性组分，SiO_2（26%～42%）等惰性组分以及其他少量的 Fe_2O_3（0.2%～5%）和其他杂质，而硅酸盐水泥中主要含有 C_3

S、C_2S、C_3A、C_4AF 以及 $f\text{-}CaO$。

研究结果表明，虽然矿渣含有 $Ca-O$、$Mg-O$、$Al-O$ 等潜在活性结构，在碱性条件下将玻璃体破坏后，才能表现出较好的固化凝结特性[28]。因此，要充分发挥矿渣的固化凝结作用，关键在于激发其潜在的水硬活性。而激发矿渣潜在水硬活性的首要条件是碱性水溶液的 OH^-，激发剂在溶液中能够直接或间接形成的 OH^- 数量越多，矿渣就越容易被激活，由其配制的堵漏工作液就越容易固化。

影响矿渣水化活性特性的主要因素包括：矿渣中玻璃体的含量（主要由冷却速度控制）；矿渣的化学组成，尤其是活性组分的量；矿渣颗粒的细度；矿渣水化凝结所处的温度条件和碱性环境。

活性组分含量通常用矿渣质量系数和碱性指数进行表征，如式(3-1)和式(3-2)所示。《用于水泥中的粒化高炉矿渣》(GB/T 203-2008)规定用于制造粒化高炉矿渣水泥的活性系数不得小于 1.2，但实验研究结果表明，用于可固化堵漏工作液的矿渣，其 K 值最好大于 1.5[29]。

$$矿渣质量系数(K) = \frac{w_{CaO} + w_{MgO} + w_{Al_2O_3}}{w_{SiO_2} + w_{Fe_2O_3}} \tag{3-1}$$

$$碱性系数(M_0) = \frac{w_{CaO} + w_{MgO}}{w_{SiO_2} + w_{Al_2O_3}} \tag{3-2}$$

注：$M_0 > 1$，则其为碱性矿渣，否则为酸性矿渣。

矿渣被磨制成矿粉时，其粒径大小、粒度分布以及比表面积对矿渣活性的影响也较大。根据目前国内对粒化高炉水淬矿渣的国家标准，可将矿渣分为 S75、S95、S105 级，对应的颗粒比表面积分别为：S75 级比表面积 $\geqslant 3000cm^2/g$，S95 级比表面积 $\geqslant 4000cm^2/g$，S105 级比表面积 $\geqslant 5000cm^2/g$。

温度对矿渣的活性有较大的影响，随温度的升高，激发剂激发矿渣相对容易，其水化速度也越快。在井下高温的情况下，需加入一定的缓凝剂，控制矿渣水化速率（其缓凝剂一般为：含有—COOH，BO_3^{3-} 或者 BO_4^{5-} 其化合物），以延长可固化堵漏工作液的稠化时间，满足现场施工安全的要求。

本书选用的是 S95 级矿渣，密度为 $2.8g/cm^3$，比表面积为 $1.2m^2/g$，主要组分、相关活性系数和碱性系数如表 3.1 所示，粒度分布如图 3.2 所示。

表 3.1　矿渣的主要组分质量分布（按氧化物计算）及性能

SiO_2	Al_2O_3	Fe_2O_3	CaO	MgO	其他	矿渣质量系数	碱性系数
30.83%	9.86%	2.26%	41.56%	9.02%	6.47%	1.83	1.24

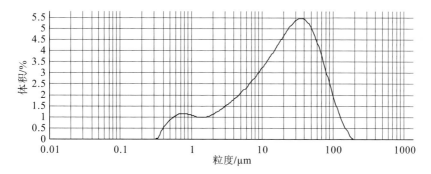

图 3.2　矿渣的粒度分布

在可固化堵漏工作液中，矿渣是最主要的胶结组分，其加量将直接决定可固化堵漏工作液的凝结特性，尤其是浆体的稠化时间和固化凝结后的强度。实验研究了矿渣加量对浆体流变性和抗压强度的影响(基浆配方：450g 水＋5g 土＋GYW-301，加入不同百分含量的固化剂矿渣，再加入适量的加重剂将密度调配到 1.9g/cm³，然后分别用 50℃ 和 70℃水浴养护)。

2)固化剂加量优选

可固化堵漏工作液由于受漏层条件限制，尤其是高密度堵漏浆其固相含量很高，但固化剂密度只有 2.8g/cm³，其自身不适合作为加重材料，当固化含量高时其流变性很差，不利于泵注。因此需要适当减少固化剂含量，提高加重剂含量来调节浆体性能，但是固化含量太低不利于固化胶结强度[30,31]。

配制稳定浆体加入不同百分含量的固化剂，加入适量的加重剂将浆体密度调配到 1.9g/cm³，然后分别放入 50℃ 和 70℃水浴锅中养护，通过测试其抗压强度发展快慢程度以确定固化剂的适宜加量范围。

表 3.2   固化剂加量变化的影响

固化剂加量/%	养护温度/℃	流动度/cm	24h 抗压强度/MPa	48h 抗压强度/MPa
50	50	22	0	0
60	50	22	1.32	2.86
70	50	21	6.42	8.12
80	50	20	7.84	9.12
90	50	19	8.80	9.40
100	50	17	9.26	10.42
110	50	15	9.16	10.51
50	70	22	0	0.84
60	70	22	2.12	4.56
70	70	21	7.52	8.89
80	70	20	8.84	9.86
90	70	19	8.90	10.56
100	70	17	10.65	13.72
110	70	15	11.67	14.51

表 3.2 为矿渣加量对浆体性能的影响数据。可以看出，固化剂矿渣加量在 50%～60%时浆体的流动性虽然很好但强度发展很低，不利于可固化堵漏工作液固化胶结；当加量达到 110%时，由于浆体中存在大量的固化成分，增加了浆体的内摩擦阻力，导致浆体的流变性变差(流动度仅为 15cm)，以至于难以配浆；固化剂矿渣加量在 70%～100%时强度发展较好，24h 抗压强度高达 6MPa 以上，同时，浆体流动性、可泵性好，利于现场配浆、泵注。由此可见，固化剂矿渣加量为 70%～100%比较合理，具体的加量应根据浆体的密度及堵漏施工要求而定。

2. 悬浮剂优选

悬浮稳定性是油气井工作液的基本性能之一，如达不到要求，将会使浆体在顶替就位后发生沉降，甚至在注替过程中即引发严重的安全事故。必须选择高效的悬浮剂，提高浆体的悬浮稳定能力，满足浆体的悬浮稳定性要求[32-33]。

调研悬浮剂的发展历程，不难发现悬浮剂以聚合物和黏土为主，聚合物通常可分为天然聚合物、改性天然聚合物和合成聚合物。GYW-301 主要由改性纤维素高聚物组成，增黏悬浮稳定效果良好可作为可固化堵漏工作液的悬浮稳定剂。膨润土可分为钠基膨润土、钙基膨润土、天然漂白土，钠基膨润土分散性更好、造浆率更高，选用钠基膨润土，提高造浆率和浆体的悬浮稳定性。

表 3.3 为不同加量 GYW-301 对基浆流变性能的影响数据。可以看出，GYW-301 改善基浆流变性的效果良好，随其加量的增加，基浆的六速读值增大、流性指数 n 减小、稠度系数 K 增大，表明基浆中的结构增多、表观黏度和塑性黏度增大、动切力和动塑比越大，基浆的悬浮稳定性更好；当其加量达到 1.6% 时，基浆在常温下的动切力大于 16Pa，可达到悬浮工作液中大多数固相颗粒的要求(基浆的配方：450g 水＋5g 土＋GYW-301)。

表 3.3　GYW-301 不同加量对基浆性能的影响

GYW-301 加量/%	n	$K/(Pa \cdot s^n)$	AV/(mPa·s)	YP/Pa	PV/(mPa·s)	YP/PV
1.0	0.68	0.19	20	5.11	15	0.34
1.3	0.65	0.30	27.5	7.665	20	0.38
1.6	0.56	0.94	45	16.352	29	0.56
1.9	0.54	1.79	75	28.616	47	0.61
2.2	0.51	2.89	100	40.88	60	0.68

注：基浆配方：水＋1.2%土＋GYW-301。

由表 3.4 钠土和 GYW-301 对固化液悬浮稳定性能的影响数据可以看出，随温度增加，基浆变稀、悬浮稳定性变差，即使 GYW-301 加量 1.6% 常温下沉降稳定的基浆，也开始出现沉降问题。加入一定量的钠土后，基浆的悬浮稳定性得到明显的改善，当钠土的加量达到 1.2% 时，重新恢复良好的悬浮稳定性，为此，初步确定悬浮稳定剂加量为 1.6% GYW-301＋1.2% 钠土(固化液的基本配方：450g 基浆＋90% 固化剂矿渣＋10% 激活剂)。

表 3.4　钠土和 GYW-301 对固化液悬浮稳定性能的影响

钠土＋GYW-301 加量/%	0+1	0+1.3	0+1.6	0.5+1.6	1.2+1.6
常温	沉降严重	沉降严重	一般	良好	特好
50℃	沉降严重	沉降严重	一般	良好	特好
70℃	沉降严重	沉降严重	沉降	一般	特好
90℃	沉降严重	沉降严重	沉降	一般	良好

固化液配方：水＋土＋GYW-301＋100% 矿渣＋10% 激活剂(密度：1.50g/cm³)。

3. 激活剂优选

由于固化剂矿渣活性需要在碱性条件下进行激活，为此，针对固化剂矿渣的特性及工作液的应用环境，遵循以下三个原则优选适合的激活剂。

(1)能促进固化剂矿渣玻璃体内部结构的破坏。

(2)有利于可固化堵漏工作液在低温条件下形成稳定的水化产物，从而获得较高的固化强度。

(3)不影响可固化堵漏工作液的流变性，以免影响浆体的混配和泵注。

通过大量室内实验及文献调研，优选出三种碱性物质：GYW-Q、GYW-T、GYW-S，分别考察了其对可固化堵漏工作液性能的影响。

1)GYW-Q 对可固化堵漏液的影响

GYW-Q 为一种碱金属氢氧化物，白色半透明、结晶状固体，极易溶于水，溶解度随温度的升高而增大，溶解时能放出大量的热，其水溶液有涩味和滑腻感，溶液呈强碱性，具备碱的一切通性。已有研究结果表明该激活剂对于矿渣类固化剂的激活性能较好，可显著加快矿渣的水化反应速度和进程。

表 3.5 GYW-Q 加量对可固化堵漏液基浆性能影响

GYW-Q 加量/%	n	$K/(\text{Pa} \cdot \text{s}^n)$	PV/(mPa·s)	YP/Pa	AV/(mPa·s)	10s 初切/Pa
0.5	0.513	1.856	38.00	26.06	63.50	7
1.0	0.566	1.126	36.00	19.93	55.50	5
1.5	0.585	0.905	34.00	17.37	51.00	4
2.0	0.608	0.701	32.00	14.82	46.50	3
2.5	0.601	0.723	31.00	14.82	45.50	3
3.0	0.637	0.518	30.00	12.26	42.00	3

由表 3.5 可知，随着 GYW-Q 加量的增加，堵漏液基浆流性指数 n 值增加、稠度系数 K 值减小，基浆的流变性变好，其结构力和表观黏度越小，说明 GYW-Q 对基浆的悬浮稳定性有一定的影响，但仍足以满足浆体悬浮稳定的要求。

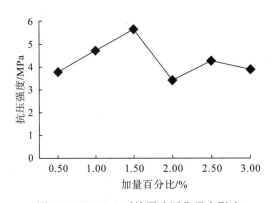

图 3.3 GYW-Q 对堵漏液固化强度影响

由图 3.3 可以看出，在 70℃ 条件下，随 GYW-Q 加量的增加，堵漏工作液的固化凝结时间缩短，当 GYW-Q 的加量达到 1.5% 时，固化剂矿渣的活性激发效果较好。另外，在实验研究过程中还发现，当 GYW-Q 的加量低于 1.0% 时，堵漏工作液的固化体有不同程度的体积收缩，不利于固化体堵塞漏失通道、固结近井地带的破碎地层、提高井筒的承压能力。GYW-Q 的加量超过 3% 时堵漏工作液的 pH 较大，且其固化体开始产生微裂纹，从而导致固化体强度降低。可见，GYW-Q 的加量控制在 1.5% 左右比较适宜。

2）GYW-T

GYW-T 是一种碱金属碳酸盐，其在水中溶解后将会水解产生 OH^-，对固化剂的活性也具有激活的作用。实验考察常温条件下 GYW-T 对可固化堵漏液基浆性能的影响，基液配方：水 500mL + 3% 悬浮剂 + 1.2% 降失水剂，实验结果见表 3.6 和图 3.4。

表 3.6　GYW-T 加量对可固化堵漏液基浆性能影响（常温）

GYW-T 加量/%	n	$K/(Pa \cdot s^n)$	PV/(mPa · s)	YP/Pa	AV /(mPa · s)	10s 初切/Pa
1.0	0.515	1.589	33.00	22.48	55.00	8
2.0	0.523	1.393	31.00	20.44	51.00	7
3.0	0.525	1.273	29.00	18.91	47.50	6
4.0	0.522	1.225	27.00	17.89	44.50	5
5.0	0.553	0.977	28.00	16.35	44.00	4
6.0	0.559	0.863	26.00	14.82	40.50	4
7.0	0.556	0.821	25.00	13.56	38.50	4

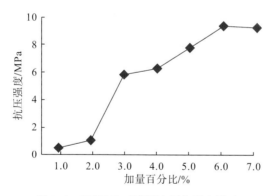

图 3.4　GYW-T 对堵漏液固化强度影响

由表 3.7 可知，随着 GYW-T 加量的增加，堵漏工作液基浆的流性指数 n 值增加、黏度变小，但仍然具有较好的悬浮稳定性。从图 3.5 可以看出，当 GYW-T 加量达到 1.5% 后，可固化堵漏工作液固化凝结后的抗压强度迅速增加，可见，GYW-T 的激活效果满足了使可固化堵漏工作液流动度较大和固化体抗压强度较高的两个要求。另外，实验研究还发现当 GYW-T 加量低于 3% 时其激活固化剂矿渣效果不理想，说明少量的 GYW-T 难于完全激活固化剂矿渣中的活性物质。加量高于 6% 时对固化剂矿渣的激活效果变化不明显，说明 6% 的 GYW-T 加量就可较好地激活固化剂矿渣中的活性物质，且当加量大于 5% 时固化体会出现大量的裂纹。

综合流动度、凝结时间和抗压强度三方面的考虑，GYW-T 的加量以 3%～5% 为佳。由于 GYW-T 的碱性物质偏弱，单独使用不利于固化剂矿渣堵漏工作液的综合效果，考虑与其他激活剂复配增效。

3) 复配激活剂对固化堵漏液的影响

通过研究激活剂 GYW-Q 和 GYW-T 对可固化堵漏工作液性能的影响可知，单一使用某种激活剂很难达到最佳的激活效果。

在综合 GYW-Q 和 GYW-T 优缺点的基础上，需对其进行复配使用，以更好地保证可固化堵漏工作液的流变性、凝结时间和固化凝结后的抗压强度。通过复配改变 GYW-Q 和 GYW-T 的加量考察固化液在 70℃ 和 90℃ 条件下的性能变化，以确定复配激活剂中两者的不同配比及加量，实验研究结果如表 3.7 所示。

表 3.7　复配 GYW-Q 和 GYW-T 加量对固化液基浆性能的影响

GYW-Q 加量/%	GYW-T 加量/%	n	K /(Pa·s^n)	PV /(mPa·s)	YP/Pa	AV /(mPa·s)	10s 初切 /Pa
0.5	6.0	0.599	0.802	34.00	16.35	50.00	4
1.0	5.0	0.577	0.879	31.00	16.35	47.00	4
1.5	4.5	0.624	0.637	33.00	14.31	47.00	3
2.0	4.0	0.600	0.776	33.00	15.84	48.50	3
2.5	3.5	0.578	0.906	32.00	16.86	48.50	3

从表 3.7 可以看出，在 GYW-T 和 GYW-Q 的总加量保持不变的情况下，随着激活 GYW-Q 和 GYW-T 加量的改变，常温条件下可固化堵漏工作液基浆的 n 值、塑性黏度和表观黏度变化都不大，基浆的流变性和悬浮稳定性都较好，说明 GYW-T 和 GYW-Q 对隔离液基浆的流变性能的影响是一致的，都能较好地改善基浆的流变性能。

表 3.8　GYW-Q 与 GYW-T 复配加量对工作液性能的影响

GYW-Q 加量/%	GYW-T 加量/%	流动度/cm	70℃初凝 时间/min	70℃×24h 抗压强度/MPa	90℃×24h 抗压强度/MPa
1.0	4.0	22	400	7.20	9.56
1.0	5.0	21	370	8.15	10.36
1.0	6.0	21	340	9.50	10.52
2.0	4.0	22	320	11.56	13.25
2.0	5.0	21.5	280	11.34	12.56
2.0	6.0	21	230	12.56	15.97
3.0	4.0	23	270	9.32	9.96
3.0	5.0	22.5	290	9.68	10.34
3.0	6.0	21	285	10.23	12.38

从表 3.8 可以看出，可固化堵漏工作液固化体在 GYW-Q 为 2%、GYW-T 为 6% 时，固化体在 70℃ 和 90℃ 时的抗压强度都较好，工作液在 70℃ 时的凝结时间最短，常温下工作液的流动度为 21cm，均达到了堵漏工作液现场施工的要求。另外，在 50℃ 低温下固化

剂矿渣的活性仍然不能被大量有效地激活，24h 固化强度仍然很低。

综合考虑流动度、凝结时间和抗压强度等因素的要求，确定 GYW-Q 与 GYW-T 的比例为 1∶3。由此，得出固化液的基本配方：100％水＋100％固化剂矿渣＋3％悬浮剂＋7％激活剂。

4）促凝剂

在低温条件下，可固化堵漏工作液的水化反应活性不高，固化强度发展很慢，尤其是在搅动过程中形成网架结构时间很长，不利于裂缝性漏失堵漏的要求。且浆体触变性不强，停止后不能快速形成较强的网架结构；通过资料调研分析固化剂矿渣水化反应机理及其影响因素，优选了适于低温条件的 GYW-S 促凝剂。该促凝剂为粉末状的无机盐化合物，活性主要由其模数确定，模数越低、活性越高。

研究结果表明，GYW-S 既可在低温条件下缩短可固化堵漏工作液的凝结时间、提高浆体的早期抗压强度，也有助于控制浆体的失水量。

表 3.9 GYW-S 加量对堵漏液基浆性能影响

GYW-S 加量/％	n	K/(Pa·s^n)	PV/(mPa·s)	YP/Pa	AV /(mPa·s)	10s 初切/Pa
1.0	0.513	1.567	32.00	21.97	53.50	7
2.0	0.515	1.445	30.00	20.44	50.00	6
3.0	0.554	1.003	29.00	16.86	45.50	5
4.0	0.577	0.800	28.00	14.82	42.50	4
5.0	0.594	0.667	27.00	13.29	40.00	3
6.0	0.604	0.591	26.00	12.26	38.00	3

表 3.9 为不同加量 GYW-S 对可固化堵漏工作液及其基浆性能的影响。可以看出，随着 GYW-S 加量的增加，基浆的流性指数 n 值增加，结构力和表观黏度变小，流变性变好，但仍具有较好的悬浮稳定性。

已有研究结果表明，不同模数 GYW-S 对矿渣的促凝效果差别很大，通过改变 GYW-S 的模数和加量，研究其对固化液性能影响，结果如表 3.10 所示。可以看出，加入低模数的 GYW-S 后，工作液流变性较差，触变性较强，50℃凝结时间较短，固化体抗压强度较高。加入高模数的 GYW-S 后，工作液流变性较好，触变性较弱，50℃凝结时间较长，其固化体抗压强度较低。综合 GYW-S 对工作液流变性、触变性、50℃凝结时间以及固化体抗压强度的影响，选择模数为 2.3 的 GYW-S 作为堵漏工作液的激活助剂。

表 3.10 GYW-S 模数对可固化堵漏液性能的影响

GYW-S 模数	加量/％	流动度/cm	50℃初凝时间/min	50℃×24h 抗压强度/MPa	触变性
	2	21	350	5.90	较强
2.3	3	20.5	310	7.16	较强
	4	19	265	9.65	很强

续表

GYW-S 模数	加量/%	流动度/cm	50℃初凝时间/min	50℃×24h抗压强度/MPa	触变性
	2	24	440	4.50	较弱
3.0	3	23	410	6.02	较弱
	4	22.5	350	7.65	较强

备注：固化液基础配方：450mL 水＋450g 固化剂＋3％悬浮剂＋7％激活剂＋1％～6％GYW-S(外加剂的百分加量是占水的体积比)。

表 3.11　GYW-S 加量对可固化堵漏液性能的影响

加量/%	流动度/cm	30℃×24h抗压强度/MPa	50℃×24h抗压强度/MPa	备注	
1.0	23	—	2.32	体积微膨胀	
2.0	22	1.28	5.90	体积膨胀	
3.0	21.5	3.26	7.16	体积膨胀	
4.0	20	5.42	9.65	体积膨胀	工作液触变性较强
5.0	19	4.83	10.23	体积膨胀出现裂纹	
6.0	19	4.25	9.62	体积膨胀出现裂纹	

表 3.11 是 GYW-S 加量对可固化堵漏工作液强度性能的影响数据。可以看出，随着 GYW-S 加量的增加，工作液流变性变差，但工作液固化体的抗压强度增加，说明 GYW-S 具有提高固化体抗压强度的作用。

另外，当 GYW-S 加量为 1％时，工作液在 50℃×24h 条件下未能完全固化；当加量大于 3％时，30℃×24h 条件的抗压强度为 5.42MPa；50℃×24h 条件的抗压强度不低于 9.65MPa。随着 GYW-S 加量增大，固化剂矿渣在低温条件强度增大，但加量超过 4％时，固化体容易出现裂纹，因此，促凝剂时加量不应超过 4％。

4. 降失水剂

作为可固化堵漏工作液，浆体的失水控制也是需要严格控制的重要性能之一。如果堵漏工作液的失水过大，将导致堵漏工作液难以深入漏层，只能在井壁周边形成很浅的封堵带，甚至只能在井壁上形成堆积，从而影响堵漏的效果。另一方面，浆体大量失水，将导致浆体稠化时间大幅缩短，从而影响施工安全，甚至酿成施工事故。因此，必须优选合适的降失水剂，严格控制可固化堵漏工作液的失水量。

常见的降失水剂包括低分子降失水剂、高分子降失水剂、惰性降失水剂等，均可降低滤饼的渗透率，达到降低体系失水的目的。

(1)低分子降失水剂：如磺甲基褐、硝基腐殖酸、煤碱剂等，分子量一般小于100000，对钻井液有一定的稀释作用。该类低分子降失水剂黏度低，可大量吸附在黏土颗粒的表面，保护颗粒的聚结稳定性，使其不发生面－面结合，从而保证黏土必要的分散度和粒度级配。同时可以确保黏土颗粒的水化膜达到一定的厚度，使黏土颗粒具备一定的变形能力，从而达到降低滤饼渗透率、降低浆体失水的目的。

（2）惰性降失水剂：主要是粒度大小分布不同的颗粒材料，如膨润土、磺化沥青类、乳化沥青、低荧光惰性降滤失剂、$CaCO_3$ 粉末等，通过物理堵塞作用降低滤饼的渗透率和降低浆体的失水。

（3）高分子降失水剂：分子量一般大于 100000，可在一根碳链上吸附多个黏土颗粒，保证黏土颗粒的聚结稳定性。高分子降失水剂降低浆体的滤失有多种途径，如利用高聚物本身的网架结构束缚更多的水降低滤失，通过增大堵漏工作液滤液的黏度，进而增加浆体向地层滤失的阻力而降低滤失等。

通过分析降失水剂的类型及控制失水的原理，优选了四种常用降失水剂：G33S、超细碳酸钙、RSTF、GYW-401，并从失水量、流动度、析水量这三个性能指标入手，分别研究了其对可固化堵漏工作液性能的影响。

1）G33S

G33S 由 AMPS、低分子酰胺、多羟基羧酸等聚合改性而成，是油井水泥主要的降失水剂，已在国内各大油田得到广泛的应用。

表 3.12　G33S 加量对可固化堵漏液性能的影响

G33S 加量/%	流动度/cm	自由水/%	失水量/mL	24h 抗压强度/MPa
0	22.5	1.23	56	11.92
1.0	21	0.70	53	10.56
2.0	21	0.59	51	11.22
3.0	19	0.51	52	11.03
4.0	18	0.42	48	10.78
5.0	16	0.32	49	11.35

注：失水测定条件，浆体加热到 70℃在压差 6.9MPa 条件下测量失水量。

G33S 加量对可固化堵漏工作液性能的影响如表 3.12 所示。可以看出，尽管 G33S 对水泥浆而言非常有效，但是，对可固化堵漏工作液的失水控制没有太大的作用。原因在于：一方面浆体中自由水含量较高，在低温下冷浆的黏度就很低，高温养护后浆体将变得更稀，导致浆体中的水分不能有效地得到束缚，另一方面浆体的造壁性能不好，导致浆体在压差的作用下不能形成很好的滤饼而不断失水。

2）超细碳酸钙对可固化堵漏液失水性能的影响

超细碳酸钙，粒径为 0.02～0.1μm，在钻井液中，通常配合使用超细碳酸钙作为充填颗粒以形成致密的泥饼，以严格控制钻井液的失水量，并改善钻井液的流变性。

选择目数 1350 的超细碳酸钙，研究了超细碳酸钙的加量对堵漏工作液性能的影响，结果如表 3.13 所示。超细碳酸钙的加入可显著增强可固化堵漏工作液的滤失控制能力，随着超细碳酸钙加量的增加，浆体的失水量显著下降。但浆体的流动性有一定程度的下降，尤其是在高温条件下影响更为明显，以致无法满足施工需要。如用超细碳酸钙控制失水，必须有对应的补救措施解决浆体流变性变差的问题，以维持浆体的综合工程性能满足施工要求。

表 3.13 超细碳酸钙对固化堵漏液性能影响

加量/%	常温流动度/cm	70℃流动度/cm	失水量/mL	滤饼厚度/cm
0.0	22	22.5	56.2	1.6
5.0	18	15	50.3	1.5
7.5	17	14	46.6	1.4
10.0	16	13	40.4	1.3
15.0	15	13	62.5	2.0

基础配方：450mL 水+100%固化剂矿渣+3%悬浮稳定剂+7%激活剂。

注：失水测定条件，浆体加热到 70℃在压差 6.9MPa 条件下测量失水量。

3）RSTF

RSTF 是钻井液常用的高温抗盐降失水剂，由两种聚合物单体和腐殖酸共聚而得，具有优良的抗温、抗盐和降滤失性能，与多种钻井液处理剂的配伍性好，已广泛用于国内各大油田的多种水基钻井液体系，如石灰抑制性磺化钻井液、聚磺钻井液体系、腐纳氯化钙钻井液、聚合物钻井液等，均表现出了良好的降失水性能。

表 3.14 RSTF 加量对可固化堵漏液性能影响

RSTF 加量/%	常温流动度/cm	70℃流动度/cm	失水量/mL	滤饼厚度/cm
0.0	22	22.5	56.2	1.6
2.0	19	20	50.5	1.5
3.0	17	15	45.6	1.4
4.0	16	13	36.9	1.2
6.0	14	失去流动性	—	—

注：失水测定条件，浆体加热到 70℃在压差 6.9MPa 条件下测量失水量。

表 3.14 是 RSTF 对可固化堵漏工作液性能的影响数据，可以看出，虽然 RSTF 在钻井液中降失水性能优良，但在浆体中效果并不明显。浆体的失水随降失水剂 RSTF 加量的增加有一定的下降，但浆体的流动性能急剧变差，尤其当加量达到 3%时，常温下已经难以满足现场混配和泵注的要求。在 70℃条件下养护 20min 后浆体流动性更差且难以调节，单独使用 RSTF 效果有限且存在严重的负面影响。

4）GYW-401

由于浆体本身与固井水泥浆和钻井液存在一定的差异，不论是在油井水泥浆中降滤失效果优良的 GS333，还是在钻井液中降滤失效果优良的超细碳酸钙和 RSTF，均难以满足控制浆体滤失能力的需要。

为此，优选了一种新型广谱水基降失水剂 GYW-401，该降失水剂的主要成分为羟乙基纤维素类高聚物。该物质是高分子聚合物，溶于水后可充分伸展、扩张，并与浆体中其他物质相互交联，从而有效提高浆体的黏度和切力，同时，由于其网状结构可有效束缚浆体中的自由水，从而利于降低浆体的滤失量并改善滤饼的质量。

表 3.15　GYW-401 加量对可固化堵漏液性能影响

钠土/%	GYW-401 加量/%	常温流动度/cm	70℃流动度/cm	失水量/mL	滤饼厚度/cm
2.0	0.5	20	21	42.4	1.6
2.0	0.8	19	19	37.6	1.4
2.0	1.2	18.5	18	31.2	1.2
3.0	0.5	19.5	20	38.3	1.1
3.0	0.8	18.5	18.5	31.8	1.9
3.0	1.2	16	16	28.4	0.8

注：失水测定条件，浆体加热到 70℃在压差 6.9MPa 条件下测量失水量。

表 3.15 为 GYW-401 对可固化堵漏工作液性能的影响。可以看出，在钠土加量为 2％的前提下，GYW-401 的加入可大幅提高可固化堵漏工作液的滤失控制能力。随 GYW-401 加量的增加，浆体的滤饼厚度逐渐减少，失水量逐渐减小，同时，仍然保持较好的流变能力。当钠土加量为 3.0％和降失水剂 GYW-401 加量为 0.5％～0.8％时，可固化堵漏工作液浆体表现出良好的流动性能，失水量控制适当，滤饼质量更是得到改善。但当降失水剂 GYW-401 加量超过 1.2％时对浆体的流动能力影响很大。根据安全作业的要求，综合失水量和流变性能两方面的考虑，虽然优选 GYW-401 为可固化堵漏工作液的降失水剂，但需合理控制其加量以尽量减少其对浆体的负面影响。

5. 减轻剂与加重剂优选

1）减轻剂

减轻剂主要用于降低可固化堵漏工作液的密度、降低浆体的静液柱压力，从而防止泵注及候凝过程中压漏低压地层。

根据国内外油井水泥浆减轻材料的研究及应用情况，选用自身密度较低的空心微珠作为可固化堵漏工作液的减轻材料。空心微珠，俗称漂珠，是当前国内外应用最普遍的水泥减轻材料，平均密度为 0.60～0.80g/cm³，外壳由含硅铝的玻璃体组成，具有一定的活性，能与水泥分析出的 $Ca(OH)_2$ 或 $CaSO_4$ 作用，生成具有胶凝性质的化合物，利于提高可固化堵漏工作液固化体的强度。

由于漂珠为冶金行业的副产品，冶金所用的原材料不同、冶炼工艺不同，各地所生产漂珠的性能也有所不同。室内对四种漂珠从密度、抗压强度、经济性等多方面进行了对比，结果如表 3.16 所示。

表 3.16　几种漂珠基本性能参数

漂珠种类	密度/(g/cm³)	抗压强度/MPa	经济性
漂珠 1	0.90	40	便宜
漂珠 2	0.70	50	便宜
漂珠 3	0.60	60	便宜
漂珠 4	0.60	70	很贵

在钻井及固井过程中，随着井深的增加，井内压力逐渐增大，当井内压力超过漂珠自身的承压能力时，漂珠会在压力作用下发生破碎，从而导致漂珠的密度上升而影响其降低浆体密度的效果。此外，随着井内压力的增大，水泥浆中的一部分自由水可进入漂珠内部，一方面导致可固化堵漏工作液中的自由水流失，浆体流动能力变差，甚至急剧变稠。另一方面，水进入漂珠，将导致漂珠密度上升，进而导致浆体密度上升，从而影响其降低浆体密度的效果，甚至引发堵漏工作液密度显著上升而压漏地层的情况。工程使用时不仅漂珠的密度要低，还要具备足够的承压能力。

从表 3.16 的数据可以看出，漂珠 3 与漂珠 4 的自身密度很低，承压能力方面有一定的差异，但两者相差不大，而漂珠 3 的价格较漂珠 4 经济，因此，选择漂珠 3 作为可固化堵漏工作液的减轻材料。

2）加重剂

大量的室内研究及现场应用结果表明，常压的钻井液、完井液加重材料，如水溶性的盐 NaCl、KCl、$CaCl_2$、$CaBr_2$，各种细度的碳酸钙、重晶石、铁矿粉等，都具有较好的加重效果。

在配制钻井液和完井液时，通常依据工作液的密度、流动度和成本等，选择一种或几种加重材料进行组合、复配，以发挥不同加重材料之间的协同增效作用。

加重材料与基浆的密度差越大，在相同的加量情况下，密度升高的速度越快，加重材料本身就越容易在浆体中沉降，导致浆体悬浮失稳。表 3.17 为加重剂对可固化堵漏工作液性能的影响数据。可以看出，当重晶石的重量比大于 75％时，浆体的流动性急剧变差。当重晶石重量分数大于 75％时，面重晶石粒子相互靠近造成体系的内摩擦力急剧增加，严重时导致可固化堵漏工作液失去流动性。对超高密度可固化堵漏工作液而言，其重晶石含量更高，流动性更容易受到影响。参考钻井液和完井液的经验，对密度小于 $2.0g/cm^3$ 可固化堵漏工作液的采用重晶石加重，对密度大于 $2.0g/cm^3$ 的可固化堵漏工作液采用赤铁矿加重。

表 3.17　加重剂对堵漏液性能影响

工作液密度/(g/cm³)	重晶石加量/％	流动度/cm	初切/Pa
1.50	0.0	23	10.0
1.60	25	22.5	6.0
1.70	50	21	9.0
1.80	75	19	15.0
1.90	100	17	21.0
2.00	130	15	26.0
2.10	150	13，几乎不流动	32.0

注：可固化堵漏液基本配方：450mL 水＋450 固化剂＋3％悬浮稳定剂＋7％激活剂＋1.0％降失水剂，通过加入重晶石的量调节堵漏液的密度，考察重晶石加量对堵漏液的黏度和流变性的影响。流动度测试条件为常温。

6. 缓凝剂优选

矿渣仅具备潜在的水化反应活性，只有当玻璃体表面被碱性条件破坏，玻璃体内部的活性组分暴露出来后，矿渣颗粒才能开始水化反应。优选固化剂矿渣在优选缓凝剂时，需从缓凝剂的化学结构出发，综合考虑缓凝剂的物理、化学性质，研究适于可固化堵漏工作液的缓凝剂。

根据对常用缓凝剂化学结构的分析及缓凝效果的评价，粗选了如下 7 种缓凝剂：木质素、硼酸、葡萄糖酸钠、SD21、Landy606、磺化单宁、GYW-501，进行了在可固化堵漏工作液中的缓凝效果对研究，研究结果如表 3.18 所示。

表 3.18 缓凝剂对固化剂的缓凝作用

名称	加量/%	固化剂加量/%	激活剂加量/%	稠化时间/min	初凝时间/min
空白组	—	100	7.0	30	50
木质素	4.0	100	7.0	55	85
硼酸	4.0	100	7.0	45	60
葡萄糖酸钠	4.0	100	7.0	50	80
SD21	4.0	100	7.0	75	115
Landy-606	4.0	100	7.0	79	120
单宁	4.0	100	7.0	500min 未稠	2 天没固化
GYW-501	4.0	100	7.0	150	240

由表 3.18 可以看出，前 5 种缓凝剂在可固化堵漏工作液中基本没有缓凝效果。究其原因，水泥缓凝剂主要对 C_3A 或 C_3S 起缓凝作用，但矿渣和水泥的组分不一样，木质素、硼酸、葡萄糖酸钠等对油井水泥具有良好缓凝效果的缓凝剂，对固化剂矿渣作用效果并不明显。

单宁对固化剂矿渣的水化晶核形成具有毒害作用，从而导致可固化堵漏工作液中的固化剂矿渣失去了活性，变成了惰性材料。

GYW-501 对固化剂矿渣具有很好的缓凝作用，主要是有效抑制了固化剂矿渣水解时富钙相的水化速度，同时能部分降低浆体的 pH 减缓富钙相的分解速度，总体缓凝效果较好，选择 GYW-501 作为可固化堵漏工作液的缓凝剂。

3.1.2 可固化堵漏工作液性能评价

在外加剂与外掺料优选的基础上，形成了如表 3.19 所示的不同密度可固化堵漏工作液以满足不同井况的要求，并进一步地考察了不同密度可固化堵漏工作液的综合工程性能。

表 3.19 隔离液为基液的可固化堵漏工作液基础配方

密度/(g/cm³)	各组分在体系中占水的比例				
	固化剂/%	悬浮剂/%	GYW-401/%	激活剂/%	密度调节剂/%
1.2	80	4.5	1.0	7.0	40
1.3	80	4.5	1.0	7.0	20
1.4	80	3.5	1.0	7.0	0

续表

密度/(g/cm³)	各组分在体系中占水的比例				
	固化剂/%	悬浮剂/%	GYW-401/%	激活剂/%	密度调节剂/%
1.5	90	3.5	1.0	6.0	10
1.6	90	3	0.8	6.0	25
1.7	90	3	0.8	6.0	50
1.8	90	3	0.8	6.0	75
1.9	90	3	0.8	6.0	100
2.0	80	3	0.8	6.0	120
2.1	80	2.5	0.8	6.0	150
2.2	90	2.5	0.5	6.0	175
2.3	90	2.5	0.5	6.0	200

1. 流变性

可固化堵漏工作液具备的良好的流变性是现场顺利配制、安全泵注的前提，为此，首先进行研究，为其他性能的研究奠定基础。

为能在漏失通道中有效驻留，可固化堵漏工作液对流变性的要求与常规钻井液、水泥浆对流变性的要求相比有所不同，不仅要具备良好流动能力，还需具有较强的触变性。

为此，研究了可固化堵漏工作液在不同密度点下的触变性（即初、终切力）、流性指数、流动度，结果如表 3.20 所示。

表 3.20 隔离液为基液的可固化堵漏工作液流变性

密度/(g/cm³)	温度/℃	流变性能指标				
		n	K/(Pa·s^n)	PV/(mPa·s)	初/终切力/(Pa/Pa)	流动度/cm
1.2	90	0.852	1.58	132	16/46	22
1.3	90	0.756	1.39	112	15/40	21
1.4	90	0.678	1.27	85	14/38	22
1.5	90	0.652	1.22	64	15/36	23
1.6	90	0.532	1.10	67	17/48	23
1.7	90	0.512	0.92	72	18/44	22
1.8	90	0.510	0.71	75	19/46	22
1.9	90	0.507	0.70	81	18/44	21.5
2.0	90	0.589	0.82	138	16/49	21.5
2.1	90	0.657	0.91	154	17/53	21
2.2	90	0.745	0.96	175	19/59	21
2.3	90	0.762	1.32	178	21/68	20

从表 3.20 中的测量数据可以看出，随着体系密度的增加，可固化堵漏工作液的流变指数先减小后增大；稠度系数变化较大，为 $0.5\sim2.0\text{Pa}\cdot\text{s}^n$。浆体在动态条件下的稠度适中，但浆体的初终切力大、触变性很强，利于浆体在裂缝性漏层有效驻留，流动度为 $20\sim23\text{cm}$，表明浆体可泵性好。

2. 悬浮稳定性及滤失控制能力

可固化堵漏工作液中固相含量很高，通常在常温条件下具有良好的稳定性，但在井底高温高压条件下的悬浮稳定性可能发生改变。

现场实践结果表明，不同区域，甚至同一区域低压易漏地层的井深变化都很大，从井深数十米的表层到井深数千米的目的层都可能发生井漏，考虑可固化堵漏工作液在高温高压下的综合性能显得尤为必要。

为此，测试了不同密度点可固化堵漏工作液在 90℃、120℃ 条件下的失水量、析水、密度差，测试数据如表 3.21 所示。

表 3.21　隔离液为基液的可固化堵漏工作液稳定性

密度/(g/cm³)	温度/℃	密度差/(g/cm³)	析水/mL	失水量/(mL/30min)
1.2	90	0.016	1.0	38.3
	120	0.018	1.2	31.8
1.3	90	0.014	0.8	28.4
	120	0.017	1.0	38.3
1.4	90	0.010	0.2	31.8
	120	0.012	0.5	28.4
1.5	90	0.06	0.0	25.1
	120	0.08	0.0	25.8
1.6	90	0.06	0.0	24.3
	120	0.07	0.0	24.5
1.7	90	0.05	0.0	21.8
	120	0.06	0.0	22.3
1.8	90	0.04	0.0	19.5
	120	0.06	0.0	19.8
1.9	90	0.04	0.0	16.2
	120	0.05	0.0	16.1
2.0	90	0.02	0.0	14.9
	120	0.03	0.0	15.6
2.1	90	0.02	0.0	15.7
	120	0.02	0.0	16.2

续表

密度/(g/cm³)	温度/℃	密度差/(g/cm³)	析水/mL	失水量 /(mL/30min)
2.2	90	0.00	0.0	13.4
	120	0.00	0.0	14.0
2.3	90	0.00	0.0	13.8
	120	0.00	0.0	14.1

从表 3.21 可以看出,尽管在低密度时,随温度的升高可固化堵漏工作液浆体上下的密度差有所增大,但即使在 90℃和 120℃条件下,浆体上下的密度差最大仅为 0.018g/cm³,表明体系整体悬浮稳定性控制良好。高密度时,浆体悬浮稳定性更好,没有出现沉降现象。高密度可固化堵漏工作液固相含量大、相互支撑,固相颗粒的表面吸附了大部分的自由水黏度增加,防止了重颗粒在浆体内的沉降,确保了悬浮稳定。

从表 3.21 还可以看出,随密度的增加,可固化堵漏工作液的失水量呈逐步下降的趋势。表明体系的滤失控制能力良好,体系的悬浮稳定性、滤失控制能力能适应不同温度工况需要。

3. 固化体强度

可固化堵漏工作液进入漏层后,在井底条件下形成具有一定强度的段塞封堵低压易漏地层的漏失通道,达到堵漏和提高井筒承压能力的目的。段塞的强度将直接影响承压堵漏的效果和质量,下面将对影响段塞强度的因素进行研究对配方进行优化,使其更好地满足井下条件的需要。

1)温度对固化效果的影响

在不同养护温度下,可固化堵漏工作液中固化剂矿渣的活性不同,鉴于现场井下的温度条件和施工工艺,研究了不同温度下养护 24h 和 148h 可固化堵漏工作液的固化效果。为了防止减轻材料、加重材料的加入及不同加量对可固化堵漏工作液固化效果的干扰,室内采用如下配方:水+90%固化剂矿渣+3.5%悬浮剂+0.8%GYW-401(降失水剂)+7%激活剂+2%促凝剂,研究温度对可固化堵漏工作液基浆固化体强度的影响,强度结果见表 3.22。

表 3.22 温度对堵漏液固化效果的影响

养护温度/℃	30	40	50	60	70	80	90
24h 抗压强度/MPa	2.12	5.26	7.29	8.25	9.56	9.42	8.66
148h 抗压强度/MPa	18.64	18.62	16.80	16.58	16.46	14.70	12.26
备注	无裂纹	无裂纹	无裂纹	无裂纹	无裂纹	几乎无裂纹	有微裂纹

从表 3.22 可以看出,固化液在 30~90℃养护都有一定强度,但其固化体在 50~80℃下养护 24h 抗压强度较高。温度升高,强度呈现先增加后降低的趋势。在 30℃的较低温度下固化剂在养护 24h 后还没有完全被激活并发生水化反应,表现为早期强度不高。但是随着时间的延长,后期强度发展迅速,养护 6 天后 30℃抗压强度最高,达到 18MPa 以

上。在 90℃下养护，矿渣水化反应较快，在固化体表面及内部形成大量的微裂纹，导致固化体的抗压强度出现下降的趋势。

　　为了深入研究可固化堵漏工作液在高温条件下其抗压强度反而降低的原因，对固化体进行了 SEM 微观结构分析，如图 3.5 所示。在高温养护下固化体内部后期结构疏松，而 30℃下固化体无微裂纹生成、结构致密，宏观表现为强度更高。

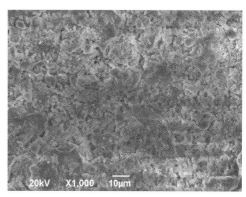

图 3.5　30℃(左图)和 90℃(右图)固化体微观分析图

　　矿渣中富钙相的解体，高浓度 OH⁻的强烈作用克服了富钙相的分解活化能，使富钙相破坏、分解和溶解。富硅相逐步暴露，体系中溶出的活性 SiO_2 反应生成离子浓度更小的 C-S-H 凝胶。随着水化反应的继续，C-S-H 凝胶不断沉积，使得浆体逐渐变稠并硬化，宏观表现为抗压强度迅速增加，同时浆体也由黏塑性向弹塑性最后向脆性发展。相对于富钙相的溶解反应而言，富硅相的反应要缓慢得多，溶解速度的不同造成体系中水化产物的分布不均。在低温条件下，水化反应速度相对较慢水化产物均匀性更好养护的强度更高。

　　2)养护时间对固化效果的影响

　　随着可固化堵漏工作液养护时间的延长，绝大部分的固化剂矿渣参与水化反应使浆体得以固化并获得强度。对可固化堵漏工作液而言，需掌握其长期强度的发展，从而保证后期堵漏，提高地层承压能力，同时进一步优化可固化堵漏工作液的配方，为此研究了可固化堵漏工作液固化体抗压强度随养护时间延长的变化。

　　实验配方：水+90%固化剂矿渣+3.5%悬浮剂+0.8%GYW-401(降失水剂)+7%激活剂+3%促凝剂，在 50℃、70℃、90℃条件下水浴养护，可固化堵漏工作液固化体强度随着养护时间的变化结果如图 3.6 所示。

　　从图 3.6 可以看出，随着养护时间的延长，可固化堵漏工作液固化体的抗压强度呈递增的趋势。养护的前 3 天，可固化堵漏工作液固化体的抗压强度迅速增大，温度越高固化石早期强度越高。养护 3~4 天后，固化体的抗压强度增加速度明显放缓，尤其是在 90℃养护条件下，固化体强度不但没有增长反而出现一定程度的降低。在养护 30 天后基本趋于稳定，并没有大幅衰退的情况，表明固化体强度能够满足在后续生产过程中维持对漏失通道的有效封堵。

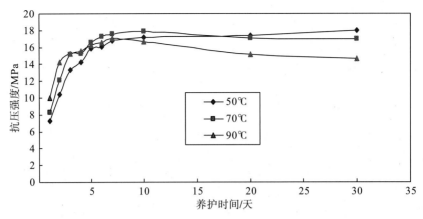

图 3.6 不同养护时间对固化体抗压强度的影响

3.1.3 工程适用性

1. 密度适用范围

在实际钻井过程中，钻井液的密度会随着地层压力系数的大小而调整，可固化堵漏工作液必须具有较宽的适用范围，以满足不同压力层系漏层堵漏的需要。通过调整减轻材料和加重材料的量，调试出一整套如表 3.23 所示的不同密度的可固化堵漏工作液配方，并实验研究了对应的综合工程性能，结果如表 3.24 所示。

表 3.23　隔离液为基液的可固化堵漏液的基本配方

密度/(g/cm³)	以隔离剂为基液的可固化堵漏工作液基础配方
1.20	水+80％固化剂+4.5％悬浮剂+1.0％GYW-401+8％激活剂+5％GYW-S+40％漂珠
1.30	水+80％固化剂+4.5％悬浮剂+1.0％GYW-401+8％激活剂+4％GYW-S+20％漂珠
1.40	水+80％固化剂+4.5％悬浮剂+0.8％GYW-401+8％激活剂+3％GYW-S
15.0	水+90％固化剂+3.5％悬浮剂+0.8％GYW-401+7％激活剂+10％重晶石
1.60	水+90％固化剂+3.5％悬浮剂+0.8％GYW-401+7％激活剂+25％重晶石
1.70	水+90％固化剂+3.5％悬浮剂+0.8％GYW-401+7％激活剂+50％重晶石
1.80	水+90％固化剂+3.5％悬浮剂+0.8％GYW-401+7％激活剂+75％重晶石
1.90	水+90％固化剂+3.5％悬浮剂+0.8％GYW-401+7％激活剂+100％重晶石
2.00	水+80％固化剂+3.5％悬浮剂+0.8％GYW-401+7％激活剂+120％铁矿粉
2.10	水+80％固化剂+3.5％悬浮剂+0.8％GYW-401+7％激活剂+150％铁矿粉
2.20	水+90％固化剂+3.0％悬浮剂+0.5％GYW-401+7％激活剂+175％铁矿粉
2.30	水+90％固化剂+3.0％悬浮剂+0.5％GYW-401+7％激活剂+200％铁矿粉

不同密度的可固化堵漏工作液中，固化剂的有效含量不同，在不同的温度条件下，其胶结强度及发展规律不同。现场堵漏要求可固化堵漏工作液固化体的 24 小时抗压强度应大于 3.5MPa，且早期强度越高越利于提高堵漏效果。需通过改变 GYW-S、激活剂加量来调节可固化堵漏工作液固化体的早期强度。

表 3.24 不同密度隔离液为基液的可固化堵漏液的性能

密度 /(g/cm³)	失水量 /mL	流动度 /cm	30℃抗压强度/MPa		50℃抗压强度/MPa		70℃抗压强度/MPa	
			24h	48h	24h	48h	24h	48h
1.20	46	20	2.12	4.23	4.93	7.66	7.24	8.96
1.30	45	21	4.21	6.63	5.83	8.56	6.74	8.26
1.40	37	22	5.65	7.86	7.12	8.86	7.95	10.46
1.50	32	22	6.12	9.56	7.32	10.23	8.80	12.71
1.60	28	22	6.16	9.56	9.72	12.46	10.91	12.26
1.70	27	21	7.01	9.65	9.12	12.04	9.56	12.02
1.80	26	20	6.85	9.24	9.01	11.87	9.18	11.56
1.90	24	20	6.23	9.51	8.17	10.31	8.34	10.86
2.00	26	20	7.25	8.93	6.81	9.70	8.80	10.21
2.10	25	19	5.63	9.62	6.32	9.80	8.52	10.81
2.20	27	18	5.89	7.57	6.42	8.92	7.01	9.64
2.30	29	17.5	5.23	7.98	6.14	8.46	7.15	9.13

从表 3.24 中的数据可以看出，即使在 1.20~2.30g/cm³ 密度内，可固化堵漏工作液也能拥有良好的流动性能和滤失控制能力(高压失水量均可以控制在 50mL 以内)。在30~70℃的温度内，均可固结形成强度较高的固化体，且在 1.50~1.90g/cm³ 密度内固化体的强度发展更好。密度为 1.20~1.40g/cm³ 的可固化堵漏工作液，由于空心漂珠的加量大、固化剂矿渣水化产物在固化体中的体积比例偏低引起抗压强度不高，然而低温条件下 48h 的抗压强度可满足工程要求。

2. 温度适用范围

可固化堵漏工作液水化反应的进程受温度的显著影响，当井下温度超过一定的范围后体系所用的外加剂有可能出现失效，引发井下事故复杂的问题。为此，需确定体系适用的温度范围，以根据现场承压堵漏的需要合理优化可固化堵漏工作液的配方，进而提高堵漏工作的效率和承压堵漏工作的质量。

1)稠化时间调节

在温度低于 50℃ 的浅层井段承压堵漏时，通过调节促凝剂的量即可在 180~350min 灵活调节可固化堵漏工作液的稠化时间，通常不需要加入缓凝剂。对深部低压易漏地层承压堵漏，井下高温一般较高，尤其是高于 90℃ 时，需通过调节缓凝剂的加量调控可固化堵漏工作液的稠化时间，使之满足现场施工对稠化时间的要求。

表 3.25 为不同密度、温度条件下可固化堵漏工作液的稠化时间数据，可以看出，即使在不同的密度条件下，可固化堵漏工作液的稠化时间也能在 50~300min 内进行调节，从而满足不同漏失压力、不同井深低压易漏地层承压堵漏及后续作业的需要。

表 3.25 不同密度、温度条件下可固化堵漏工作液的稠化时间

密度/(g/cm³)	稠化时间/min			
	30℃×30MPa	50℃×50MPa	70℃×50MPa	90℃×60MPa
1.20	>100	400~70	350~70	300~50
1.30	>100	400~70	350~70	300~50
1.40	>100	400~70	350~70	300~50
1.50	>80	400~70	350~60	280~50
1.60	>80	400~70	350~60	280~50
1.70	>70	350~60	300~55	250~30
1.80	>70	350~60	300~55	250~30
1.90	>70	300~60	280~55	300~30
2.00	>70	300~60	280~55	300~30
2.10	>80	300~55	300~45	300~40
2.20	>80	300~55	300~50	300~40
2.30	>80	300~55	300~50	300~40

体系在低温条件下的稠化时间调节范围较高温条件下更宽，原因在于低温条件下可固化堵漏工作液固化剂矿渣的活性更弱、水解水化的速度更慢，通过适量的促凝剂或少量的缓凝剂即可灵活调节体系的稠化时间。在高温高密度条件下，由于体系中的固相含量或固化剂矿渣含量所占比例增加，缓凝剂延缓水化反应效果不明显，从而导致体系的稠化时间在超过 300min 后调节范围相对变小，但 300min 的稠化时间已能满足国内大多数中深井低压易漏地层承压堵漏的需要。

从图 3.7 可以看出，可固化堵漏工作液不仅在不同的密度条件下、不同的温度条件下稠化时间灵活可调，而且稠化特性良好，能够满足现场施工的要求。

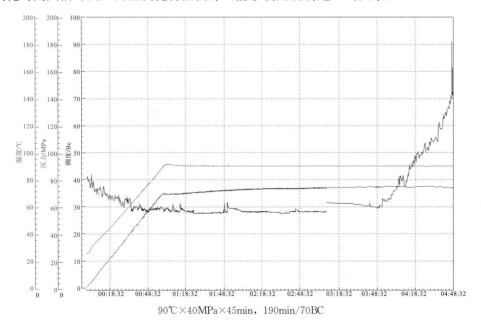

90℃×40MPa×45min，190min/70BC

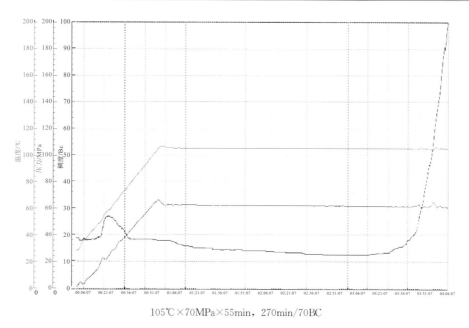

105℃×70MPa×55min，270min/70BC

图 3.7　密度 2.20g/cm³ 隔离液为基液的可固化堵漏工作液稠化曲线

2)高温触变性

对裂缝性低压易漏地层承压堵漏，不仅要求堵漏工作液能"进得去"，关键还要站得住，即不能被地层流体稀释破坏，以在井筒周边形成连续、可靠的封堵带而提高井筒的承压能力。需要可固化堵漏工作液具有一定甚至较强的触变性，即在进入漏层前浆体要具备良好的流动能力，而一旦被挤入漏层静止或流速变慢后，从而在漏失通道中有效驻留。为了测试固化堵漏工作液的触变性，进行稠化停机实验测试(图 3.8)。

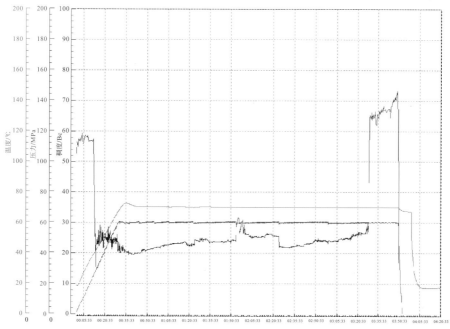

70℃×45MPa×35min，252min/70BC

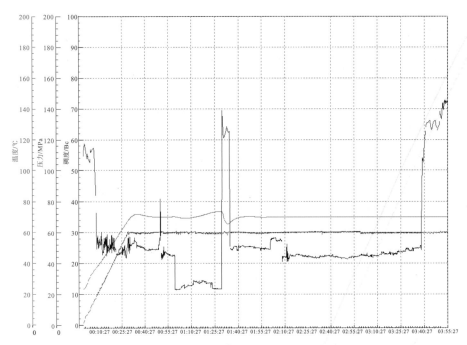

70℃×45MPa×35min 停机 25min，222min/70Bc

图 3.8　可固化堵漏工作液的停机稠化曲线

在停机稠化的过程中，当温度压力达到设计要求后，先稠化 60min，然后停止搅拌，使浆体在井底温度压力条件下静止 30min，然后再重新搅拌。可以看出，在搅拌过程浆体稠度基本稳定在 25Bc 的情况下，一旦停机稠度下降至 12~14Bc，但未降低至零，表明浆体具备一定的结构强度。当浆体静止 30min 后重新启动电机开始搅拌时，瞬时稠度达到 60~70Bc，表明浆体的结构强度有明显的提高，且提高幅值达到 50~55Bc，从而利于浆体在井下快速形成结构强度并在漏层中有效驻留，而随着搅拌的进行浆体的稠度逐渐下降，并稳定在 22~25Bc，表明浆体的流动能力又重新恢复到初始水平，从而证实了浆体具有良好的触变能力。

3.1.4　与钻井液的相容性

在用油井水泥浆对低压易漏地层进行承压堵漏时，由于油井水泥浆与钻井液组分不同，导致二者化学不相容，常常发生接触污染、混浆稠化的情况。鉴于可固化堵漏工作液与油井水泥浆之间的相似性，有必要探讨可固化堵漏工作液与钻井液的相容性。参照油井水泥浆的相容性实验标准，实验研究了可固化堵漏工作液与钻井液之间的化学相容性。

为确保相容性实验研究的代表性，采用固化剂矿渣含量比例最大、对钻井液最敏感的可固化堵漏工作液配方：水+100％固化剂矿渣+3.5％悬浮剂+0.8％GYW−401+7％激活剂+3％GYW−S，与川渝地区现场使用的聚磺钻井液体系混合（体积比 7∶3），在 80℃×50MPa×45min 稠化条件下进行相容性实验，结果如表 3.26 和图 3.9 所示。

表 3.26 可固化堵漏工作液与川渝地区现场使用的聚磺钻井液的相容性数据

混合浆比例/%		20℃流动度/cm	70℃流动度/cm	70℃抗压强度/MPa	
堵漏液	钻井液			24h	48h
100	0	21	22	7.81	11.03
95	5	21	22	7.67	10.73
75	25	20	21	5.57	8.12
50	50	20	21	3.24	4.15
25	75	21	20	无	无
5	95	21	22	无	无
0	100	21	22	无	无

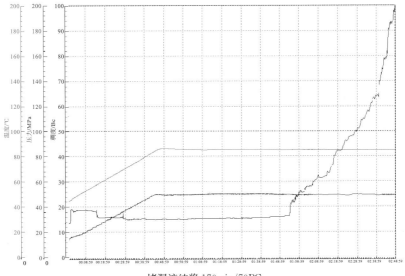

堵漏液纯浆 170min/70BC

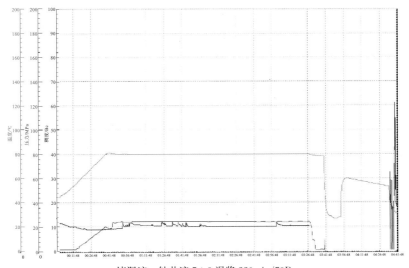

堵漏液：钻井液 7∶3 混浆 220min/70Bc

图 3.9 相容性稠化曲线对比图

从表 3.26 和图 3.9 可以看出，可固化堵漏工作液与川渝地区现场使用的聚磺钻井液相容性良好，混浆后没有出现絮凝、增稠和假凝的现象。与用油井水泥浆堵漏前需使用前置液隔离油井水泥浆和钻井液相比，用可固化堵漏工作液承压堵漏无须前置隔离液，既利于简化施工工艺、降低施工风险，又利于降低堵漏作业材料成本。

3.1.5 堵漏性能研究

1. 堵漏装置

该装置的原理示意图如图 3.10 所示，主要由模拟井筒（浆筒）和模拟漏层两部分组成，其中，模拟井筒部分可以升温升压以模拟井下的温度和压差，压差最高可达 10MPa，温度最高可达 150℃。在低压易漏地层的模拟方面，主要考虑两种漏失通道，一是用不同粒径的钢珠或石英砂堆积成床体，模拟不同孔隙直径、不同渗透率的渗透性漏失地层；二是用不同宽度的缝板模拟不同裂缝开度的裂缝性漏失通道，通过改变缝宽及缝长度模拟多种裂缝。通过测试在压差作用下经模拟漏层流出液体的体积量，评价不同堵漏工作液封堵漏层、提高漏层承压能力的效果。

对裂缝性漏失的堵漏性能评价方法与步骤：①根据不同的裂缝开度选择合适的模拟缝板，并将缝板放入模拟井筒，以模拟漏层的漏失通道；②按照设计将配制好的堵漏工作液倒入浆筒，密封，升温到井下温度；③当温度达到设计温度后，打开滤液出口阀门，控制压力逐步增加压差，如果没有漏失，一直增加压差至 6.9MPa；④记录 30min 液体的流出量或封堵承压压力，以此来判断可固化堵漏工作液的封堵效果。

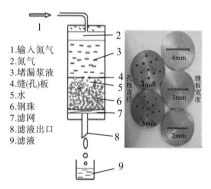

1.输入氮气
2.氮气
3.堵漏浆液
4.缝(孔)板
5.水
6.钢珠
7.滤网
8.滤液出口
9.滤液

图 3.10 堵漏仪器图

2. 堵漏材料承压评价

已有的室内研究结论和现场应用实践结果表明，与孔隙渗透性漏失相比，天然裂缝性漏失和诱导裂缝性漏失堵漏更为困难。尽管可固化堵漏工作液具备较强的触变能力，对微裂缝、小裂缝而言，靠触变性即能在其中有效驻留，但是对开度较大的裂缝，仅靠触变性难以实现在大裂缝中的有效驻留，为此，还需根据需要适当加入桥堵材料，提高浆体在裂缝中的有效驻留能力。主要针对纤维材料、颗粒级配材料（WTD-300）、刚性颗粒材料（颗粒 325 目~8 目），评价了不同堵漏剂在可固化堵漏工作液中对裂缝性漏层的封堵增效作用，实验结果如表 3.27 所示。

表 3.27　可固化堵漏液封堵效果

堵漏材料加量/%			温度 /℃	缝宽 /mm	3.5MPa/30min 滤失量/mL	6.9MPa/30min 滤失量/mL
纤维	WTD-300	刚性材料				
0.5	0.0	0.0	50	2.0	2MPa 漏空	—
1.0	0.0	0.0	50	2.0	86	6.0MPa 漏空
0.0	2.0	0.0	50	2.0	53	75
0.0	3.0	0.0	50	2.0	39	54
0.0	4.0	0.0	50	2.0	27	45
0.0	5.0	0.0	50	2.0	19	31
0.0	3.0	0.0	120	2.0	68	6.4MPa 漏空
0.0	3.0	5.0	120	2.0	28	39
0.3	3.0	5.0	120	2.0	17	28

从表 3.27 中的数据可以看出，对可固化堵漏工作液而言，如果只加入纤维堵漏材料，因为纤维是丝状堵漏材料，表面较光滑，在裂缝性漏失通道滞留的效果差，其封堵增效的作用不明显。

WTD-300 为级配架桥型堵漏材料，仅加入 2.0% 的加量，在低温、中温条件下即可很好地封堵裂缝性漏失通道，承压能力稳定在 6.9MPa，且随着堵漏材料的增加，失水量降低，表明其封堵增效作用明显。而在高温条件下，仅靠加入 WTD-300 封堵漏层的效果不好，其原因在于，高温下 WTD-300 中的部分颗粒在高温下变软、架桥能力、驻留能力变差，从而导致浆体在裂缝中的有效驻留能力降低，封堵能力变差。

将 WTD-300 与纤维、刚性材料复配时，不但在高温下的封堵效果更好，而且还减少了浆体的失水量。刚性材料在裂缝中起骨架作用，纤维起架接、搭筋、增强的作用，WTD-300 以不同级配颗粒的填充形成"滤网结构"，浆体借助固化剂矿渣的水化胶凝作用和未水化固相颗粒的填充作用，达到了堵漏和提高地层承压能力的目的。

3.2　现场应用

3.2.1　MX001-H5 井堵漏应用

MX001-H5 井用于开发南门场构造二叠系石炭系油气资源，而石炭系气藏为地层—构造复合型气藏，具体的井身结构和地层见图 3.11。邻井资料表明，该区域飞仙关层位碳酸盐发育、裂缝多，油气显示活跃。长兴组—凉高山组为高压地层，地层孔隙压力系数达 1.8g/cm³；下部目的层石炭系为低压地层，地层孔隙压力系数低，仅为 1.2g/cm³。在进入石炭系层位前，必须封固上部高压层，以防止钻进目的层时发生喷漏同存现象。而受井身结构限制，飞仙关地层与长兴组—凉高山组地层在同一裸眼井段。在钻进长兴组—凉高山组地层前，必须对飞仙关地层进行承压堵漏，提高其承压能力，以满足长兴组—梁高山组地层 1.8~1.97g/cm³ 钻井液钻进的需要。

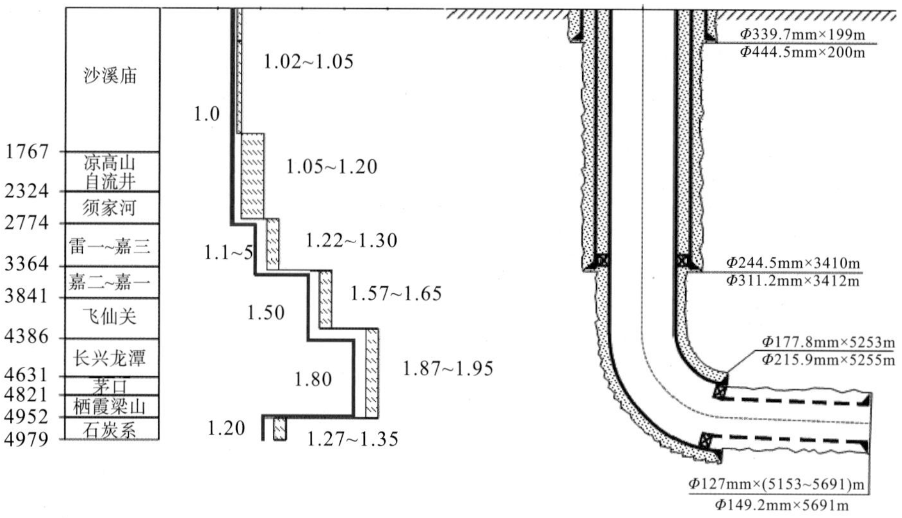

图 3.11 MX001-H5 井身结构与地质剖面

该井三开钻进至井深 3835.2m(层位:飞三~一)发现井漏失返,随即上提钻具,环空反灌 23.3m³ 未返,然后强钻至 3840m。在采用可固化堵漏作业前,已经堵漏施工 7 次,包括随钻堵漏剂 1 次、复合堵漏剂 1 次、复合堵漏剂+3H 堵漏剂 2 次、水泥浆堵漏 3 次,但无论是采用高黏桥浆还是水泥浆都难于建立循环。分析原因是:漏层压力系数仅有 0.29,承压能力极低,对井筒压力控制要求严苛;采用常用桥堵等方法易封门,能暂时封堵;采用水泥堵漏不能停留在裂缝中,每次都没有留塞,效果差。为此,采用平衡法注固化堵漏液工艺方法,同时在堵漏浆中加入适量复堵材料增加减阻效应。

邻井资料表明漏层层位存在水层,为防止堵漏浆与漏层水相互掺混影响堵漏效果,在堵漏液柱前面使用高聚物段塞胶液进行隔水,保证可固化堵漏液的有效性。高聚物段塞胶液配方:现场水+3%稳定剂+0.5%增黏剂(漏黏 100~120s)。前几次水泥浆堵漏施工测试井底温度为 90℃,循环温度 81℃,室内实验设计出可固化堵漏工作液配方如下:现场水+4.0%稳定剂+90%GHJ(固化剂)+10%激活剂+2.5%GYW-601(缓凝剂)+0.5%降失水剂+1.5%WTD-300+0.2%XP-1,具体性能指标要求见表 3.28。

表 3.28 可固化堵漏液性能指标

性能指标	性能参数
有效量/m³	32
2.5mm 封宽封堵承压/MPa	5.5
密度/(g/cm³)	1.50
流动度/cm	≥16
失水量/mL	≤40
24h/48h 小时抗压强度/MPa	≥6MPa/≥8MPa
循环温度稠化时间(40Bc/70Bc)/min	≥320/220

续表

性能指标	性能参数
温度高点稠化时间(40Bc/70Bc)/min	≥240/180
混浆稠化时间(40Bc)/min	≥400
初凝时间/min	≥320
自由水/mL	0

注：初凝时间测试条件是放在 90℃水浴中养护。

　　为了堵漏安全及提供施工时间参考，分别完成了 2 组现场模拟稠化实验：井底静止温度稠化实验结果曲线见图 3.12；混合污染稠化实验结果曲线见图 3.13。

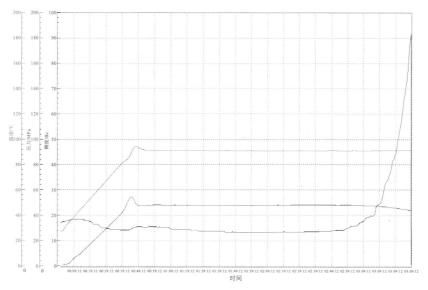

图 3.12　90℃稠化曲线

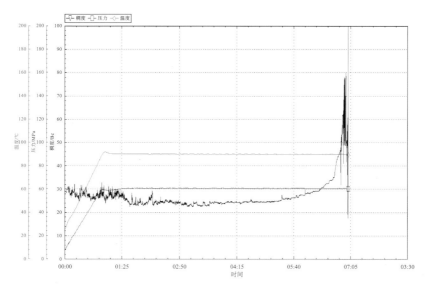

图 3.13　污染稠化曲线

通过多次堵漏可以明确漏层位置在 $3835\sim3880m$。为保证堵漏液在漏层有效堆积，采用间歇挤注固化堵漏液原理，具体的施工工艺措施见表 3.29。

表 3.29 MX001-H5 井堵漏作业施工工艺流程

顺序	操作内容	工作量 /m³	密度 /(g/cm³)	排量 /(m³/min)	施工时间 /min	累计时间 /min	累计量 /m³
1	下光钻杆至 3300m						
2	开液动阀、关井						
3	试挤	10~20					
4	注可固化堵漏液	50	1.50	1.0~1.5	50	50	50
5	正注顶替浆	38	1.35	0.5~0.8	76	126	88
6	上提钻柱 30 柱						
7	检测管内外静液面						
8	关井候凝 48h						

堵漏施工共挤注 $17m^3$ 固化堵漏液进入漏层，关井时立压稳定在 $17\sim15MPa$，候凝 48h 后塞面位于 3676m，采用密度 $1.35g/cm^3$ 的钻井液钻开塞面到井底（3840m）循环没有漏失。后采用泵注密度 $1.35g/cm^3$ 聚磺钻井液做承压试验，关井挤入 $7.9m^3$ 钻井液后立压由 0.0MPa 迅速上升到 11MPa；套压由 0.0MPa 上升至 10.0MPa，停泵后压力稳定未降。开井观察液面在井口采用密度 $1.75g/cm^3$ 聚磺钻井液循环没有漏失，据此计算可固化堵漏工作液成功封固漏层并提高层压能力 30MPa 以上。

3.2.2 JS104-2HF 井固井应用

可固化堵漏工作液不但可以用于堵漏，还可以用于作为固井前置液应用以提高固井质量。JS104-2HF 井是西南油气分公司在川西坳陷中江—回龙鼻状构造向西倾末端布置的一口水平开发井，完钻井深 3132.00m，垂深 1889.29m。该井使用钾石灰聚磺含油防塌钻井液体系，黏切高，附壁性强，顶替存在困难，界面清洗难度大。考虑上述原因对固井作业带来的难度及风险，在综合考虑底层压力、管串结构和井眼条件的基础上，采用可固化前置液技术辅助完成 Φ139.7mm 油层尾管固井，封固井段 1200~3130m。

表 3.30 JS104-2HF 井可固化前置液设计

前置液类型	密度/(g/cm³)	设计长度/m	用量/m³
先导浆	1.95	800	30.0
乳化冲洗液	1.03	130	6.0
可固化加重隔离液	2.05	700	25.0
冲洗液	1.03	50	2.0

JS104-2HF 井全段优良率为 79%，造斜段优良率达到 95% 以上，水平段优良率提高，且对气层进行有效封隔，达到预期作业结果要求。

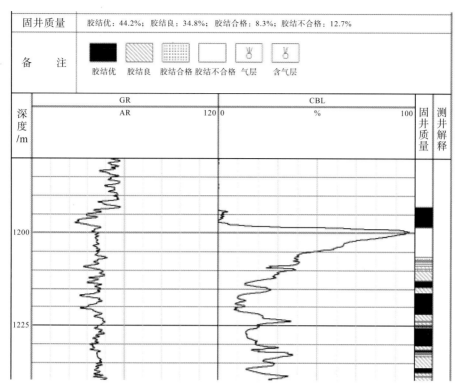

图 3.14　JS104－2HF 井声幅测井图

参 考 文 献

[1]刘四海,崔庆东,李卫国. 川东北地区井漏特点及承压堵漏技术难点与对策[J]. 石油钻探技术,2008,36(3):
　　20-23.

[2]王希勇,熊继有,钟水清,等. 川东北井漏现状及井漏处理对策研究[J]. 钻采工艺,2007,30(2):135-137.

[3]郭小阳,杨远光,李早元,等. 提高复杂井固井质量的关键因素探讨[J]. 钻井液与完井液,2005,22(增):53-58.

[4]郭小阳,张明深. 提高注水泥质量的综合因素[J]. 西南石油学院学报. 1998,20(3):49-54.

[5]郭小阳,张玉隆,刘硕琼,等. 低压易漏长裸眼井注水泥工艺研究[J]. 天然气工业,1998,18(5):40-44.

[6]李家学,黄进军,罗平亚,等. 随钻防漏堵漏技术研究[J]. 钻井液与完井液,2008,25(3):25-28.

[7]程仲,熊继有,程昆,等. 物理法随钻堵漏技术的试验研究[J]. 石油钻探技术,2009,37(1):53-57.

[8]郭红峰,卜震山,秦长青. 桥塞堵漏工艺及堵剂研究[J]. 石油钻探技术,2000,28(5):39-40.

[9]赵正国,蒲晓林,王贵,等. 裂缝性漏失的桥塞堵漏钻井液技术[J]. 钻井液与完井液,2012,29(3):44-46.

[10]肖波,李晓阳,陈忠实,等. HHH 堵漏剂在治理多点井漏中的应用[J]. 天然气工业,2008,28(10):55-57.

[11]黄贤杰,董耘. 高效失水堵漏剂在塔河油田二叠系的应用[J]. 西南石油大学学报,2008,30(4):159-162..

[12]余婷婷,邓建民,李键,等. 纤维堵漏水泥浆的室内研究[J]. 石油钻采工艺,2007,29(4):89-91.

[13]谷穗,乌效鸣,蔡记华,等. 纤维水泥浆堵漏实验研究[J]. 探矿工程,2009,36(4):25-28.

[14]覃峰,黄琼念,包惠明,等. 剑麻纤维水泥混凝土性能试验研究[J]. 新型建筑材料,2008:48-50.

[15]李旭东,郭建华,王依建,等. 凝胶承压堵漏技术在普光地区的应用[J]. 钻井液与完井液,2008,25(1):53-56.

[16]聂勋勇. 隔段式凝胶段塞堵漏机理及技术研究[D]. 成都:西南石油大学,2010:1-12.

[17]王中华. 聚合物凝胶堵漏剂的研究与应用进展[J]. 精细与专用化学品,2011,19(4):16-20.

[18]朱涛. 恶性漏失井堵漏用特种凝胶评价方法研究[D]. 成都:西南石油大学,2014.

[19]张林海,郭小阳,李早元,等. 一种提高注水泥质量的可固化工作液体系研究[J]. 西南石油大学学报,2007,29:

85-90.

[20]吴奇兵. 可固化堵漏工作液体系研究与应用[D]. 成都：西南石油大学，2012.

[21]赵启阳. 一种可固化堵漏工作液体系的研究[D]. 成都：西南石油大学，2012.

[22]邓慧. 提高界面胶结质量的可固化隔离液体系研究[D]. 成都：西南石油大学，2012.

[23]黄盛. 固井第二界面一体化胶结技术研究[D]. 成都：西南石油大学，2014.

[24]Nahm J J，Javanmardi K，Cowan K M，et al. Slag mix mud conversion cementing technology：reduction of mud disposal volumes and management of rig-site drilling wastes[J]. Journal of Petroleum Science and Engineering，1994，11(1)：3-12.

[25]Song M，Wang W，Ma K. Slag MTC Techniques Slove Cementing Problems in Complex Wells[C]//International Oil and Gas Conference and Exhibition in China. Society of Petroleum Engineers，2000.

[26]彭志刚. 水硬高炉矿渣 MTC 固井技术研究[D]. 成都：西南石油学院，2004.

[27]黄河福. MTC 技术理论与应用研究[D]. 东营：中国石油大学（华东），2007.

[28]徐彬，蒲心诚. 矿渣玻璃体分相结构与矿渣潜在水硬活性本质的关系探讨[J]. 硅酸盐学报，1997(6)：729-733.

[29]GB/T 18046-2008. 用于水泥和混泥土中的粒化高炉矿渣粉[S]. 2008.

[30]曾欣，李早元，李明，等. 影响井壁泥饼固化质量的因素分析[J]. 钻井液与完井液，2012，29(5)：61-64.

[31]赵启阳，邓慧，王伟，等. 一种可固化堵漏工作液的室内研究[J]. 钻井液与完井液，2013 (1)：41-44.

[32]邓慧，郭小阳，李早元，等. 一种新型注水泥前置隔离液[J]. 钻井液与完井液，2012，29(3)：54-57.

[33]杨香艳. 一种新型水基广谱前置液体系研究与应用[D]. 成都：西南石油大学，2004.

第 4 章 固井水泥石酸性气体腐蚀与防腐体系

4.1 固井水泥石酸性气体腐蚀研究现状

富含 H_2S 和 CO_2 的酸性天然气在全球和我国天然气总储量中所占比例都很大。目前全球已发现超过 400 多个具有工业价值的高含 H_2S 和 CO_2 气田，在我国富含 H_2S 和 CO_2 的酸性气藏约占天然气总储量的 67.9%，全国累计探明高含硫天然气储量超过 $1 \times 10^{12} \, m^3$，主要分布在四川盆地、鄂尔多斯盆地、塔里木盆地等地。其中以四川盆地分布最广、储量规模最大，盆地内现已探明的高含硫天然气占全国同类天然气储量的比例超过 90%，部分属于特高含硫气藏范畴，如罗家寨、渡口河、普光、元坝等气田[1-4]。

表 4.1　四川盆地典型酸性气田天然气组成表(%)

气田名称	产层	甲烷	乙烷	丙烷	丁烷	戊烷	N_2	CO_2	H_2S
普光气田	飞仙关组	64.16	0.12	—	—	—	1.79	9.60	24.12
普光气田	长兴组	75.07	0.24	—	—	—	0.43	8.57	15.66
川中磨溪气田	雷一	96.48	0.19	—	—	—	1.02	0.55	1.77
川西北中坝 2 气田	雷三	84.84	2.05	0.47	0.28	0.1	1.71	4.13	6.32
重庆气矿卧龙河	嘉四³	64.91	0.35	0.09	0.09	0.03	0.69	1.65	31.95
重庆气矿宣汉开江	飞仙关组	75.29	0.11	0.06	—	—	0.18	10.4	10.49
重庆气矿开县梁平	飞仙关组	84.68	0.07	0.03	—	—	0.71	5.44	8.77

由于 CO_2 和 H_2S 都具有较强的腐蚀性，且 H_2S 还具有剧毒性，而诸如四川盆地的多数高含硫气藏处于多静风环境，人口密度大，农业经济所占比重较大，环境保护要求高的地区，高含硫的天然气一旦泄漏则后果严重。因此，国内外对高含硫气藏的安全清洁开发都提出了极高的要求。固井作为油气井钻完井工程的一个重要环节，其目的是通过向井内套管与地层、套管与套管之间环空注入水泥浆，待水泥凝固后在环空形成可以支持和保护套管并封隔地层流体的水泥环，为后续作业和生产奠定基础。固井水泥环同时也是井下防腐蚀的第一道屏障，直接关系高含硫气井钻完井安全。一旦固井水泥石被 H_2S/CO_2 等酸性气体腐蚀损伤，结构完整性遭到破坏，就有可能造成地层流体发生无控制流动，将对高含硫天然气井的生产安全及周边环境安全带来极大的威胁。

因此，研究探明酸性气体条件下固井水泥石的腐蚀规律和腐蚀机理，指导开发有效的防腐蚀固井水泥浆体系已成为油气勘探开发领域中亟待解决的重大科研问题和国内外学术界的研究热点。然而，目前对于水泥石的腐蚀主要集中于建筑、海工、道路、市政等领域，而由于固井水泥石的应用面比较小，对于固井水泥石的腐蚀一直以来就没有得到足够的重视。目前，国外学者对于固井水泥石在 CO_2 和酸性气体（CO_2 与 H_2S）地质封存条件下的腐蚀开展了较为深入的研究。Duguid 研究了在 $pH=2.4$ 和 $pH=3.7$ 条件下 CO_2 对固井水泥石的腐蚀，得出腐蚀后的水泥石存在不同的分层结构，淋滤作用下，Ca^{2+} 含量由内到外逐渐降低，使得水泥石结构强度降低、孔隙度升高[5]。Kutchko 等指出，水泥石最初的养护成型条件对其后期 CO_2 腐蚀的影响较大，在 $50℃$、$30.3MPa$ 条件下形成的水泥石由于具有较高的水化程度，有利于改善水泥石微结构和 $Ca(OH)_2$ 分布，因而其抗腐蚀性能要好于 $20℃$、$0.1MPa$ 条件下形成的水泥石[6]。此外，他们还通过 SEM-BSE 分析 CO_2 腐蚀后水泥石的分层结构，提出了分层结构形成的机理。Fabbri 等研究了碳化对水泥石弹性模量、气/液测渗透率等水力学性能的影响，结果表明，水泥石的这些性能的变化有很大的应力敏感性，表明腐蚀后水泥石内部形成了微裂隙[7]。

Satoh 利用 X 射线断层成像（X-CT）、X 射线荧光分析（XRF）和电子探针显微分析（EPMA）技术，对水泥石经过 CO_2 长期腐蚀后的物相变化、形貌变化、腐蚀深度与腐蚀速率等进行了研究后得出，水化产物 $Ca(OH)_2$ 和 C—S—H 碳化后主要形成 $CaCO_3$，且 NaCl 对水泥石碳化有抑制作用[8]。Li 等研究了 CO_2 与硫酸盐联合作用下固井水泥石的化学和力学性能变化，同样得到水泥石碳化腐蚀后的分层结构，同时指出由于硫酸盐形成的 $CaSO_4$ 可以覆盖在 $CaCO_3$ 表面并减缓 $CaCO_3$ 的溶解，从而减缓腐蚀程度[9]。Lécolier 等指出水泥石在水湿环境下更易受到 H_2S 的腐蚀，腐蚀后渗透率急剧增大，促进了进一步的腐蚀，而降低孔隙度有利于提高水泥石抗腐蚀性能[10]。Fakhreldin 等通过实验发现油井水泥的金属氧化物类加重剂（Fe_2O_3、Mn_3O_4 等）与 H_2S 很容易发生硫化反应，生成无胶结相的金属硫化物（FeS、MnS 等），这会破坏水泥石原来的结构而增加水泥石的渗透率[11]。Jacquement 等研究了 H_2S 与 CO_2 在 $50MPa$、$200℃$ 条件下对油井水泥石的联合腐蚀后得出，H_2S 和 CO_2 导致水泥石中液体 pH 降低，进而导致水泥石水化产物的碳化作用和含铁相的硫化作用，腐蚀产物为少量脱钙后的雪硅钙石和方解石（$CaCO_3$）[12]。Jacquement 在后续的研究中进一步指出，腐蚀后的水泥石由表及里可以分为三层：从分解出的 Ca^{2+} 与 CO_3^{2-} 形成的致密方解石层、脱钙后的 C—S—H 与方解石构成的非均质层、均质的未腐蚀层，致密方解石层的存在导致水泥石渗透率要低于未腐蚀前的渗透率。同时，在水泥石内部发现了 HS^- 和 H_2S 的存在，表明 H_2S 的侵入能力要大于 CO_2[13,14]。Zhang 等较为系统地研究了在酸性气体地质封存工况下，不同的压力、温度、气体比例、H_2S 与 CO_2 饱和盐水及超临界体态等条件下固井水泥石的腐蚀规律，得到了与 Jacquement 类似的分层结构，指出掺入粉煤灰等可以消耗水泥石中的 $Ca(OH)_2$，有助于减缓水泥石腐蚀，同时他们还根据实验结果建立了腐蚀速率模型[15-18]。

国内，姚晓从化学和热力学角度研究了油井水泥石中各种组分被 CO_2 腐蚀的可能性与程度，指出 $Ca(OH)_2$ 和钙矾石（AFt）是最易被腐蚀的水化产物之一[19,20]。张景富等研究了在不同养护压力、温度条件下，CO_2 对固井水泥石抗压强度、渗透率等性能的影响，得出碳化腐蚀后的水泥渗透率升高，但渗透率和碳酸钙含量之间没有对应的关系。张景富等的研究表明，CO_2 对水泥产生腐蚀作用的本质在于 CO_2 能够与水泥的水化产物相作用生成各种不同晶体结构的 $CaCO_3$，破坏了水泥石的原有产物组成及结构，导致腐蚀后水泥石的抗压强度下降，渗透率增大[21-23]。朱健军以水泥石强度、渗透率及腐蚀深度作为 CO_2 腐蚀水泥石的评价指标，并利用半经验模型及非线性回归建立了腐蚀时间、温度

和 CO_2 分压与腐蚀深度关系的预测模型[24]。张聪等根据水泥石的腐蚀深度分别与温度、CO_2 分压及腐蚀时间之间的函数关系，建立了腐蚀深度计算模型并对水泥石长期受腐蚀程度进行评价和预测[25,26]。郭高峰设计并加工了可以稳定制备出不同浓度的侵蚀性 CO_2 水溶液的模拟试验仪器，实现不同条件下侵蚀性 CO_2 对水泥基材料的腐蚀模拟，模拟腐蚀结果表明，CO_2 对水泥净浆的腐蚀反应过程可划分为三个阶段：早期为表层碳酸化阶段；中期为稳定腐蚀阶段，此时腐蚀区分为三层，由外至内依次为无定型凝胶层、碳化层和氢氧化钙溶解层；后期为局部劣化加速阶段，此时由于凝胶层收缩开裂，使材料局部劣化加速[27]。柏明星等针对 CO_2 地质存储过程中，水泥环在应力与腐蚀耦合作用下的完整性开展了相应研究，建立了井筒完整性的预测方法[28,29]。严思明等研究了水泥石自身渗透率和钙硅比对 H_2S 与固井水泥石腐蚀的影响，指出水泥石的渗透率越大，水泥石腐蚀越严重。钙硅比越大，水泥石腐蚀越严重。水泥石的渗透率和钙硅比是控制 H_2S 腐蚀水泥石的关键因素[30]。郭志勤等指出酸性气体对水泥石的腐蚀过程包括扩散过程和化学过程，初期表面反应浸入速度很大，当表面形成致密反应产物后，浸入的速度减慢[31]。刘维俊等应用热力学方法计算了油井水泥熟料矿物及水泥水化产物与 H_2S 发生腐蚀反应的条件和难易程度，结果表明：在干地层中只有在特定温度和 H_2S 分压下，H_2S 才会对油井水泥产生腐蚀，而在潮湿地层中 H_2S 主要以 HS^- 和 S^{2-} 形式存在，通过不断消耗水泥石中的 Ca^{2+}，降低水泥石的 pH 来破坏水泥石水化产物稳定性[32]。周仕明、马开华等的研究表明 CO_2 腐蚀水泥石的主要产物是 $CaCO_3$、$CaCO_3$ 和 CO_2 在湿环境下进一步反应生成可溶解的 $Ca(HCO_3)_2$，并指出在中低温区 H_2S 腐蚀水泥石的主要产物是 $CaSO_4 \cdot 2H_2O$ 和 AFt；在高温区 H_2S 腐蚀水泥石的主要产物是 $CaSO_4$、无定形 SiO_2 和莫莱石等[33,34]。乔林通过研究得出 CO_2 腐蚀和 H_2S 腐蚀主要通过腐蚀产物 $CaCO_3$、$CaSO_4 \cdot 2H_2O$ 及无定形 SiO_2 的生成来实现，这些腐蚀产物都易造成水泥石膨胀开裂，提出可以通过降低水泥碱度和改善水泥石孔结构的方法来提高水泥石的抗 CO_2、H_2S 腐蚀性能[35]。杨振杰等通过设计的常温常压硫酸溶液腐蚀实验，代替高温高压复杂设备的 H_2S 腐蚀实验，指出设计的常温常压的硫酸溶液腐蚀实验与标准的高温高压腐蚀实验有较好的相关性和可比性，而且硫酸溶液腐蚀实验能够更直观地反映出水泥石潜在的腐蚀因素[36]。

从上述国内外文献并结合本课题组研究实践发现，目前针对 H_2S/CO_2 环境下固井水泥石的腐蚀研究尚存在以下几点不足：①现阶段对于油井水泥石腐蚀的研究主要集中在地层水腐蚀和 CO_2 腐蚀，由于 H_2S 腐蚀试验存在一定的危险性，对于 H_2S 及 H_2S 与 CO_2 联合条件下的固井水泥石腐蚀涉及较少；②现有研究主要针对的是酸性气体腐蚀条件下的水泥石腐蚀劣化规律以及反应机理，而对如何提高水泥石防腐能力以及防腐蚀水泥浆体系研究较少，导致现场固井水泥石耐蚀能力无法得到有效改善，阻碍了高酸性气田的勘探开发步伐。本章主要针对固井水泥浆在 CO_2、H_2S 及 CO_2 与 H_2S 联合腐蚀条件下的性能变化、腐蚀机理，以及对腐蚀方法、防腐蚀水泥石体系开展了研究[37-40]。通过对固井水泥石在模拟井下高温高压条件下的腐蚀环境，对腐蚀前后水泥石的腐蚀深度、力学强度、孔渗特性、物相组成、微观形貌等进行了分析，提出并考察了粉煤灰、胶乳、磷铝酸盐与硅酸盐复合以及锌盐等水泥浆体系的抗腐蚀性能。

4.2　酸性气体对固井水泥石的腐蚀

4.2.1　CO_2环境下水泥石的腐蚀

1. 实验配方与条件

考察了常规密度水泥石在不同CO_2分压条件下的腐蚀情况。所用水泥浆配方为：嘉华G级油井水泥(800g)＋微硅(40g)＋降失水剂10L(16g)＋H_2O(300g)。水泥浆配方的基本性能如表4.2所示，腐蚀试验条件如表4.3所示。

表 4.2　水泥浆基本性能

液固比	流动度/cm	密度/(g/cm³)	API失水/mL	析水率/%
0.38	21	1.90	38	0

表 4.3　CO_2腐蚀实验条件

序号	CO_2分压/MPa	总压/MPa	温度/℃	腐蚀时间/d
1	1	10	90	7
2	3	10	90	7

在井下，酸性气体(CO_2、H_2S)会以潮湿的气体(定义为气相腐蚀环境)或溶解在地层水中以水溶液(定义为液相腐蚀环境)这两种形式存在。实验中，首先依据《油井水泥石试验方法》(GB/T 19139—2012)配制好水泥浆后，将水泥浆灌入内径25mm的PVC管，再将PVC管置于高温高压养护釜中养护成型，然后将养护成型的水泥棒根据需要切割成不同段长的水泥石试样，之后将水泥石试样放入高温高压腐蚀釜中，如图4.1所示，一部分试样处于气相腐蚀环境，一部分试样完全没入溶液处于液相腐蚀环境，最后，取出腐蚀后的水泥石试样进行分析，未腐蚀水泥石也开展同样的分析以对比说明腐蚀对水泥石性能的影响。

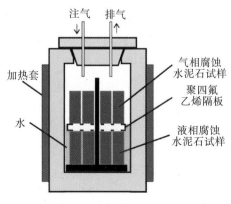

图 4.1　腐蚀釜及水泥石试样放置示意图

2. CO_2 腐蚀对水泥石性能的影响

在实际工程应用和室内研究中，抗压强度是评价油井水泥石的一个主要性能指标，一般来说，抗压强度较高的水泥环其胶结质量和抗破坏能力都较好；腐蚀深度可以反映腐蚀介质对水泥石的腐蚀程度；孔隙度和渗透率是衡量气体、液体或离子受压力、化学势或电场的作用，在水泥石中渗透、扩散或迁移的难易程度的一个综合指标，在控制腐蚀速度和防止气窜等方面具有重要意义。因此，本书选择了抗压强度、腐蚀深度、孔隙度和渗透率作为衡量水泥石腐蚀前后性能变化的指标。

图 4.2 是水泥石在 CO_2 腐蚀 7d 前后外观变化。从图中可以看出，未腐蚀水泥石为烟灰色，而腐蚀后的水泥石表面变成了土黄色。这是由于水泥石表面的水化产物在被 CO_2 腐蚀后，水化产物中的 Ca^{2+} 被淋滤脱出水泥石基体，显示出含 Fe^{3+}、Al^{3+} 类水化产物的颜色。

图 4.2　水泥石 CO_2 腐蚀前后外观形貌对比

表 4.4 是水泥石在不同 CO_2 分压条件下腐蚀 7d 后性能参数的变化情况。

表 4.4　水泥石 CO_2 腐蚀前后各性能参数变化

序号		抗压强度/MPa	抗压强度衰减率/%	深度/mm	孔隙度/%	渗透率/mD
1	腐蚀前	16.4		无	14.4	0.069
	腐蚀后	14.3	12.8	2	4.3	0.0046
2	腐蚀前	16.1		无	15.6	0.110
	腐蚀后	13.6	15.5	4	2.7	0.0098

从表 4.4 可看出，CO_2 腐蚀后的水泥石抗压强度出现了降低，且随着 CO_2 分压的增加，抗压强度下降越明显。与之相对应的是，随着 CO_2 分压的增加，水泥石被碳化腐蚀的深度越来越深。一般而言，水泥石的强度越高表明水泥石越致密，对应的孔隙度和渗透率就要低一些。腐蚀后水泥石的抗压强度出现了明显降低，然而，孔隙度和渗透率同样出现了明显的降低，这与常规情况并不相符。从图 4.3 可以看出，腐蚀后的水泥石表面出现了一层结构较内部要致密许多的层。国外研究者已经利用背散射扫描电镜(SEM-BSE)证实该致密层是由腐蚀产物 $CaCO_3$ 在向表面运移堆积而形成，进而造成了腐蚀后水

泥石的渗透率和孔隙度减小。如果整个水泥石的孔隙度和渗透率都减小，势必会提高试样的抗压强度，但抗压强度测试结果恰恰相反，这说明了致密层只是改善了水泥石表面的孔渗性能，而水泥石整体仍因腐蚀而强度下降。

图 4.3　CO_2 腐蚀后水泥石表面致密层

3. CO_2 对水泥石腐蚀机理

利用扫描电子显微镜(SEM)和 X 射线衍射分析(XRD)对 CO_2 腐蚀前后水泥石的微观形貌和物相组成变化进行了分析。

1)腐蚀前后水泥石的微观形貌分析

腐蚀前的水泥石扫描电镜分析结果如图 4.4 所示。

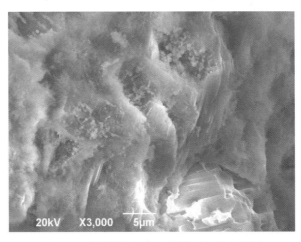

图 4.4　腐蚀前常规密度水泥石扫描电镜图

从图 4.4 可以看出，未腐蚀的水泥石结构较为致密，主要部分为网状的水化硅酸钙凝胶，中间镶嵌着片状 $Ca(OH)_2$ 和棒状钙矾石(AFt)，但是也可以清楚地看到有微裂纹和水化留下的孔隙。

水泥石在 1MPa CO_2 水湿环境腐蚀 7d 后试样表面腐蚀层及试样中心层的微观形貌图如图 4.5 所示。水泥石在 3MPa CO_2 水湿环境腐蚀 7 天后试样表面腐蚀层及试样中心层的微观形貌图如图 4.6 所示。从图 4.3、图 4.5 和图 4.6 可以看出，无论是宏观还是微观图片，腐蚀后水泥石的表面会形成一层致密层。但是水泥石的内部出现了大量的孔洞，而且片状或叠片状的 $Ca(OH)_2$ 消失，取而代之的是六方棱柱状或者棒状的钙矾石（AFt），同样可以看出随着腐蚀介质分压的增加，附着在水泥石表面的致密程度也相应增加。

　　　　（a）表面　　　　　　　　　　　　　　（b）内部

图 4.5　CO_2 腐蚀后的水泥石表面/内部扫描电镜图（1MPa CO_2，90℃，7d）

　　　　（a）表面　　　　　　　　　　　　　　（b）内部

图 4.6　CO_2 腐蚀后的水泥石表面/内部扫描电镜图（3MPa CO_2，90℃，7d）

　2）腐蚀前后水泥石的物相分析

　　水泥石在腐蚀前的 XRD 谱线如图 4.7 所示。可以看出，腐蚀前水泥石的物相组成为 SiO_2、$Ca(OH)_2$、C—S—H 以及钙矾石（AFt）。

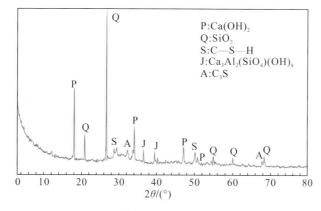

图 4.7　腐蚀前水泥石 XRD 谱线

　　水泥石在不同 CO_2 分压的水湿环境中腐蚀 7d 后水泥石表面和内部的 XRD 分析结果如图 4.8 和图 4.9 所示。

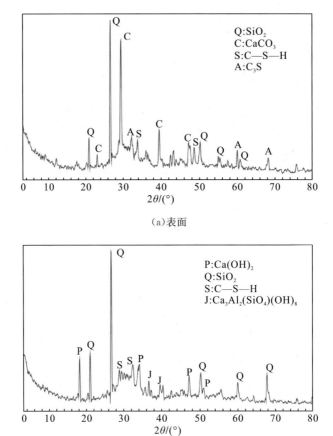

（a）表面

（b）内部

图 4.8　CO_2 腐蚀后的水泥石表面/内部 XRD 谱线（1MPa CO_2，90℃，7d）

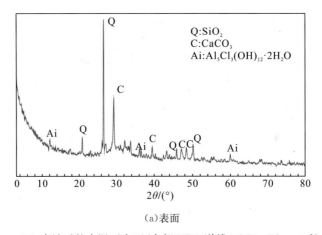

（a）表面

图 4.9　CO_2 腐蚀后的水泥石表面/内部 XRD 谱线（3MPa CO_2，90℃，7d）

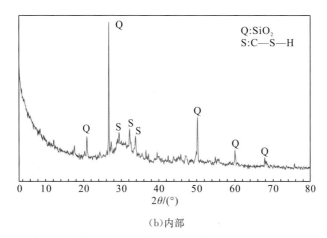

（b）内部

图 4.9　CO_2 腐蚀后的水泥石表面/内部 XRD 谱线（3MPa CO_2，90℃，7d）（续）

　　与未腐蚀水泥试样对比分析表明，在图 4.8(a)与图 4.9(a)中，表层水泥石在衍射角为 18°、28.7°、34.1°等处的 $Ca(OH)_2$ 特征峰在腐蚀后几乎完全消失，同时在 23.2°、26.6°、27.2°等处出现方解石（$CaCO_3$）的衍射特征峰，腐蚀后水泥石表面的主要物相为 SiO_2、$CaCO_3$ 以及水化的氯化铝物质。

　　从腐蚀后水泥石内部的 XRD 谱线[图 4.8(b)与图 4.9(b)]分析得出，腐蚀后水泥石内部的主要物相为 SiO_2、C—S—H 凝胶以及钙矾石（AFt），其中在 1MPaCO_2 腐蚀条件下腐蚀后的水泥石内部 $Ca(OH)_2$ 还有部分残余，但是 3MPaCO_2 腐蚀环境下水泥石内部的 $Ca(OH)_2$ 完全与外界的酸性腐蚀介质发生反应，内部却没有检测到 $CaCO_3$ 的存在。这是由于随着水泥石腐蚀的进行，$CaCO_3$ 继续与 CO_2 反应生成可溶性的 $Ca(HCO_3)_2$，可溶性腐蚀产物 $Ca(HCO_3)_2$ 不断被运移到水泥石的表面，从而造成水泥石的内部没有 $CaCO_3$ 存在。此外在水泥石的表层水化硅酸钙凝胶与 CO_2 发生腐蚀反应：C—S—H+CO_2+H_2O ——$CaCO_3$+$SiO_2 \cdot nH_2O$（无定形），从而使水泥石表面孔隙被运移出的腐蚀产物所填塞，这也是造成腐蚀后水泥石的渗透率反而减小的主要原因。

　　3）CO_2 对水泥石腐蚀机理分析

　　API 油井水泥属于硅酸盐水泥，在水化前主要存在以下四种孰料矿物：①硅酸三钙（C_3S，化学式 3CaO·SiO_2），含量 50%～60%，水泥水化形成强度的最主要矿物，其特点为产生的水泥石最终强度大，且水化过程中强度增长速率快；②硅酸二钙（C_2S，化学式 2CaO·SiO_2），含量 20%左右，其特点为水化强度增长速率慢、反应慢，但能在很长一段时间内不断地为水泥石强度的增大作贡献；③铝酸三钙（C_3A，化学式 3CaO·Al_2O_3），含量分高抗硫酸盐型和中抗硫酸盐型两种，其中高抗低于 3%、中抗低于 8%，该矿物的水化反应主要决定了水泥浆稠化时间和初凝时间，其反应速度是四种矿物中水化反应最快的；④铁铝酸四钙（C_4AF，化学式 4CaO·Al_2O_3·Fe_2O_3），含量不超过 24%，特点为水泥水化早期强度增长速率快，水化速率仅次于 C_3A。

　　油井水泥干灰与配浆水混合接触后，孰料矿物随即发生水化凝结反应，并生成多种水化产物，纯液相浆体便逐渐向固相转变。主要水化反应如下：

　　（1）C_2S 的水化反应：

$$2(2CaO \cdot SiO_2) + 4H_2O \longrightarrow Ca(OH)_2 + 3CaO \cdot 2SiO_2 \cdot 3H_2O \qquad (4-1)$$

(2)C_3S 的水化反应：

$$2(3CaO \cdot SiO_2) + 6H_2O \longrightarrow 3CaO \cdot 2SiO_2 \cdot 3H_2O + 3Ca(OH)_2 \qquad (4-2)$$

(3)C_3A 的反应：

$$3CaO \cdot Al_2O_3 + 6H_2O \longrightarrow 3CaO \cdot Al_2O_3 \cdot 6H_2O \qquad (4-3)$$

(4)C_4AF 的水化反应：

$$4CaO \cdot Al_2O_3 \cdot Fe_2O_3 + 2Ca(OH)_2 + 10H_2O \longrightarrow 3CaO \cdot Al_2O_3 \cdot 6H_2O + 3CaO \cdot Fe_2O_3 \cdot 6H_2O$$
$$(4-4)$$

(5)水化 C_3A 可进一步与水泥中的硫酸盐相发生反应生产钙矾石(AFt)：

$$3CaO \cdot Al_2O_3 \cdot 6H_2O + 3(CaSO_4 \cdot 2H_2O) + 20H_2O \longrightarrow 3CaO \cdot Al_2O_3 \cdot 3CaSO_4 \cdot 32H_2O$$
$$(4-5)$$

从上述水泥水化凝结反应可知，未腐蚀前的水泥石主要含有以下四种水化产物：水化硅酸钙(C—S—H，含量约占水化总产物的 50%)、氢氧化钙(Ca(OH)$_2$，含量约占水化总产物的 12%)、钙矾石(Aft，含量约占水化总产物的 13%)、水化铝酸钙(C_3AH_6)及水化铁铝酸四钙(C_4AFH_{13})。其中水化硅酸钙基本上是无定形的，根据组成和形态的不同可分为柱硅钙石($C_3S_2H_3$)、斜方硅钙石(C_3S_2)、硬硅钙石(C_6S_6H)、雪硅钙石($C_5S_6H_{5.5}$)、特水硅钙石($C_7S_{12}H_3$)、粒硅钙石(C_6S_2H)、水化硅酸三钙($C_6S_2H_3$)、α-水化硅酸二钙(α-C_2SH)等。除了水化产物外，孔隙也是构成水泥石硬化体的一个重要部分。水泥水化凝结过程可认为原来主要充填有水泥和水的空间逐渐地被水化生成产物替代，而未被水泥或水化生成产物所占有的部分空间，形成毛细孔，毛细孔中还充填有孔隙液。孔隙可为腐蚀介质侵入水泥石基体内部提供通道，因此水泥石自身的孔隙率和孔径同样也是影响其抗腐蚀性能的重要参数。

水泥水化产物为碱性，只能在较高的 pH 条件下稳定存在，如 Ca(OH)$_2$ 的稳定 pH 为 12~13，C—S—H 的稳定 pH 为 10~11，钙矾石(AFt)的稳定 pH 大于 10.5。在正常情况下，水泥石内部孔隙水的初始 pH 由 Ca(OH)$_2$ 的水解平衡控制在 13 左右。当有水存在的条件下，CO_2 侵入水泥石基体内后会首先使水泥石内部，特别是孔隙中液体的 pH 下降，从而不利于水泥水化产物的稳定。CO_2 对水泥石的腐蚀可以分为以下几个步骤。

第一步：CO_2 扩散进入水泥石孔隙中；

第二步：CO_2 溶解于水中，形成 H_2CO_3；

第三步：H_2CO_3 电离产生 H^+、HCO_3^- 和 CO_3^{2-}；

第四步：CO_3^{2-} 与 Ca(OH)$_2$ 和 C—S—H 发生反应生成 $CaCO_3$、无定形硅胶等。

其主要反应方程式如下：

(1)CO_2 溶于地层水的化学反应：

$$CO_2 + H_2O \rightleftharpoons HCO_3^- + H^+ \rightleftharpoons CO_3^{2-} + 2H^+ \quad (CO_2溶解平衡反应式) \qquad (4-6)$$

CO_2 不充足时：$CO_2(g) + H_2O \longrightarrow H_2CO_3$(不稳定的化合物)$\rightarrow CO_3^{2-} + 2H^+$ $\qquad$ (4-7)

CO_2 充足时：$CO_2(g) + H_2O \longrightarrow H_2CO_3$(不稳定的化合物)$\rightarrow HCO_3^- + H^+$ $\qquad$ (4-8)

由于水泥石水化反应后所形成的是一个 pH 约为 13 的碱性环境，CO_2 溶解电离后会与水泥石中的碱性组分发生酸碱中和反应，使得水泥石的 pH 降低，从而不利于水泥水化产物的稳定。

(2)CO_2 溶于地层水后，与油井水泥石主要水化产物的化学反应：

$$Ca(OH)_2(l) + CO_3^{2-} + 2H^+ \longrightarrow CaCO_3(s) + H_2O(l) \tag{4-9}$$

$$Ca(OH)_2(l) + HCO_3^- + H^+ \longrightarrow CaCO_3(s) + H_2O(l) \tag{4-10}$$

$$C\text{—}S\text{—}H(s) + CO_2(g) + H_2O(l) \longrightarrow CaCO_3(s) + SiO_2 \cdot nH_2O(无定形产物) \tag{4-11}$$

$CaCO_3$ 和无定形 SiO_2 都是不具有胶结特性的物质。在腐蚀的最初阶段所产生的 $CaCO_3$ 属于膨胀性物相，可充填在水泥石孔隙中，能使水泥石的抗压强度增加、渗透率降低，阻止腐蚀流体的进一步侵入，但这种情况只是暂时的。

(3)在富含 CO_2 的情况下，随着富含 CO_2 水的不断侵蚀，$CaCO_3$ 转变为易溶性的 $Ca(HCO_3)_2$，不断消耗水泥石中的 $Ca(OH)_2$，并生成水，而水又不断地溶解 $Ca(HCO_3)_2$，形成淋滤作用。反应式如下：

$$CaCO_3(s) + CO_2(g) + H_2O(l) \longrightarrow Ca(HCO_3)_2(l) \tag{4-12}$$

$$Ca(HCO_3)_2(l) + Ca(OH)_2(l) \longrightarrow 2CaCO_3(s) + H_2O(l) \tag{4-13}$$

淋滤作用使水泥石的孔隙率和渗透性增大，抗压强度降低。当 $Ca(OH)_2$ 耗尽后，水泥石的碱性会下降，从而使 C—S—H 不稳定，促进 C—S—H 的分解。同时，由于 CO_2 与 C—S—H 反应生成 $CaCO_3$ 和无定形 SiO_2，破坏了水泥石的整体胶结性，致使水泥石网络结构解体，破坏水泥石的结构，使水泥石的强度降低、渗透率增大。CO_2 对水泥石的腐蚀本质上是一种化学反应，决定反应速度的因素主要是反应物浓度和反应物的接触机会。从本节实验结果可以得出，随着 CO_2 分压的增加，水泥石受腐蚀程度越来越大。

4.2.2　H_2S 环境下水泥石的腐蚀

1. 实验配方与条件

在 H_2S 环境下的腐蚀所用配方与在 CO_2 环境下腐蚀所用水泥石的配方相同，其性能参数也是一样的。腐蚀条件如表 4.5 所示。

表 4.5　H_2S 腐蚀的实验条件

序号	H_2S 分压/MPa	总压/MPa	温度/℃	腐蚀时间/d
1	3	10	90	7
2	6	10	90	7

2. H_2S 腐蚀对水泥石性能的影响

图 4.10 是水泥石在 H_2S 腐蚀前后外观变化。从图中可以看出，H_2S 腐蚀后的水泥石颜色由原来的烟灰色变成了黑色，且内部同样变成了墨绿色。这是由于水泥石中的含Fe 水化产物(如铁铝酸钙水化产物)与 H_2S 发生氧化还原反应后生成了黑褐色 FeS。

水泥石在 H_2S 环境中腐蚀 7d 后各性能参数的变化如表 4.6 所示。

图 4.10　水泥石 H_2S 腐蚀前后外观形貌对比

表 4.6　H_2S 环境中腐蚀 7d 水泥石各性能参数变化情况

	序号	抗压强度/MPa	抗压强度衰减率/%	深度/mm	孔隙度/%	渗透率/mD
1	腐蚀前	15.5	34	无	14.5	0.086
	腐蚀后	10.2		7	9.7	0.0058
2	腐蚀前	16.1	40	无	15.0	0.083
	腐蚀后	9.7		10	8.5	0.0045

　　从表 4.6 可以看出，H_2S 腐蚀后水泥石的抗压强度降低，且随着 H_2S 分压的增加抗压强度下降越明显。与之相对应的是，随着 H_2S 分压的增加，水泥石被腐蚀的深度越来越深。与 CO_2 腐蚀情况相比，H_2S 具有更强的腐蚀性能。同时在 H_2S 的腐蚀结果中也发生了与 CO_2 类似的情况，腐蚀后的水泥石的孔隙度和渗透率有明显的降低。结合腐蚀后水泥石的表面相貌图(图 4.11)，可以看出由于 H_2S 腐蚀后的水泥石呈墨绿色，水泥石表面存在一个致密层，故造成了水泥石的渗透率和孔隙度减小。

图 4.11　H_2S 腐蚀后水泥石表面致密层

3. H₂S 对水泥石腐蚀机理分析

利用扫描电子显微镜(SEM)和 X 射线衍射分析(XRD)对 H₂S 腐蚀前后水泥石的微观形貌和物相组成变化进行了分析，从而对水泥石的腐蚀机理进行分析。

1)腐蚀前后水泥石的微观形貌分析

水泥石在 3MPa H₂S 水湿环境腐蚀 7d 后试样表面腐蚀层及试样中心层的微观形貌如图 4.12 所示，水泥石在 6MPa H₂S 水湿环境腐蚀 7d 后试样表面腐蚀层及试样中心的微观形貌如图 4.13 所示。

(a)表面　　　　　　　　　　　　　　　　(b)内部

图 4.12　H₂S 腐蚀后水泥石表面/内部扫描电镜图(3MPa H₂S，90℃，7d)

(a)表面　　　　　　　　　　　　　　　　(b)内部

图 4.13　H₂S 腐蚀后水泥石表面/内部扫描电镜图(6MPa H₂S，90℃，7d)

从图 4.12 和图 4.13 可以看出，水泥石表层较致密，布满细小颗粒状结构的物质，这些颗粒之间的连接松散。水泥石的内部结构变得疏松，能明显观察到存在较大的孔洞和较长的裂缝，这些孔洞和裂缝可能是腐蚀介质和水泥石中的水化产物反应留下的。同时，随着 H₂S 的分压增加，水泥石内部的孔隙也增加。

2)腐蚀前后水泥石物相分析

水泥石在 3MPa H₂S 水湿环境中腐蚀 7d 后水泥石表面和内部的 XRD 分析谱图如图 4.14 所示。水泥石在 6MPa H₂S 水湿环境中腐蚀 7d 后水泥石表面和内部的 XRD 分析谱图如图 4.15 所示。

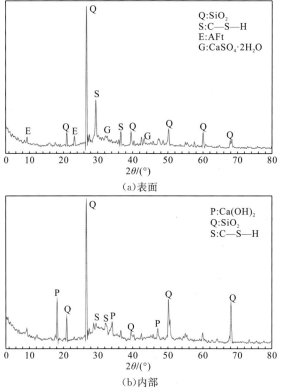

图 4.14　H_2S 腐蚀后水泥石表面/内部 XRD 谱线（3MPa H_2S，90℃，7d）

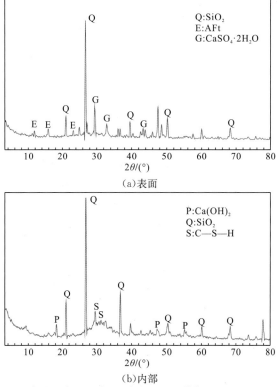

图 4.15　H_2S 腐蚀后水泥石表面/内部 XRD 谱线（6MPa H_2S，90℃，7d）

　　从 3MPa H_2S 和 6MPa H_2S 水湿环境下水泥石表面的 XRD 谱线分析得出，水泥石表面的主要物相是 SiO_2、$C—S—H$、$CaSO_4 \cdot 2H_2O$、AFt，同样作为水泥石水化特征产物的 $Ca(OH)_2$ 消失。水泥石内部的主要物相是 SiO_2、$CaSO_4 \cdot 2H_2O$、$Ca(OH)_2$、$C—S—H$。

　　3）H_2S 对水泥石腐蚀机理分析

　　H_2S 易溶于水，使溶液呈弱酸性。H_2S 在溶液中存在如下平衡：

$$H_2S \longrightarrow H^+ + HS^- \tag{4-14}$$

$$HS^- \longrightarrow H^+ + S^{2-} \tag{4-15}$$

　　溶液的 pH 将决定 H_2S 存在的状态，苏联莫斯科石油学院的专家对此进行过专门的研究，见图 4.16。当 pH<6 时，H_2S 腐蚀介质快速扩散进入水泥石内部，使水泥石的 pH 降低；当 8<pH<10.5 时，H_2S 主要以 HS^- 状态存在；pH>11~12 时，则主要以 S^{2-} 状态存在。温度增加使 H_2S 的存在状态向左移。

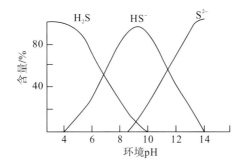

图 4.16　H_2S 在水溶液中的存在形式与 pH 的关系

　　固井水泥石所有水化产物都呈碱性，水泥水化产物中按照稳定的排列有：

$CaCO_3$（碳酸钙）$>C_6S_6H$（硬硅钙石）$>C_2S_3H_{2.5}$（白硅钙石）$>C_5S_6H_{5.5}$（托勃莱石）$>CS_2H_2>C_2S_6H_3>C_3S_2H_3$（柱硅钙石）$>C_3AH_6$（水化铝酸三钙）$>Ca(OH)_2$（羟钙石），可见水泥石中最具反应能力的成分是 $Ca(OH)_2$。

　　H_2S 电离产生的离子能与油井水泥石水化产物反应并生成 CaS、$CaSO_4 \cdot 2H_2O$、Al_2S_3 等没有胶结性的腐蚀产物。水泥石表面的水化产物 $Ca(OH)_2$ 与 H_2S 反应生成 CaS 而完全消失，但物相分析水泥石表面并没有 CaS 的存在，这是因为 CaS 具有良好的溶解性，说明在液相存在条件下，水会在腐蚀过程中担当运输的角色，致使水泥石腐蚀得更为严重。CaS、$CaSO_4 \cdot 2H_2O$ 为膨胀型结晶产物，当水泥石内部的 CaS、$CaSO_4 \cdot 2H_2O$ 到达过饱和时会在水泥水化孔隙内结晶沉淀，结晶生长面到达孔隙壁面时，晶体继续生长将使得孔隙壁面受到结晶产生的膨胀压，导致水泥石内应力增加，进而使水泥石内部微裂纹扩张，使得水泥石抗压强度大幅降低，如图 4.17 所示。

　　水泥石在水湿 H_2S 条件下发生的主要腐蚀反应为

$$C—H—S + H_2S = CaS + SiO_2 + H_2O \tag{4-16}$$

$$Ca^{2+} + S^{2-} \longrightarrow CaS \tag{4-17}$$

$$Ca^{2+} + OH^- + HS^- \longrightarrow CaS + H_2O \tag{4-18}$$

$$AFt(3CaO \cdot Al_2O_3 \cdot 3CaSO_4 \cdot 31H_2O) + H_2S \longrightarrow CaS + Al(OH)_3 + CaSO_4 \cdot 2H_2O + H_2O \tag{4-19}$$

图 4.17　H_2S 腐蚀水泥石发生膨胀现象

H_2S 腐蚀过程分两个步骤进行：第一步是 H_2S 向水泥石内部扩散并在水中溶解电离，在有液相存在时 H_2S 扩散很快；第二步是离子与水泥水化产物反应，并伴随着腐蚀产物的运移、沉淀、结晶等过程。H_2S 与水泥石的反应速率取决于 H_2S 的化学反应和扩散过程。当固井水泥石表面形成反应产物堆积层后，渗入速率减慢，此时反应主要受扩散过程控制。

4.2.3　CO_2 与 H_2S 联合环境下水泥石的腐蚀

1. 实验配方与条件

在 H_2S 与 CO_2 联合环境下的腐蚀所用配方与在 CO_2 环境下腐蚀所用水泥石的配方相同，其性能参数也是一样的。实验条件如表 4.7 所示。

表 4.7　CO_2 与 H_2S 联合环境下腐蚀实验条件

序号	H_2S 分压/MPa	CO_2 分压/MPa	总压/MPa	温度/℃	腐蚀时间/d
1	1.7	1	10	90	5
2	1.7	1	10	90	7
3	1.7	1	10	90	14
4	1.7	1	10	90	30
5	3	1	10	90	5
6	3	1	10	90	7
7	3	1	10	90	14
8	3	1	10	90	30
8	3	1	10	100	7
10	3	1	10	120	7

2. 联合腐蚀对水泥石性能的影响

图 4.18 是水泥石在 H_2S 与 CO_2 联合腐蚀前后外观变化。从图中可以看出，联合腐蚀后的水泥石颜色变化与 H_2S 腐蚀类似，同样由原来的烟灰色变成了黑色。这同样是由

于水泥石中的含 Fe 水化产物与 H_2S 发生氧化还原反应后生成了黑褐色的 FeS。

图 4.18　水泥石 H_2S 与 CO_2 联合腐蚀前后外观形貌对比

水泥石在不同 H_2S 和 CO_2 分压复合酸性气体水湿环境中联合腐蚀 5d、7d、14d、30d 后各性能参数的变化如表 4.8 所示。

表 4.8　联合腐蚀前后水泥石各性能参数变化情况

序号	腐蚀深度 /mm	腐蚀前			腐蚀后		
		抗压强度 /MPa	孔隙度 /%	渗透率 /mD	抗压强度 /MPa	孔隙度 /%	渗透率 /mD
1	6	22.5	19.7	0.0049	19.6	17.2	0.0031
2	8	22.5	19.7	0.0049	18.9	13.1	0.0029
3	9	22.5	19.7	0.0049	15.3	11.6	0.0025
4	16	22.5	19.7	0.0049	12.8	10.7	0.0018
5	7	23.8	18.1	0.0038	19.9	15.4	0.0024
6	8	23.8	18.1	0.0038	18.2	13.5	0.0020
7	10	23.8	18.1	0.0038	15.2	10.3	0.0017
8	14	23.8	18.1	0.0038	12.2	9.5	0.0016
9	11	22.2	16.3	0.0031	18.1	12.8	0.0017
10	16	24.7	16.3	0.0032	19.2	11.5	0.0015

从表 4.8 可以看出，在复合酸性气体水湿环境下腐蚀后，水泥石的抗压强度均有较大程度的降低。从 1♯～4♯ 和 5♯～8♯ 实验结果可以看出，在腐蚀气体分压与总压、温度一定的情况下，随着腐蚀反应时间的增加，水泥石的抗压强度逐渐降低，腐蚀深度增加。从 1♯ 与 5♯、2♯ 与 6♯、3♯ 与 7♯、4♯ 与 8♯ 实验结果对比可以看出，在相同温度、总压、腐蚀反应时间条件下，腐蚀气体分压越高，腐蚀反应速率越快，抗压强度降低越快，腐蚀深度增加。从 5♯、9♯ 和 10♯ 实验结果对比可知，在总压、腐蚀气体分压、腐蚀反应时间都相同的条件下，随着腐蚀反应温度的增加，水泥石抗压强度衰减率

增加，腐蚀深度也明显增加。

  同时从表 4.8 可以看出，在复合酸性气体水湿环境下腐蚀后，水泥石的孔隙度和渗透率明显降低，出现了与单一气体腐蚀条件下类似的现象。这表明水泥石在腐蚀后会在表面形成一层致密层，从而影响气测渗透率对水泥石内部孔隙结构反映的真实性。为验证此致密层的存在，同时消除致密层存在对气测渗透率的影响，选取表中 1#、4#、5#、8#、10# 实验为考察对象，对腐蚀后的水泥石先用砂纸将表面打磨后再进行测试渗透率，实验结果如表 4.9 所示。

表 4.9 去除表面致密层后水泥石孔隙度和渗透率变化

序号	H_2S 分压 /MPa	CO_2 分压 /MPa	总压 /MPa	温度 /℃	时间 /d	腐蚀前		腐蚀后	
						孔隙度 /%	渗透率 /mD	孔隙度 /%	渗透率 /mD
1	1.7	1	10	90	5	19.2	0.0045	20.5	0.0049
2	1.7	1	10	90	30	19.2	0.0045	23.4	0.0052
3	3	1	10	90	5	18.3	0.0039	19.4	0.0044
4	3	1	10	90	30	18.3	0.0039	24.5	0.0051
5	3	1	10	120	7	16.3	0.0032	21.5	0.0045

  从表 4.9 与表 4.8 中实验结果对比可以看出，由于表 4.9 中所用的方法是去掉水泥石表面腐蚀层后再测孔隙度和气测渗透率，总体上经过 5 种腐蚀环境后，水泥石的孔隙度和气测渗透率均有所增加，表明在腐蚀后的水泥石表面确实存在表面致密层。利用扫描电镜对腐蚀后水泥石的表面腐蚀层进行观察。图 4.19 为 1.7MPa H_2S+1MPa CO_2 环境下腐蚀 30d 后水泥石表面的扫描电镜图。可以看出，水泥石表面较为致密，但是在致密层下部却出现了较多的孔隙。致密层的存在使得在测试渗透率的时候水泥石试样两端的压差没有真实表现出来，造成了腐蚀后水泥石测试的渗透率和孔隙度减小，同时也印证了由于表面致密层的存在会使腐蚀介质向水泥石内部渗入的阻力增加，水泥石强度衰退速率随着时间的增加而降低。

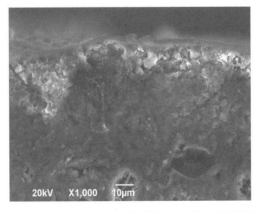

图 4.19 1.7MPa H_2S+1MPa CO_2 腐蚀 30d 后水泥石表面致密层

3. CO_2 与 H_2S 联合腐蚀机理分析

1)联合腐蚀前后水泥石物相分析

水泥石在 $1.7MPa$ H_2S+$1MPa$ CO_2，90℃条件下腐蚀 5d 和 30d 后的内外形貌扫描电镜图如图 4.20、图 4.21 所示。

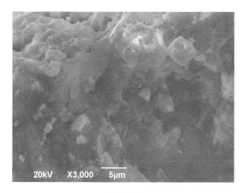 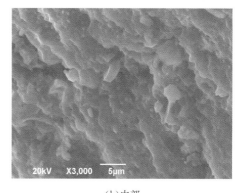

（a）表面　　　　　　　　　　　　　　　　（b）内部

图 4.20　联合腐蚀后水泥石表面/内部扫描电镜图（$1.7MPa$ H_2S+$1MPa$ CO_2，90℃，5d）

（a）表面　　　　　　　　　　　　　　　　（b）内部

图 4.21　联合腐蚀后常规密度水泥石表面/内部扫描电镜图（$1.7MPa$ H_2S+$1MPa$ CO_2，90℃，30d）

从图 4.20 和图 4.21 可以看出，腐蚀后的水泥石表面结构均比内部结构要致密，水泥石内部结构较为松散，而无明显的晶体结构存在，能明显观察到较大的孔洞。在水泥石表面存在一定的片状和层状或棒状结构的晶体，絮状物结构较少。这些现象说明腐蚀产物会通过孔洞和凝胶孔等运移并充填到表面，最终使水泥石的表面形成致密层。随着腐蚀时间的增加，水泥石内部由于孔隙结构增加，会使得抗压强度降低，渗透率和孔隙度升高。将 $3MPa$ H_2S+$1MPa$ CO_2+90℃条件下腐蚀后的水泥石 SEM 图与 $1.7MPa$ H_2S+$1MPa$ CO_2+90℃条件下对应天数腐蚀后的水泥石 SEM 图比较，两组水泥石的内外形貌类似，但 $3MPa$ H_2S 条件下水泥石的内部结构更松散。

水泥石在 $3MPa$ H_2S+$1MPa$ CO_2、100℃和 $3MPa$ H_2S+$1MPa$ CO_2、120℃条件下腐蚀 7d 后内外形貌分析图如图 4.22 和图 4.23 所示。

（a）表面　　　　　　　　　　　　　　　　　（b）内部

图 4.22　联合腐蚀后水泥石表面/内部扫描电镜图（3MPa H_2S＋1MPa CO_2，100℃，7d）

（a）表面　　　　　　　　　　　　　　　　　（b）内部

图 4.23　联合腐蚀后常规密度水泥石表面/内部扫描电镜图（3MPa H_2S＋1MPa CO_2，120℃，7d）

从图 4.22 和图 4.23 可以看出，在其他条件都相同的情况下，随着腐蚀反应温度的升高，水泥腐蚀反应速度明显加快，水泥石中含有的水化物的胶凝结构明显减小，从表面 SEM 图可以看出，水泥石中出现了较多的孔隙和微裂纹，而由水泥石内部 SEM 图可以看出，随着温度升高，水泥石中的团絮状聚集体数量明显增多，结构更松散。

2）联合腐蚀前后水泥石物相分析

水泥石在 1.7MPa H_2S＋1MPa CO_2，90℃条件下常腐蚀 5d 和 30d 后水泥石表面和内部物相分析的 XRD 谱图如图 4.24 和图 4.25 所示。

从图 4.24 和图 4.25 可以看出，腐蚀后水泥石表面的主要物相为 $CaCO_3$、$CaSO_4 \cdot 2H_2O$、C—S—H、SiO_2，其中 $CaCO_3$、$CaSO_4 \cdot 2H_2O$ 为主要腐蚀产物，而作为特征水化产物的 $Ca(OH)_2$ 消失。水泥石内部的主要物相为 $Ca(OH)_2$、SiO_2、C—S—H，在水泥石内部仍可以检测到 $Ca(OH)_2$ 的存在说明水泥石内部还未腐蚀完全。在图 4.25（b）中（腐蚀 30d 后）检测到了 $CaCO_3$、$CaSO_4 \cdot 2H_2O$ 的存在，而在第 5d 的水泥石内部 XRD 谱图中没有，说明在腐蚀 30d 之后，腐蚀介质已经侵入到了水泥石内部。

3）CO_2 与 H_2S 联合腐蚀机理分析

在 CO_2 与 H_2S 同时存在条件下，与水泥石的腐蚀反应与单独存在时的腐蚀反应一致。H_2S 和 CO_2 共同消耗水泥中的 $Ca(OH)_2$、C—S—H 等，造成了水泥石中的孔隙逐步增大，进而又促进了腐蚀介质进一步侵入到水泥石的内部。此外，水泥石发生腐蚀反应后，膨胀型腐蚀产物 $CaSO_4 \cdot 2H_2O$、$CaCO_3$ 的生成加上运移、沉积等作用，会使腐蚀水泥石的表层呈现出比水泥石内部密实的现象，但是水泥石整体的致密度却大大下降，造成水泥石强度降低。

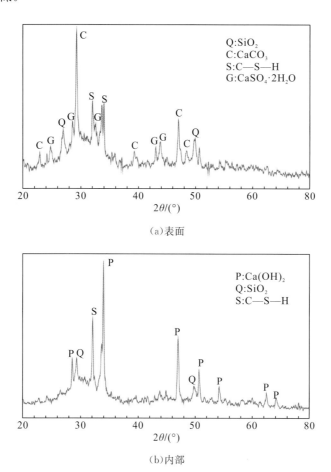

（a）表面

（b）内部

图 4.24　腐蚀后水泥石表面/内部 XRD 谱线（1.7MPa H_2S＋1MPa CO_2，90℃，5d）

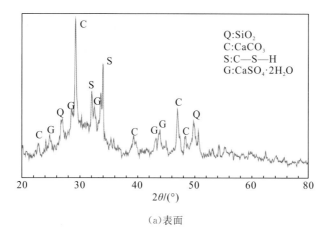

（a）表面

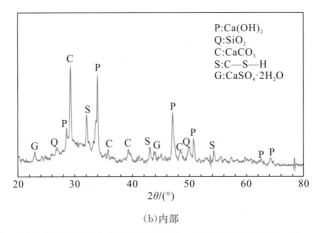

(b)内部

图 4.25　腐蚀后水泥石表面/内部 XRD 谱线(1.7MPa H_2S＋1MPa CO_2，90℃，30d)

4.2.4　单向腐蚀试验方法

如图 4.26 所示，在实际的油气井中，腐蚀流体是沿着地层与水泥环的界面由外向内进行腐蚀的，即腐蚀流体对水泥石的腐蚀是沿着特定的方向进行的。但是，在以往对于油井水泥石的腐蚀研究忽略了这一方向性，将制备的水泥石试样不进行处理，直接放入腐蚀釜中进行反应。这样的情况下，整个水泥石完全地浸泡在腐蚀液相中，腐蚀气体就会沿着试样的各个方向对水泥石进行破坏，导致过早腐蚀破坏，不能准确反映腐蚀情况，特别是腐蚀速率，如图 4.27 所示。

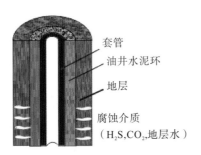

图 4.26　井下固井水泥环腐蚀示意图

图 4.27　水泥石腐蚀破坏

为更接近井下的实际情况，根据井下实际腐蚀工况，提出了水泥石的单向腐蚀试验方法。水泥石单向腐蚀试样的制备步骤为：①将制备好的水泥浆灌入内径为 25mm 的PVC 塑料管并置于高温高压养护釜中养护成型；②养护周期结束后，剖开 PVC 塑料管取出成型的水泥棒，并将其装入内径为 30mm 的耐热聚丙烯管；③用抗温抗蚀树脂密封水泥石与聚丙烯管之间的环隙，待树脂完全凝固后锯开一个端面并用砂纸磨平，使得腐蚀介质只能沿着一个方向对水泥石进行腐蚀，如图 4.28 所示。

将制备好的单向腐蚀试样放入高温高压腐蚀釜中腐蚀，腐蚀完成后可以剖开单向腐蚀试样对其进行测试分析。图 4.29 为 H_2S 气相腐蚀 7d 前后的单向水泥石试样对比，从图中可以很明显地观察到腐蚀深度，从而评价腐蚀速率，同时可以看出在单向腐蚀试样条件下，腐蚀后水泥石颜色由外向内逐渐变淡，这说明了腐蚀存在方向性。如图 4.30 所示，对不同部位的水泥石进行 XRD 分析，结果表明沿着腐蚀方向，腐蚀过程存在差异性。

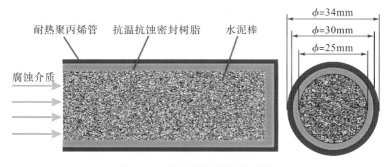

图 4.28　单向腐蚀试样示意图

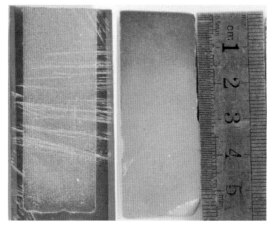

图 4.29　水泥石发生单向腐蚀前后的剖面对比图

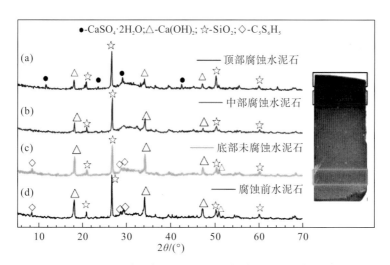

图 4.30　单向腐蚀水泥石不同部位的 XRD 谱图

4.3 防腐蚀水泥浆体系研究

在井下实际情况下，影响油井水泥石腐蚀的因素多且复杂。已有研究结果表明，酸性气体对油井水泥环的腐蚀主要受以下因素的影响：水泥石的水化产物、水泥石的孔隙度和渗透率、地下水、环境温度压力、pH、环空微间隙产生的腐蚀通道等。

根据研究可以发现，水泥自身水化产生的碱性组分（主要是 $Ca(OH)_2$）及硬化后水泥石多孔的结构是水泥石易遭受 CO_2 及 H_2S 腐蚀的根本原因。对此，可通过采取以下几方面的措施来设计抗 CO_2 及 H_2S 腐蚀油井水泥体系。

一方面，降低水泥碱性，即降低水泥组分中的 $Ca(OH)_2$ 含量。可通过在水泥浆中加入可与之反应的活性物质如 SiO_2、Al_2O_3，发生火山灰反应生成 C—S—H 凝胶，在能削弱和消除腐蚀源的同时，降低油井水泥石的渗透率，增大固井水泥石中胶结性组分的含量。常用的活性物质为火山灰、高炉矿渣、粉煤灰、硅粉、膨润土。此外，可选用低碱度的磷铝酸盐与硅酸盐复合以降低水泥石的碱度，设计抗腐蚀油井水泥体系。

另一方面，合理改善水泥石的孔隙结构，降低水泥石的孔隙度和渗透率以减少酸性气体腐蚀通道和接触面积，提高酸性气体的侵入阻力。这方面主要是通过向水泥浆中加入颗粒较细的充填材料或加入聚合物类材料来实现，常用的充填材料有粉煤灰、胶乳和沥青。

第三方面，借鉴腐蚀致密层的形成，可通过在水泥石中添加能够与腐蚀介质反应后形成致密层的材料提高水泥石的抗腐蚀性能，本书考察了锌盐掺入对水泥石抗 H_2S 腐蚀的影响。

4.3.1 粉煤灰防腐蚀水泥浆体系

粉煤灰是从煤燃烧后的烟气中收捕下来的细灰，是热电厂排出的主要固体废物。粉煤灰中含有一定数量的 CaO、SiO_2 和 Al_2O_3 等，具有潜在火山灰反应活性。粉煤灰的平均粒径要小于油井水泥的平均粒径，如图 4.31 和图 4.32 所示。这样粉煤灰就可以充填到水泥混拌过程中和水泥水化形成的孔隙中，一定条件下其所含的活性 SiO_2 和 Al_2O_3 可与水泥水化时产生的 $Ca(OH)_2$ 和外掺引入 $Ca(OH)_2$ 发生火山灰反应，并生成 C—S—H 和 C—A—H 凝胶等水化产物，相比于 $Ca(OH)_2$，C—S—H 和 C—A—H 凝胶的碱性相对较低且可使水泥石内部孔隙细化，宏观孔和毛细孔率降低而胶凝孔隙率升高。研究表明，水泥石的渗透性主要由宏观孔和毛细孔决定，腐蚀流体穿过胶凝孔的速率非常小，胶凝孔对绝大多数液体实际是不渗透的。这些都表明粉煤灰的掺入有利于提高水泥石抗 CO_2 及 H_2S 等酸性气体腐蚀的性能。

在相同温度、腐蚀气体分压、腐蚀时间条件下，对比考察掺入粉煤灰后对常规密度水泥石抗 CO_2 及 H_2S 腐蚀性能的影响，粉煤灰体系配方为：嘉华 G 级（800g）+粉煤灰（300g）+微硅（40g）+10L（18g）+H_2O（335g）。腐蚀前后水泥石的性能如表 4.10 所示。

d(0.1)：3.759 μm　　　　　　d(0.5)：25.623 μm　　　　　　d(0.9)：91.061 μm

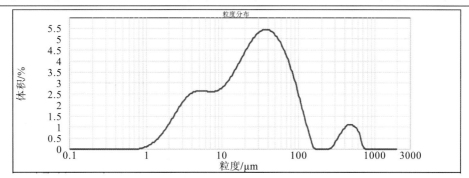

图 4.31　G 级油井水泥粒径分布曲线

d(0.1)：3.759 μm　　　　　　d(0.5)：25.623 μm　　　　　　d(0.9)：91.061 μm

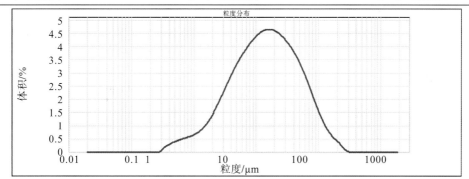

图 4.32　粉煤灰粒径分布曲线

表 4.10　腐蚀前后水泥石性能

| 水泥浆体系 | 腐蚀前性能 | | | 腐蚀后性能 | | | | |
	抗压强度/MPa	孔隙度/%	渗透率/mD	抗压强度/MPa	抗压强度衰减率/%	孔隙度/%	渗透率/mD	侵入深度/mm
粉煤灰体系	24.6	10.3	0.0021	22.4	8.9	11.3	0.0025	3.6
常规密度体系	22.5	19.4	0.0041	18.9	15.8	21.4	0.0051	8

* 腐蚀实验条件为：P_{H_2S}＝1.7MPa、P_{CO_2}＝1MPa、$P_{总}$＝10MPa，90℃，7d。

从表 4.10 可以看出，与常规体系相比，在加入粉煤灰后，水泥石的抗压强度有较大程度的提高，而孔隙度和渗透率要比常规水泥浆体系低得多，这是因为粉煤灰的充填效应和火山灰效应提高了水泥石的密实性，这对于阻止酸性气体入侵是有利的。从腐蚀后水泥石性能来看，粉煤灰体系的抗压强度在相同环境下腐蚀 7d 后，其抗压强度波动幅度不大，衰减率要明显低于常规水泥浆体系，腐蚀后的孔隙率与渗透率变化也不大，腐蚀组分侵入深度也比常规体系的低很多。这些都说明粉煤灰的加入能够提高水泥石抗 CO_2 与 H_2S 腐蚀的能力。

腐蚀前粉煤灰水泥石的扫描电镜分析图及其 XRD 谱线如图 4.33 所示。从图 4.33 可以看出，由于粉煤灰的火山灰效应和充填密实作用，水泥石内部的 C—S—H 胶凝结构发育，无较为明显的孔隙存在，片状或柱状结晶结构 $Ca(OH)_2$ 的存在不明显，对其 XRD

谱线分析可以得出以上结论。

（a）扫描电镜图

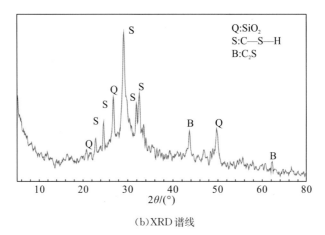

（b）XRD 谱线

图 4.33　腐蚀前粉煤灰水泥石扫描电镜图与 XRD 谱线

　　腐蚀后的粉煤灰水泥石的表面和内部扫描电镜分析图如图 4.34 所示。从图 4.34 可以看出，掺入粉煤灰后的水泥石在腐蚀后表面胶凝结构仍较为完整，各部分之间具有较好的胶结，但也出现了一些微裂隙，推测可能是腐蚀产物膨胀引起的开裂。水泥石内部胶凝结构完整，胶结致密，没有明显的孔隙和裂隙。

（a）表面　　　　　　　　　　　　　　　　　　（b）内部

图 4.34　腐蚀后粉煤灰水泥石表面/内部扫描电镜图

　　腐蚀后粉煤灰水泥石的表面与内部的 XRD 物相分析谱线如图 4.35 所示。从腐蚀后水泥石表面 XRD 谱线可以分析得出，水泥石腐蚀产物仍以 $CaSO_4 \cdot 2H_2O$、$CaCO_3$ 为主。

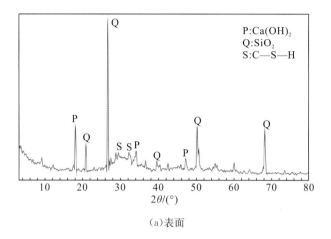

（a）表面

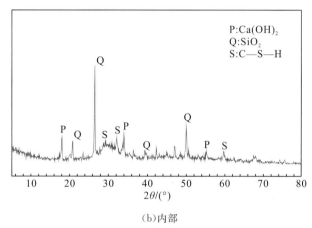

（b）内部

图 4.35　腐蚀后粉煤灰水泥石表面/内部 XRD 谱线

　　从粉煤灰水泥石的腐蚀实验结果可以看出，通过降低水泥石中碱性组分的含量或增加水泥石密实性来提高油井水泥石抗 CO_2 与 H_2S 腐蚀的方法是可行的。

4.3.2　胶乳防腐蚀水泥浆体系

　　胶乳是聚合物微粒分散于水中形成的胶体乳液的总称，与酸性气体之间不会发生反应。SBR 胶乳与水泥混合后胶粒即分散于水泥中，在水泥水化过程中，这些胶粒聚集并包裹在水泥水化物外面，最终形成聚合物的薄膜覆盖了 C—S—H 凝胶可起到保护作用。同时，胶乳中聚合物粒径比较小，如图 4.36 所示。分散后的聚合物颗粒可以充填在水泥石中并可在水泥微缝隙间形成桥接，改善水泥石的孔结构，提高水泥石密实性。胶乳聚合物的包被与充填作用能降低水泥石渗透率和降低酸性组分与水泥石组分接触概率，从而提高水泥石抗 CO_2 及 H_2S 等酸性气体腐蚀的性能。此外，胶乳还能提高水泥石的韧性，有利于防止水泥环在井下受力后发生破裂而形成腐蚀介质的宏观运移通道。

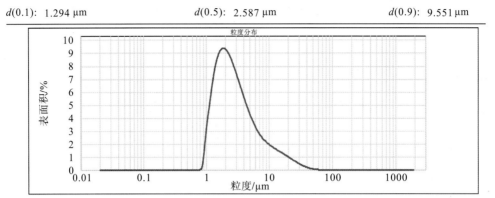

$d(0.1)$: 1.294 μm $d(0.5)$: 2.587 μm $d(0.9)$: 9.551 μm

图4.36   SBR胶乳粒径分布曲线

在相同温度、腐蚀气体分压、腐蚀时间条件下，对比考察掺入SBR胶乳后对常规密度水泥石抗CO_2及H_2S腐蚀性能的影响，SBR胶乳体系配方为：嘉华G级(800g)＋SBR胶乳(80g)＋胶乳稳定剂(20g)＋10L(10g)＋H_2O(250g)。腐蚀前后水泥石的性能如表4.11所示。

表4.11   腐蚀前后水泥石性能

水泥浆体系	腐蚀前性能			腐蚀后性能				
	抗压强度/MPa	孔隙度/%	渗透率/mD	抗压强度/MPa	抗压强度衰减率/%	孔隙度/%	渗透率/mD	侵入深度/mm
SBR胶乳体系	28.4	9.5	0.0018	26.3	7.4	10.2	0.0019	2.8
常规密度体系	22.5	19.4	0.0041	18.9	15.8	21.4	0.0051	8

*腐蚀实验条件为：$P_{H_2S}=1.7MPa$、$P_{CO_2}=1MPa$、$P_{总}=10MPa$，90℃，7d。

从表4.11可以看出，与常规体系相比，加入SBR胶乳后的水泥石抗压强度有较大程度提高，但孔隙度和渗透率要比常规水泥浆体系低很多，这是因为抗腐蚀的胶乳增加了水泥石的密实性，这对于阻止酸性气体入侵是有利的。从腐蚀后水泥石性能来看，SBR胶乳体系的抗压强度在相同环境下腐蚀7d后，其抗压强度波动幅度不大，衰减率要明显低于常规水泥浆体系，腐蚀后的孔隙率与渗透率值变化也不大，腐蚀组分侵入深度也比常规体系的低很多。这些都说明SBR胶乳的加入能够提高水泥石抗CO_2与H_2S腐蚀的能力。

腐蚀前SBR胶乳水泥石的SEM分析图及其XRD谱线如图4.37所示。从SEM图可以看出，SBR胶乳在水泥石中形成了空间网状结构，网状结构互相编织而将水泥颗粒之间牢固地连接在一起，构成一个紧密的整体，使得水泥石具有较高的力学强度和抗冲击性能。同时可以看出由于胶乳颗粒的填充，水泥石中无明显的孔隙和裂隙结构存在。从XRD谱线可以看出，SBR胶乳水泥石主要物相组成为$Ca(OH)_2$、C—S—H、SiO_2以及未完全水化的C_3S，与普通水泥石相比，物相组成相同。

腐蚀后的SBR胶乳水泥石的表面和内部扫描电镜分析图如图4.38所示。从图4.38可以看出，腐蚀后的SBR胶乳水泥石表面结构仍较致密，无明显裂隙出现，还存在少量胶乳形成的网络结构，而腐蚀后的SBR胶乳水泥石内部中存在大量胶乳和C—S—H凝胶结构，使得水泥石中各颗粒之间具有较高的胶结强度。

(a)扫描电镜图

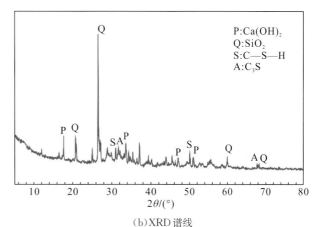

P:Ca(OH)$_2$
Q:SiO$_2$
S:C—S—H
A:C$_3$S

(b)XRD谱线

图 4.37　腐蚀前 SBR 胶乳水泥石扫描电镜图与 XRD 谱线

(a)表面

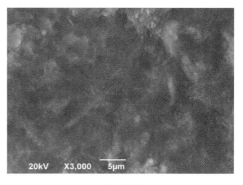

(b)内部

图 4.38　腐蚀后 SBR 胶乳水泥石表面/内部扫描电镜图

　　腐蚀后 SBR 胶乳水泥石的表面与内部的 XRD 物相分析谱线如图 4.39 所示。从腐蚀后水泥石表面 XRD 谱线可以分析得出，水泥石表面由于受到酸性气体腐蚀，Ca(OH)$_2$ 的特征峰，腐蚀产物仍以 CaCO$_3$ 和 CaSO$_4$ · 2H$_2$O 为主。相比之下，腐蚀后的水泥石内部仍有明显的 Ca(OH)$_2$ 特征峰但同时也出现了 CaCO$_3$ 的特征峰，说明水泥石内部虽然受到了腐蚀流体的腐蚀，但程度较轻，表明 SBR 胶乳水泥石具有良好的抗腐蚀能力。

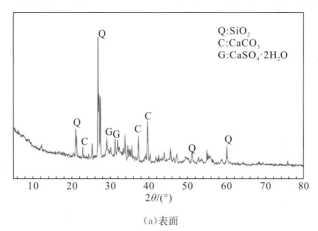

Q:SiO$_2$
C:CaCO$_3$
G:CaSO$_4$·2H$_2$O

(a)表面

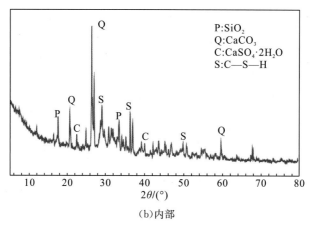

（b）内部

图4.39 腐蚀后SBR胶乳水泥石表面/内部XRD谱线

4.3.3 磷铝酸盐与硅酸盐复合水泥浆体系

磷铝酸盐水泥（PALC）的主要化学成分为 Al_2O_3、CaO、P_2O_5、SiO_2 以及少量的 MgO、Fe_2O_3、SO_3。磷铝酸盐水泥的主要水化产物为水化磷酸盐凝胶（C—P—H）、水化磷铝酸盐（C—A—P—H）、铝胶。从水化产物来说，由于不会生成易腐蚀的 $Ca(OH)_2$，其具有良好的抗腐蚀性能。

为优选出具有良好抗腐蚀能力的磷铝酸盐与硅酸盐复合水泥浆体系，首先将不同比例的磷铝酸盐水泥、硅酸盐水泥（G级油井水泥）、微硅、降失水剂和缓凝剂配制成密度为 $1.85g/cm^3$ 的水泥浆，然后分别在30℃、50℃以及70℃下养护7d后置于高温高压腐蚀釜进行腐蚀实验。然后通过腐蚀前后抗压强度变化对复合体系进行了优选，结果如图4.40所示。

从图4.40看出，加入3%～20%的磷铝酸盐水泥可以提高硅酸盐水泥在90℃腐蚀温度下的耐腐蚀性，但随着磷铝酸盐水泥的增加耐腐蚀性会逐渐降低。从图4.40（e）可以看出，70℃养护后的G+40%PALC水泥体系在腐蚀后，抗压强度明显增长，达49.7MPa，增长率为128%。同样从图4.40（f）可以看出，G+50%PALC水泥体系70℃养护后，其耐腐蚀性能同样优良。

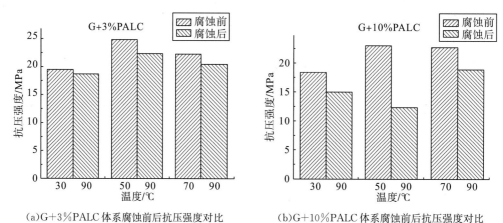

（a）G+3%PALC体系腐蚀前后抗压强度对比　　（b）G+10%PALC体系腐蚀前后抗压强度对比

图4.40 不同比例的复合水泥体系腐蚀前后抗压强度对比（$P_{CO_2}=3MPa$、$P_{N_2}=7MPa$，90℃，7d）

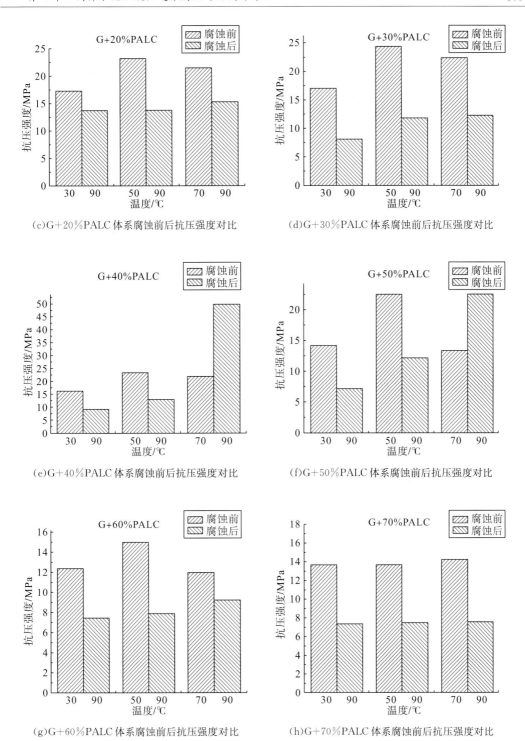

图 4.40　不同比例的复合水泥体系腐蚀前后抗压强度对比（P_{CO_2}=3MPa、P_{N_2}=7MPa，90℃，7d）（续）

将在 70℃ 下养护 7d 后的未腐蚀 G+40％PALC 复合水泥石进行 XRD 测试，结果如图 4.41 所示，可以看出腐蚀前的矿物组成主要为 $C_3AS_{1.25}H_{3.5}$、$Ca(OH)_2$、$Al(OH)_3$ 和 C_5P_3H。

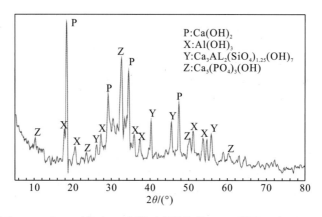

图 4.41　G+40％PALC 水泥石腐蚀前的 XRD 谱图（70℃，7 天）

G+40％PALC 水泥石在 70℃下养护 7d 后的再经过 CO_2 腐蚀后，由外到内的物相组成如图 4.42 所示。

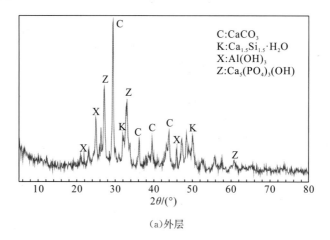

（a）外层

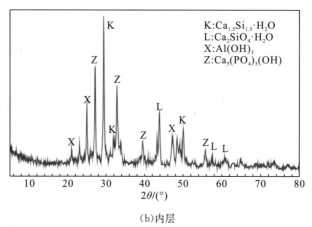

（b）内层

图 4.42　G+40％PALC CO_2 腐蚀后的 XRD 图谱

由图 4.42（a）可知，腐蚀后的 G＋40％ PALC 水泥石外层物相主要有 $CaCO_3$、$Ca_{1.5}SiO_{3.5} \cdot xH_2O$、$C_5P_3H$ 和 $Al(OH)_3$。由图 4.42（b）可知，腐蚀后的 G＋40％PALC

水泥石内层物相主要有 $Al(OH)_3$、$Ca_{1.5}SiO_{3.5} \cdot xH_2O$、$CaSiO_4 \cdot H_2O$ 和 C_5P_3H。G+40%PALC复合水泥体系由于在低温养护后仍存在 $Ca(OH)_2$，经 CO_2 腐蚀后生成了少量的 $CaCO_3$，但是由于其体系表面还含有 $Ca_{1.5}SiO_{3.5} \cdot xH_2O$、$C_5P_3H$ 和 $Al(OH)_3$，对水泥石形成了保护屏障，阻止了 CO_2 的入侵，并且 C_5P_3H 对复合水泥体系的耐腐蚀性能具有积极作用，所以 G+40%PALC 复合水泥体系的耐腐蚀性好。

图 4.43 为 G+40%PALC 水泥体系腐蚀后由外到内的微观形貌，由图可见，经腐蚀后水泥石的微观结构仍很致密，晶体错落相接，未发现因为腐蚀而产生的颗粒和空洞，水泥石越靠近中心部位，其微观形貌越致密、完整。

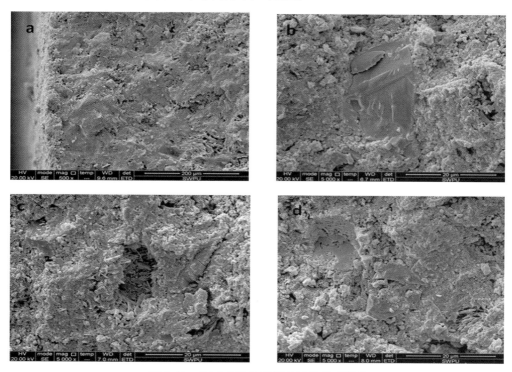

图 4.43　G+40%PALC 腐蚀后的微观形貌

4.3.4　锌盐水泥浆体系

由于 Zn^{2+} 与 S^- 能够结合生成稳定的不溶性硫化物 ZnS，所以含锌化合物如 $Zn(OH)_2$、$ZnCO_3$ 等常作为 H_2S 清除剂加入到钻井液中消除 H_2S 的危害。此外，锌盐也是一种传统的油井水泥缓凝剂。然而未对其加入到油井水泥中后对固井水泥石抗 H_2S 腐蚀的性能进行过研究。因此，借鉴钻井液中采用锌盐除硫的思路，本部分研究了不同加量的锌盐对油井水泥石抗 H_2S 腐蚀性能的影响。实验配方如表 4.12 所示。

表 4.12　锌盐水泥浆体系实验配方

配方编号	成分及含量
①	100%G 级油井水泥+40%水+5%10L+0.1%消泡剂
②	100%G 级油井水泥+40%水+5%10L+0.1%消泡剂+0.5%锌盐

配方编号	成分及含量
③	100％G级油井水泥＋40％水＋5％10L＋0.1％消泡剂＋0.75％锌盐
④	100％G级油井水泥＋40％水＋5％10L＋0.1％消泡剂＋1.5％锌盐

图 4.44 为不同配方水泥石 H_2S 环境中腐蚀 1d、3d、7d、14d、28d 后的抗压强度。从图中可以看出，净浆水泥石在 H_2S 环境中养护腐蚀后强度先有所增加，但在腐蚀后期强度发生大幅衰退。在 H_2S 环境中养护腐蚀 28d 后水泥石强度均有所降低，但是掺有锌盐的水泥石强度均高于净浆水泥石，其中掺量为 1.5％ 的水泥石比净浆水泥石强度高54％，说明锌盐降低了水泥石腐蚀后抗压强度的衰退率。

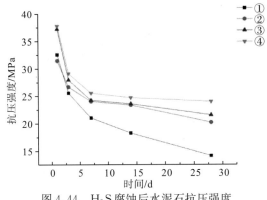

图 4.44　H_2S 腐蚀后水泥石抗压强度

图 4.45～图 4.46 为不同配方的水泥石试样在 H_2S 环境中腐蚀 1d、3d、7d、14d、28d 后的孔隙度及渗透率。可以看出，在腐蚀初期净浆水泥石和锌盐水泥石的孔隙度和渗透率均有所减小，这是由于水泥石内部未完全水化的熟料继续水化，使得水泥石密实度提高，对水泥石孔渗性能的影响起主导地位，而此时水泥石受到的腐蚀程度较小，对水泥石的孔渗性能的影响起次要作用。随着腐蚀的进行，腐蚀对水泥石孔渗性能的影响起主导地位，导致孔隙度和渗透率均相比于未腐蚀水泥石均明显增大，但相比之下，锌盐水泥石的孔隙度和渗透率增加幅度要远低于净浆水泥石，腐蚀 28d 后锌盐含量为 1.5％的水泥石比净浆水泥石孔隙度低 52％，渗透率低 72％，在实验加量范围内锌盐加量越多，孔隙度及渗透率增加幅度越低。

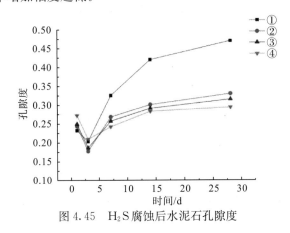

图 4.45　H_2S 腐蚀后水泥石孔隙度

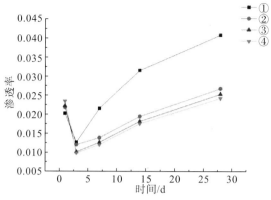

图 4.46　H₂S 腐蚀后水泥石渗透率

利用 SEM 对腐蚀 28d 后的净浆水泥石和锌盐水泥石断面微观形貌进行了观察，结果如图 4.47 所示。可以看出，水泥石试样腐蚀后孔隙都有所增加。净浆水泥石腐蚀后孔隙增加程度更严重，其表面疏松，大孔隙分布较密；而含锌盐的水泥石表面形成了一种比较致密且较厚的层状结构，其孔隙较少尤其大孔较少。图 4.48 为净浆水泥石和含 1.5％锌盐水泥石腐蚀后的 XRD 图谱。可以看出，含锌盐水泥石的 Ca(OH)₂、C—S—H 的衍射峰强度比净浆水泥石的衍射峰强度要大，且净浆水泥石中检测到了 CaSO₄·2H₂O 的生成，而含锌盐水泥石的腐蚀内层检测不到 CaSO₄·2H₂O 峰，但也没有明显的 ZnS 峰，这可能是锌盐加量较少或者所生成的物质结晶度差造成的。

(a)净浆水泥石腐蚀外层

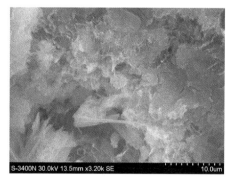
(b)净浆水泥石腐蚀内部

(c)含 1.5％锌盐水泥石腐蚀外层

(d)含 1.5％锌盐水泥石腐蚀内部

图 4.47　H₂S 腐蚀后净浆水泥石与锌盐水泥石微观结构图

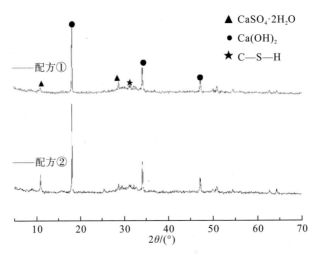

图 4.48 H₂S 腐蚀后净浆水泥石与锌盐水泥石 XRD 图谱

参 考 文 献

[1]车长波，杨虎林，李玉喜，等. 中国天然气勘探开发前景[J]. 天然气工业，2008，28(4)：1-4.

[2]叶慧平，王晶玫. 酸性气藏开发面临的技术挑战及相关对策[J]. 石油科技论坛，2009(4)：63-65.

[3]李鹭光. 高含硫气藏开发技术进展与发展方向[J]. 天然气工业，2013(1)：18-24.

[4]赵金洲. 我国高含 H₂S/CO₂ 气藏安全高效钻采的关键问题[J]. 天然气工业，2007，27(2)：141-144.

[5]Duguid A. The effect of carbonic acid on well cements[D]. Princeton：Princeton University，2006.

[6]Kutchko B G，Strazisar B R，Dzombak D A，et al. Degradation of Well Cement by CO₂ under Geologic Sequestration Conditions[J]. Environmental Science & Technology，2007，41(13)：4787-4792.

[7]Fabbri A，Corvisier J，Schubnel A，et al. Effect of carbonation on the hydro-mechanical properties of Portland cements[J]. Cement and Concrete Research，2009，39(12)：1156-1163.

[8]Satoh H，Shimoda S，Yamaguchi K，et al. The long-term corrosion behavior of abandoned wells under CO₂ geological storage conditions：(1) Experimental results for cement alteration[J]. Energy Procedia，2013(37)：5781-5792.

[9]Li Q Y，Lim Y M，Jun Y. Effects of sulfate during CO₂ attack on portland cement and their impacts on mechanical properties under geologic CO₂ sequestration conditions[J]. Environmental Science & Technology，2015，49(11)：7032-7041.

[10]Lécolier E，Rivereau A，Ferrer N，et al. Durability of oilwell cement formulations aged in H₂S-containing fluids [J]. SPE Drilling & Completion，2010，25(01)：90-95.

[11]Fakhreldin Y E. Durability of Portland Cement with and without Metal Oxide Weighting Material in a CO₂/H₂S Environment[C]//North Africa Technical Conference and Exhibition. Society of Petroleum Engineers，2012.

[12]Jacquemet N，Pironon J，Caroli E. A new experimental procedure for simulation of H₂S + CO₂ geological storage [J]. Oil & Gas Science and Technology，2005，60(1)：193-206.

[13]Jacquemet N，Pironon J，Saint-Marc J. Mineralogical changes of a well cement in various H₂S-CO₂(-brine) fluids at high pressure and temperature[J]. Environmental Science & Technology，2008，42(1)，282-288.

[14]Jacquemet N，Pironon J，Lagneau V，et al. Armouring of well cement in H₂S-CO₂ saturated brine by calcite coating – Experiments and numerical modelling[J]. Applied Geochemistry，2011(27)：782-795.

[15]Zhang L W，Dzombak D A，Nakles D V，et al. Characterization of pozzolan-amended wellbore cement exposed to CO₂ and H₂S gas mixtures under geologic carbon storage conditions[J]. International Journal of Greenhouse Gas Control，2013(19)：358-368.

［16］Zhang L W，Dzombak D A，Nakles D V，et al. Reactive transport modeling of interactions between acid gas (CO_2 + H_2S) and pozzolan-amended wellbore cement under geologic carbon sequestration conditions［J］. Energy & Fuels，2013，27(11)：6921-6937.

［17］Zhang L W，Dzombak D A，Nakles D V，et al. Effect of exposure environment on the interactions between acid gas (H_2S and CO_2) and pozzolan-amended wellbore cement under acid gas co-sequestration conditions［J］. International Journal of Greenhouse Gas Control，2014，27：309-318.

［18］Zhang L W，Dzombak D A，Nakles D V，et al. Rate of H_2S and CO_2 attack on pozzolan-amended Class H well cement under geologic sequestration conditions［J］. International Journal of Greenhouse Gas Control，2014，27：299-308.

［19］姚晓. 二氧化碳对油井水泥石的腐蚀：热力学条件、腐蚀机理及防护措施［J］. 西南石油学报，1998，20(3)：68-71.

［20］姚晓，唐明述. 油井水泥石 CO_2 腐蚀的热力学条件［J］. 油田化学，1999，16(1)：68-71.

［21］张景富，王珣，王宇，等. 油井水泥石的硫酸盐侵蚀［J］. 硅酸盐学报，2011，39(12)：2021-2026.

［22］张景富，王兆军，王宇，等. SO_4^{2-} 和 HCO_3^- 对油井水泥石的侵蚀研究［J］. 石油钻采工艺，2012，34(2)：37-40.

［23］张景富，徐明，朱健军，等. 二氧化碳对油井水泥石的腐蚀［J］. 硅酸盐学报，2007，35(12)：1651-1656.

［24］朱健军. CO_2 对油井水泥的腐蚀规律及应用研究［D］. 大庆：大庆石油学院，2006.

［25］张聪，张景富，彭邦洲，等. CO_2 腐蚀油井水泥石的深度及预测模型［J］. 硅酸盐学报，2010，39(9)：1782-1787.

［26］张聪，张景富，乔宏宇. CO_2 腐蚀油井水泥石的深度及其对性能的影响［J］. 钻井液与完井液，2010，27(6)：49-51.

［27］郭高峰. 侵蚀性 CO_2 对水泥基材料的腐蚀特性研究［D］. 广州：华南理工大学，2012.

［28］柏明星，谯志. 二氧化碳地质存储过程中注入井完整性分析［J］. 石油钻采工艺，2012，34(4)：85-88.

［29］柏明星，艾池，冯福平，等. 二氧化碳地质存储过程中沿井筒渗漏定性分析［J］. 地质评论，2013，59(1)：107-112.

［30］严思明，王杰，卿大咏，等. 硫化氢对固井水泥石腐蚀研究［J］. 油田化学. 2010(04)：366-370.

［31］郭志勤，赵庆，燕平，等. 油井水泥石抗腐蚀性能的研究［J］. 钻井液与完井液，2004，21(6)：37-40.

［32］刘维俊，姚晓，诸华军，等. H_2S 腐蚀油井水泥的热力学条件［J］. 石油化工应用，2011，30(6)：4-8.

［33］周仕明，王立志，杨广国，等. 高温环境下 CO_2 腐蚀水泥石规律的实验研究［J］. 石油钻探技术，2008，36(6)：1-4.

［34］马开华，周仕明，初永涛，等. 高温下 H_2S 气体腐蚀水泥石机理研究［J］. 石油钻探技术，2008，36(6)：4-8.

［35］乔林. 抗 CO_2 及 H_2S 腐蚀油井水泥体系的设计与性能研究［D］. 济南：济南大学，2010.

［36］杨振杰，王玎，吴志强，等. 硫化氢与硫酸腐蚀油井水泥石的对比［J］. 钻井液与完井液，2012，29(6)：54-58.

［37］辜涛. 高酸性气田环境下油井水泥石腐蚀机理研究［D］. 成都：西南石油大学，2013.

［38］唐庚，罗咏枫，程小伟，等. 川渝地区含硫气井固井水泥界面腐蚀机理分析［J］. 天然气工业，2011.

［39］王岩. 磷铝酸盐与硅酸盐复合水泥体系研究［D］. 成都：西南石油大学，2014.

［40］王升正. 碱式碳酸锌对油井水泥石抗 H_2S 腐蚀性能影响研究［D］. 成都：西南石油大学，2016.

第 5 章　稠油热采井铝酸盐水泥浆体系

我国稠油资源十分丰富，已探明油气储量数据表明，陆地、海洋稠油资源分别占油气资源的 27% 和 65%。稠油具有黏度高、密度大、流动性差等特点，用常规方法难以有效开采。国内外普遍采用热力采油方法降低稠油黏度、减小油流阻力，以期顺利开采稠油[1]。目前主要使用的热力采油方式分为两类：一类是把热量从地面通过井筒注入油层，如蒸汽驱或蒸汽吞吐，蒸汽温度高达 300~350℃；另一类是热量在油层内产生，如火烧油层，通过燃烧少量的地层原油产生热量降低原油黏度，油层燃烧温度可高达 750℃。

根据辽河油田、克拉玛依等国内稠油生产区块现场数据不完全统计，稠油井经过长时间生产后套管损坏率高达 30%~50%，井口带压及井场周围冒汽冒泡等层间互窜现象严重，致使油井开采效率极低，生产寿命极短，停产井的数量以平均每年 10% 的比例上升。热采井生产寿命短的主要原因是固井水泥环在经受反复多周期的蒸汽及火烧油层高温作用后，水泥水化产物发生高温转变，水泥石抗压强度衰退、渗透率增加，水泥环稳定性和封隔性能遭到破坏，从而直接影响井筒完整性[2-6]。

本章针对稠油热采井下水泥环周期性承受高低温环境作用，对常用的 G 级加砂水泥石高温强度衰退机理开展了分析，并通过材料优选与复配，形成了满足稠油热采井环境下长期性能要求的新型铝酸盐稠油热采水泥体系。

5.1　G 级加砂水泥石高温强度衰退分析

水泥石高温强度衰退是危害固井水泥环封隔性能和影响油气井固井质量的关键因素之一。为改善硅酸盐油井水泥石的高温强度衰退缺陷，目前，国内外普遍采取的办法是选取适当比例、粒度、种类的石英砂等硅质外掺料与 G 级油井水泥掺混，提高水泥石的 Si/Ca，形成耐高温性能较好的水化产物，从而提高水泥石的抗高温性能。

1964 年，Taylor 等对如何改善油井水泥石耐高温性能进行了研究，得出结论：普通硅酸盐水泥中加入 35%~40% 的石英粉，能够防止高温条件下水泥石水化产物转化为 $\alpha\text{-}C_2SH$，使水泥石保持较高强度和较低渗透率[7]。1985 年，美国学者 Nelson 和 Eilers 等研究了在 230℃ 条件下纯波兰特水泥的抗压强度和渗透率变化，发现纯波兰特水泥石养护 1 个月后，强度明显下降，变为要求数值的 1/3，渗透率急剧增大，变为要求数值的 10~100 倍[8]。Nelson 和 Eilers 等还研究了 35% 硅粉对 G 级油井水泥石性能的改善情况，实验分别考察了 230℃、320℃ 条件下水泥石强度和渗透率变化，结果表明：干热环境下加有 35% 硅石粉的水泥石能够保持良好的抗压强度[9,10]。

国内学者张景富、徐明等研究了 80~200℃ 温度油井水泥水化硬化机理，确定了 110℃ 和 150℃ 分别为 G 级油井水泥强度衰退的 2 个临界点；同时分析石英砂加量对 G 级油井水泥石强度的影响，得出石英砂最优加量为 30%～40%[10,11]。杨智光等分析了 220～320℃温度水泥石的强度变化，结果表明：250℃为原浆水泥石强度衰退的 1 个临界温度点。温度越高，水泥石强度衰退幅度越大，衰退速度越快；当温度超过 300℃后，养护 3d 后水泥石强度低至 3MPa[12]。2010 年，张颖、陈大钧等研究了不同温度条件下硅砂粒径对水泥石强度发展的影响，以及不同钙硅比在不同高温梯度下对油井水泥石强度衰退的影响，得出结论：硅砂粒径对水泥石强度衰退有重要影响。硅砂粒径越小，水泥石强度衰退越小，最佳硅砂粒径为 1000 目。钙硅比范围为 0.6～1.1 时，水泥石强度随温度的增加而受钙硅比的影响越来越小[13]。同年，李早元、程小伟等提出评价加砂水泥石的热稳定性不仅需要考察石英砂的细度、纯度以及晶型等对水泥石力学性能的影响，同时应该注重研究多轮次高低温循环条件对水泥石力学性能的影响[14]。

目前，有关加砂水泥石的物化性能研究缺乏环境针对性，在研究中未考虑蒸汽循环开采条件下的高低温循环和水湿环境对水泥石物化性能的影响，对加砂水泥石的现场适用温度、水湿环境及工况变化缺乏针对性研究。

5.1.1 G 级油井水泥基材及辅材性能

1. G 级油井水泥

油井水泥的化学组成、水化性能、加量直接影响到水泥材料凝固后的宏观和微观性能。表 5.1 是嘉华 G 级水泥的化学组成，其主要成分是 CaO、SiO_2、Al_2O_3、Fe_2O_3 等。

表 5.1 嘉华 G 级水泥的化学组成

材料	CaO	SiO_2	Al_2O_3	Fe_2O_3	MgO	Na_2O+K_2O	SO_3	烧失量
质量分数/%	64.06	22.31	3.60	4.76	1.29	0.41	2.48	0.96

G 级水泥的主要水化产物包括各种形态的水化硅酸钙（通式为 C—S—H）、水化铝酸钙、铁铝酸钙、氢氧化钙（CH）和少量钙矾石（AFt）。已知水化硅酸钙种类主要有斜方硅钙石（C_3S_2）、柱硅钙石（$C_3S_2H_3$）、雪硅钙石（$C_5S_6H_{5.5}$）、硬硅钙石（C_6S_6H）、针硅钙石（$C_2SH_{1.17}$）等，其中 Si/Ca 越接近于 1，水化产物的抗高温性能越好[15,16]。

温度对水泥石水化产物的组成和结构也有较大的影响。当温度低于 110℃时，所形成的 C—S—H 凝胶能够在水泥石中形成良好的网络状结构，是维持水泥石良好的强度及抗渗透性能的主要成分（图 5.1）。当温度高于 110℃时，G 级油井水泥石中 C—S—H 凝胶转化成其他晶形，如 C_2SH 等，从而引起固井水泥石强度衰退；随着温度升高，这种水化硅酸钙的结晶将明显变大，变为团块状，从而致使硬化水泥石的结构应力局部集中，削弱和破坏水泥石的强度。

2. 石英砂

石英砂是一种坚硬、耐磨、化学性能稳定的硅酸盐矿物，其主要矿物成分是 SiO_2。石英砂被广泛用于高温深井和稠油热采井固井水泥浆体系中以防止水泥石高温强度衰退[17,18]。目前热采井现场固井用石英砂平均粒度为 120～150μm，然而不同产地、晶型、纯度的石英砂对加砂水泥石的抗高温性能有着极大的影响，本书选取了四种粒度相近但产地不同的石英砂，如表 5.2 所示。

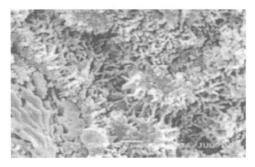 

C—S—H（Ⅰ）　　　　　　　　　　　　　　　　　　　C—S—H（Ⅱ）

图 5.1　G 级油井水泥石 C—S—H 结构图

表 5.2　四种石英砂粒度及类型分布表

类型	产地	平均粒度/μm
石英砂Ⅰ	产地 1	135
石英砂Ⅱ	产地 2	132
石英砂Ⅳ	产地 3	128
石英砂Ⅲ	产地 4	137

5.1.2　低温条件下石英砂对水泥石抗压强度的影响

通常情况下，热采井固井水泥石在现在井内低温条件下硬化成型，再进入高温热采环境服役，故本书首先开展了低温（50℃）和高温（315℃）条件下加砂 G 级油井水泥石的性能评价。评价过程是在 G 级油井水泥中分别加入 10％、20％、30％和 40％的四种石英砂（石英砂Ⅰ、石英砂Ⅱ、石英砂Ⅲ和石英砂Ⅳ），并将配制好的水泥浆置于 50℃水湿环境中养护 1d、3d 和 7d，最后测试分析低温养护条件下石英砂种类和加量对水泥石力学性能的影响规律[19]。

1. 石英砂Ⅰ对水泥石低温强度的影响

图 5.2 为加入不同掺量石英砂Ⅰ的油井水泥石在 50℃养护条件下的强度发展规律。由图可知，加入石英砂Ⅰ后，水泥石的强度会有较大幅度的降低，但不同石英砂Ⅰ加量条件下的强度变化趋势较平缓，而随着养护时间的增加，水泥石抗压强度有所增加。

2. 石英砂Ⅱ对水泥石低温强度的影响

图 5.3 为加入不同掺量石英砂Ⅱ的水泥石在 50℃养护条件下的强度发展规律。由图可知，在石英砂Ⅱ加量为 10％的条件下，水泥石强度有一定幅度的降低，但当石英砂加量提高到 20％以上后，随着养护时间的增加，水泥石强度又逐渐提高，当石英砂掺量为40％时，养护 7d 后可获得最大强度。

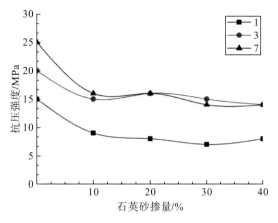

图 5.2 不同石英砂Ⅰ掺量水泥石 50℃条件下强度发展规律

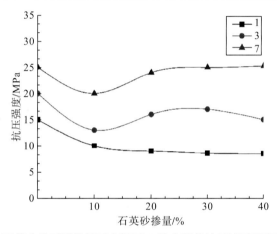

图 5.3 石英砂Ⅱ不同掺量下水泥石 50℃水湿养护环境下强度发展规律

3. 石英砂Ⅲ对水泥石低温强度的影响

图 5.4 为加入不同掺量石英砂Ⅲ的水泥石在 50℃养护条件下的强度发展规律。由图可知，石英砂Ⅲ加入后会降低水泥石的强度，当石英砂Ⅲ加量超过 20%后，强度变化趋势较平缓，而随着养护时间的增加，水泥石抗压强度有所增加。

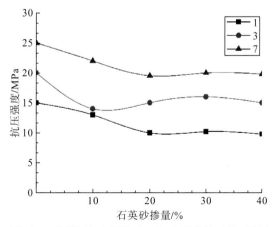

图 5.4 石英砂Ⅲ不同掺量下水泥石 50℃水湿养护环境下强度发展规律

4. 石英砂Ⅳ对水泥石低温强度的影响

图 5.5 为加入不同掺量石英砂Ⅳ的水泥石在 50℃养护条件下的强度发展规律。由图可知，加入石英砂Ⅳ后，水泥石的强度会有较大幅度的降低，且加量越大，强度降低的幅度越大。

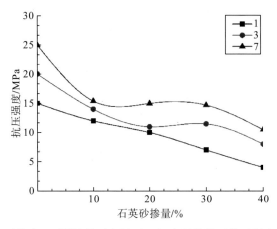

图 5.5　石英砂Ⅳ不同掺量下水泥石 50℃水湿养护环境下强度发展规律

对比分析四种石英砂对 G 级油井水泥石强度发展的影响，可以看出在低温条件下石英砂Ⅱ对水泥石强度发展的影响较小，而石英砂Ⅳ对水泥石强度的影响最大。通过对比分析 50℃下养护 7d 后的加 40％石英砂Ⅱ水泥石 XRD 图谱(图 5.6)与加 40％石英砂Ⅳ水泥石 XRD 图谱(图 5.7)可以看出：两种加砂水泥石的主要物相组成均为 $Ca(OH)_2$、SiO_2、C_3ASH_4 和 CA_2SH_x，但掺有石英砂Ⅱ的水泥石中 $Ca(OH)_2$、SiO_2 的衍射峰强度要明显低于掺有石英砂Ⅳ的水泥石，且 C_3ASH_4 和 CA_2SH_x 的峰强也较高。这就表明石英砂Ⅱ的活性较高，能够与水泥水化形成的 $Ca(OH)_2$ 反应，生成更多有利于水泥石强度发展的水化产物。

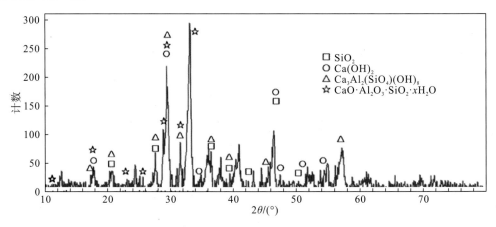

图 5.6　加 40％石英砂Ⅱ水泥石的 XRD 图谱(50℃，7d)

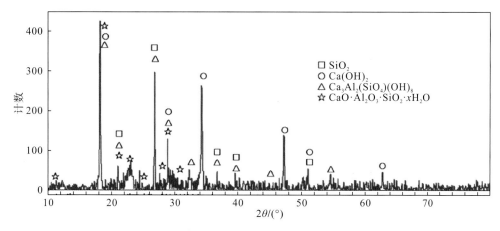

图 5.7　加 40％石英砂Ⅳ水泥石的 XRD 图谱(50℃，7d)

5.1.3　多周期高低温循环对加砂水泥石强度影响

在实际作业中，稠油油藏会经历多轮次的高温蒸汽吞吐，水泥环也会经受多周期的高低温循环作用。通过将石英砂掺量为 40％的不同类型加砂 G 级油井水泥石先经 50℃水湿养护环境下养护 7d 后，再经 315℃湿热环境养护 7d，如此作为模拟稠油热采井的一个热采周期，反复养护 7 个周期后，开展了多个轮次高温蒸汽吞吐模拟实验。结果如图 5.8所示。

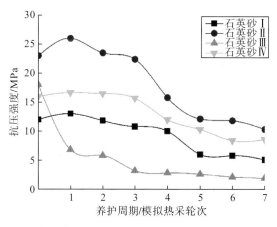

图 5.8　加砂水泥石经多周期高低温养护强度衰退对比图

从图 5.8 中可以看出，在经过 315℃湿热环境反复养护 7 个周期后，加石英砂Ⅰ水泥石从第 2 个周期开始出现强度衰退，且在第 5 个周期后强度衰退明显，强度衰退率达到50％；加石英砂Ⅱ水泥石在第 1 个周期出现了强度增加，而从第 2 个周期才开始出现小幅的强度衰退，直到第 4 周期后才有明显的强度衰退明显并逐渐平稳，养护 7 个周期后水泥石强度衰退率达到 50％；加石英砂Ⅲ水泥石从第 1 个周期就开始出现严重的强度衰退，在第 3 个养护周期后强度逐渐平稳，第 7 个养护周期结束后，强度衰退率达到 90％；加石英砂Ⅳ水泥石从第 4 个周开始出现强度衰退，直到第 4 周期后强度衰退明显，养护 7个周期后水泥石强度衰退率达到 50％。通过对比分析养护 3 个周期后的加 40％石英砂Ⅱ

水泥石 XRD 图谱(图 5.9)与加 40%石英砂Ⅲ水泥石 XRD 图谱(图 5.10)可以看出：加有石英砂Ⅱ的水泥石在经过高低温循环养护后，其主要物相组成为 C_6S_6H，该水化产物晶体发育度较高，结构排列紧凑，使得水泥石高温下仍能保持较高的强度。而加有 40%石英砂Ⅲ的水泥石其主要物相组成为 $Ca(OH)_2$、SiO_2、C_3ASH_4 和 $CaO \cdot Al_2O_3 \cdot SiO_2 \cdot xH_2O$ 等，但各物相的峰强度都较低且峰形变得杂乱，说明经过高温后各物相含量降低且有未知新物相生成，导致强度降低。

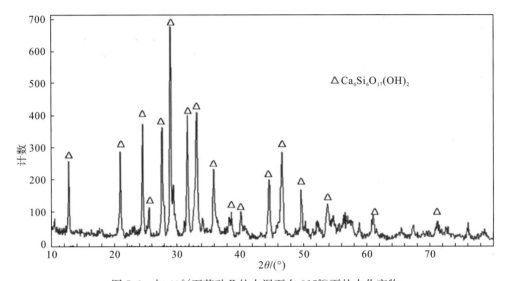

图 5.9　加 40%石英砂Ⅱ的水泥石在 315℃下的水化产物

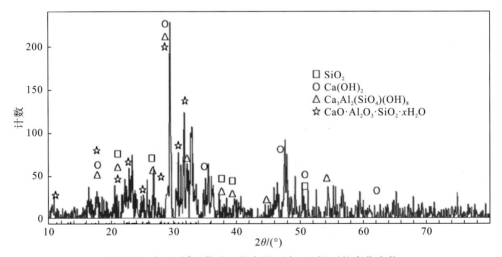

图 5.10　加 40%石英砂Ⅲ的水泥石在 315℃下的水化产物

5.2　稠油热采井铝酸盐水泥浆体系研究

从以上结果分析可以看出，选用活性较高的石英砂有助于提高水泥石抗高温强度衰退，但即便如此，在经过多轮次的高温蒸汽吞吐后，加砂水泥石的强度仍会大幅衰退，不能满足长期高低温循环开采对固井水泥环的要求，需开发新型稠油热采固井水泥浆体系。铝酸盐水泥具有快硬、高强、耐高温等特点，广泛用于抢修工程、军事工程、冬季施工、耐火混凝土中[20]。鉴于铝酸盐水泥具有高温耐火材料的特性，将铝酸盐水泥浆体系应用于稠油热采井固井施工成为可能[21]。

1990 年，英国学者 Majumdar 和 Singh 指出，铝酸盐水泥具有很高的早期强度，特别是在低温条件下尤为明显，但在温度大于 20℃和水灰比大于 0.4 时，后期强度将会大幅下降[22]。并在 1992 年指出强度衰退的原因是在反应过程中六方体水化物 CAH_{10} 和 C_2AH_8 生成立方体水化物 C_3AH_6[23]。1994~1995 年，英国谢菲尔德 Hallam 大学的 Collepardi 通过研究发现，铝酸盐水泥与硅酸盐水泥按一定比例进行混合后的体系生成六方体水化物 C_2AH_8，能够维持水泥石较高的早期强度，从而解决铝酸盐水泥大于 20℃强度衰退的情况[24]。1996 年意大利学者 Saveria Monosi 的研究表明，通过减水剂同样使得铝酸盐水泥在大于 20℃条件下生成六方体水合物 C_2AH_8，维持水泥石早期强度不变[25]。

在改善高铝水泥耐久性方面，国内学者进行过较多的研究，如通过掺入减水剂改善孔结构以增加晶型转变的动力学阻力，控制养护的温湿度条件以延缓水化产物的晶型转变以及采用聚合物与磷酸盐对高铝水泥改性，但上述改性措施或者存在改性效果不明显，或者改性较复杂，成本较高而难以推广，或存在水泥强度特别是早期强度损失较多的缺陷。重庆大学的彭家惠采用二水石膏与沸石对铝酸盐水泥进行改性，这是一种膨胀型低碱度水泥，水化产物是钙矾石和铝胶，避免了铝酸盐水泥的晶型转变，从根本上提高了耐久性[26-27]。武汉工业大学的沈威和龙世宗通过掺重晶石、$CaCO_3$ 和硅灰来提高铝酸盐水泥的强度，使后期强度稳定。研究表明，重晶石可降低水泥需水量并可抑制水化铝酸钙的晶型转变[28]。西安建筑科技大学的曹怡研究表明，减水剂木质磺酸盐、萘磺酸盐甲缩聚合物和磺化三聚氰胺甲醛对铝酸盐水泥具有减水作用，对改善新拌铝酸盐水泥胶砂和易性有利[29]。

国内外鲜有将铝酸盐水泥应用于固井工程的报道。但是，国外学者和石油公司曾做过此方面的尝试，2000 年，Villar 提出由 20%~45%铝酸盐水泥与微细粒子、中空微珠以及分散剂、促凝剂等组成的水泥体系，其中，铝酸盐水泥钙铝比 C/A 为 1，铝酸钙含量不小于 40%，水化时，CA 形成 CAH_{10} 六方体水化物，有利于快速形成抗压强度，在 20℃时，80%的强度在 24h 内形成，而普通波特兰水泥则需要几天，该体系用于北极地区深水井固井，效果良好[30]。埃克森美孚的 Benge 在 2005 年的国际石油技术大会谈到，铝酸盐水泥在高速率酸性气体井中能够耐二氧化碳腐蚀，保证高酸性井的固井质量[31]。K. M. Suyan 在 2006 年印度钻井技术交流暨展览会中提到，将铝酸盐水泥作为添加剂加入硅酸盐水泥中制成膨胀水泥，该体系能够在稠油热采井蒸汽吞吐过程中提供良好的延展性和热稳定性[32]。国内西南石油大学郭小阳、李早元在前人研究的基础上分析铝酸盐水泥的特点，提出评价铝酸盐水泥石的热稳定性应重点考察高低温循环条件下水泥石的力学性能变化[33-36]。

5.2.1　铝酸盐水泥基材及辅材性能

1. 铝酸盐水泥基材性能

铝酸盐水泥主要用于高温耐火材料等方面，目前主要采用国内某厂生产的典型铝酸盐水泥，其主要化学组分如表 5.3 所示。

表 5.3　铝酸盐水泥的化学组成（质量分数）

材料	R_2O	SiO_2	Al_2O_3	CaO	Fe_2O_3	其他
质量分数/％	0.2~0.6	4~6	50~70	30~50	1~2	1.5

铝酸一钙（$CaO \cdot Al_2O_3$）是铝酸盐水泥的主要矿物组成，其晶体结构中钙、铝的配位极不规则，水化极快，其主要水化产物为 CAH_{10}（$1.72g/cm^3$）、C_2AH_8（$1.95g/cm^3$）和 C_3AH_6（$2.52g/cm^3$）。其微观形貌如图 5.11 所示。

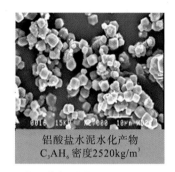

铝酸盐水泥水化产物
CAH_{10} 密度1720kg/m³

铝酸盐水泥水化产物
C_2AH_8 密度1950kg/m³

铝酸盐水泥水化产物
C_3AH_6 密度2520kg/m³

图 5.11　铝酸盐水泥水化产物 CAH_{10}、C_2AH_8 和 C_3AH_6 微观分析图片

不同温度下铝酸盐水泥强度变化差异很大。当温度<15℃时，水化反应式为

$$CaO \cdot Al_2O_3 + 10H_2O \longrightarrow CaO \cdot Al_2O_3 \cdot 10H_2O(CAH_{10}) \qquad (5\text{-}1)$$

一般认为，这时主要生成水化产物为 CAH_{10}（$1.72g/cm^3$），它属于六方晶系，形成坚强的结晶结合体，形成的其他产物充填于晶体骨架的孔隙，结合水量大，所以孔隙率很低，水泥石结构致密，抗压强度高。

当温度为 15~30℃时，水化反应式为

$$CaO \cdot Al_2O_3 + 10H_2O \longrightarrow CaO \cdot Al_2O_3 \cdot 10H_2O(CAH_{10}) \qquad (5\text{-}2)$$

$$2CaO \cdot Al_2O_3 + 11H_2O \longrightarrow 2CaO \cdot Al_2O_3 \cdot 8H_2O(C_2AH_8) + Al_2O_3 \cdot 3H_2O \qquad (5\text{-}3)$$

一般认为，这时 CAH_{10}（$1.72g/cm^3$）和 C_2AH_8（$1.95g/cm^3$）同时生成，一起共存，其相对比例则随温度的提高而减少，随着 CAH_{10} 减少，C_2AH_8 增加，水泥石强度开始降低。

当温度>30℃时，水化反应式为

$$3(CaO \cdot Al_2O_3) + 12H_2O \longrightarrow 3CaO \cdot Al_2O_3 \cdot 6H_2O + 2(Al_2O_3 \cdot 3H_2O) \qquad (5\text{-}4)$$

一般认为，这时产生的 C_3AH_6（$2.52g/cm^3$）为主要水化产物，它属于立方晶系，基本上是尺寸相同或相近的晶体，经常伴有错位等较多缺陷的存在，晶体间相互连生效果较差，骨架结构强度较弱，孔隙率较大，所以由 C_3AH_6 为主晶体结构形成的水泥石强度较低。因此，通过外掺料、外加剂优选调控铝酸盐水泥水化产物的晶体形成是将其应用于稠油热采井的关键。

2. 外掺料的初步优选

国内外资料调研表明，粉煤灰（FMH）、高温稳定剂（GZ）和超细水泥等对铝酸盐水泥具有良好的改性作用，能够改善铝酸盐水泥的低温强度发展，同时对提高铝酸盐水泥材料的高温强度有很大帮助。粉煤灰本身略有或没有水硬胶凝性能，但当以粉状及水存在时，能在常温，特别是在水热养护条件下，与碱土金属氢氧化物发生碱激活反应，生成具有水硬胶凝性能的化合物，成为一种增加强度和耐久性的材料。超细水泥是具有与 G 级水泥相同组分的硅酸盐活性充填材料，可与水发生水化反应，且由于其颗粒尺寸超细，可充填小孔隙，提高水泥石的密实度和强度。

5.2.2　低温条件下外掺料对铝酸盐水泥石强度的影响

1. 粉煤灰对铝酸盐水泥石强度影响规律

将粉煤灰分别按照 10%、20%、30% 和 40% 的比例掺入到铝酸盐水泥中，配制密度为 1.85g/cm³ 的水泥浆，并在 50℃ 的恒温水浴箱中养护 1d、3d 和 7d，分别考察其强度变化规律，结果如图 5.12 所示。由图可知，水泥石养护 1d 后，掺入 10% 粉煤灰的铝酸盐水泥石抗压强度低于纯铝酸盐水泥石，其他比例均高于纯铝酸盐水泥石；养护 3d 和 7d 后，粉煤灰水泥石强度均高于纯铝酸盐水泥石，且抗压强度随着粉煤灰比例的增加而增大。整体而言，随着养护时间增加，粉煤灰铝酸盐水泥石的抗压强度发展较为稳定，呈现逐步增加的趋势。与纯铝酸盐水泥对比，掺有 30% 粉煤灰和 40% 粉煤灰的铝酸盐水泥的早期强度较高，其中 30% 粉煤灰的强度变化更为稳定。

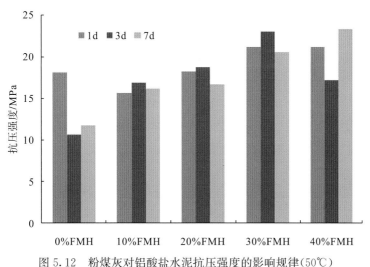

图 5.12　粉煤灰对铝酸盐水泥抗压强度的影响规律（50℃）

2. 高温稳定剂对铝酸盐水泥强度影响规律

同样地，将高温稳定剂分别按照 10%、20%、30% 和 40% 的比例掺入到铝酸盐水泥中，配制密度为 1.85g/cm³ 的水泥浆，并在 50℃ 的恒温水浴箱中养护 1d、3d 和 7d，分别考察其强度变化规律，结果如图 5.13 所示。由图可知，加有高温稳定剂的铝酸盐水泥石强度发展较慢。1d 的强度中，只有加 40% 高温稳定剂的铝酸盐水泥石和纯铝酸盐水泥石差不多，其他比例随着高温稳定剂的增加而减小；但 3d 和 7d 的强度中，加有高温稳定剂的铝酸盐水泥石均高于纯铝酸盐水泥石，整体强度仍较低，通过延长考察时间，发现 10d 的强度中，加有高温稳定剂的铝酸盐水泥石强度均较高，且抗压强度随着高温稳定剂比例的增加而增大。整体而言，随着养护时间的增加，掺有高温稳定剂的水泥石抗压强度发展较为稳定，均呈现逐步增大的趋势。与纯铝酸盐水泥对比，掺有 40％高温稳定剂的铝酸盐水泥的早期强度较高。

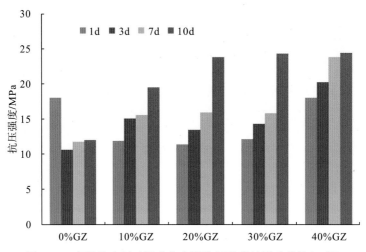

图 5.13　高温稳定剂对铝酸盐水泥抗压强度的影响规律（50℃）

3. 超细水泥对铝酸盐水泥强度影响规律

将超细水泥分别按照 10％、20％、30％和 40％的比例掺入到铝酸盐水泥中，配制密度为 1.85g/cm³ 的水泥浆，并在 50℃的恒温水浴箱中养护 1d、3d 和 7d，分别考察其强度变化规律，结果见图 5.14。由图可知，加入超细水泥之后，铝酸盐水泥石的抗压强度随着超细水泥比例的增加而变小。虽然随着养护时间增加，掺有超细水泥的水泥石抗压强度逐渐增大，但与纯铝酸盐水泥对比，水泥石早期强度较低，强度发展太慢，且增长幅度较小，不满足固井施工要求。

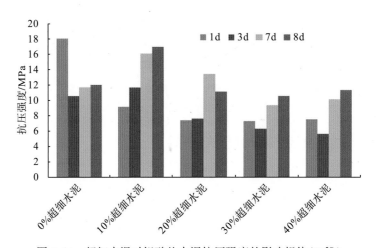

图 5.14　超细水泥对铝酸盐水泥抗压强度的影响规律（50℃）

5.2.3　高温条件下外掺料对铝酸盐水泥石强度的影响

将 50℃水浴中养护 168h 后的水泥石置于 315℃、20.7MPa 的增压养护釜里养护 7d，考察高温前后水泥石抗压强度的变化，以此来评价掺有不同比例外掺料的铝酸盐水泥石耐高温性能，最终选择出对铝酸盐水泥改性效果较好的外掺料以及最佳比例。

1. 粉煤灰对铝酸盐水泥耐高温性能的影响

不同粉煤灰掺量的铝酸盐水泥石在高温前后的强度变化实验结果见图 5.15。由图可知，经过 315℃的高温养护 7d 后，加有 10% 和 20% 粉煤灰的水泥石强度都出现了严重衰退；而加有 30% 粉煤灰的铝酸盐水泥石高温前后的抗压强度基本保持一致，说明其耐高温性能良好；加有 40% 粉煤灰的水泥石高温后的强度较高温前高。结合低温下（50℃）的实验结果，可以认为 30% 和 40% 掺量的粉煤灰对铝酸盐水泥的改性效果较好。

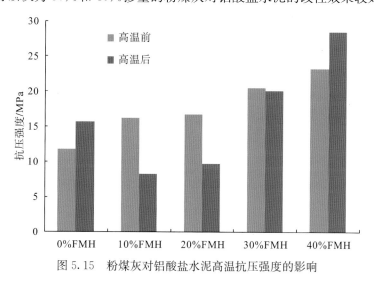

图 5.15　粉煤灰对铝酸盐水泥高温抗压强度的影响

2. 高温稳定剂对铝酸盐水泥耐高温性能的影响

通过对比不同掺量高温稳定剂的铝酸盐水泥石在高温前后的强度，得出高温稳定剂最佳掺量比例，结果见图 5.16。由图可知，经过 315℃的高温养护 7d 后，加有 10%、20% 和 30% 高温稳定剂的铝酸盐水泥石强度都出现了严重衰退；而加有 40% 高温稳定剂的铝酸盐水泥石高温前后的抗压强度基本保持一致，说明其耐高温性能良好。结合低温下（50℃）的结果来看，40% 掺量的高温稳定剂对铝酸盐水泥的改性效果较好。

3. 超细水泥对铝酸盐水泥耐高温性能的影响

通过对比不同掺量超细水泥的铝酸盐水泥石在高温前后的强度，得出超细水泥最佳掺量比例，结果见图 5.17。由图可知，经过高温 315℃养护 7d 后，加有 10%、20%、30% 和 40% 超细水泥的铝酸盐水泥石强度和高温前的强度基本保持一致，但整体强度仍较低。结合低温下（50℃）实验结果来看，超细水泥不适用于铝酸盐水泥改性。

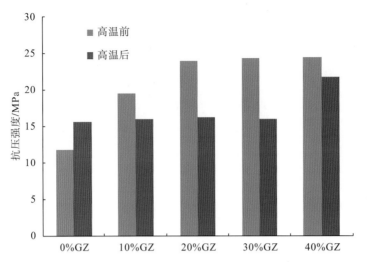

图 5.16　高温稳定剂对铝酸盐水泥高温抗压强度的影响

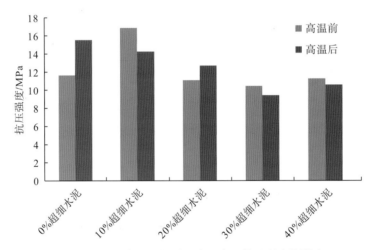

图 5.17　超细水泥对铝酸盐水泥高温抗压强度的影响

　　与纯铝酸盐水泥对比,掺有超细水泥的铝酸盐水泥的早期强度较低,强度速度发展太慢。高温之后,加有 30%、40% 粉煤灰以及 40% 高温稳定剂的铝酸盐水泥石耐高温性能有较大的提高。然而,通过实验研究发现:不同产地、不同批次的粉煤灰和高温稳定剂性能差异较大,对铝酸盐水泥石的强度影响也很大,实验结果的重复性极低。而目前高温稳定剂可以实现工业化生产,相对来说较为成熟稳定,故后期主要采用高温稳定剂来对铝酸盐水泥进行改性。

5.2.4　改性铝酸盐水泥体系综合性能研究

1. 铝酸盐水泥浆体系的工程性能

　　针对稠油热采井固井的工况条件,在外掺料和外加剂研究的基础上,对铝酸盐水泥的基本性能(流动度、失水量、稳定性、稠化时间、抗压强度等)进行考察,最终确定出了适用于稠油热采井固井的铝酸盐水泥浆基础配方。本书以辽河油田 Q 区块试验井的研究背景设计水泥浆体系，水泥浆密度为 $1.85g/cm^3$，实验循环温度为 45℃。通过对水泥外加剂进行调整，确定水泥浆配方，结果见表 5.4。

表 5.4　铝酸盐水泥浆体系配方

编号	配方
1♯	铝酸盐水泥+40%高温稳定剂+1.5%降失水剂+0.3%缓凝剂+水
2♯	铝酸盐水泥+40%高温稳定剂+1.5%降失水剂+0.5%缓凝剂+水
3♯	铝酸盐水泥+40%高温稳定剂+2.5%降失水剂+0.4%缓凝剂+水

2. 水泥浆常规性能

通过对外加剂及其加量的筛选和调整，选出了适合铝酸盐水泥浆体系的外加剂，并调节出了满足现场施工要求的工程性能，铝酸盐水泥浆配方的常规性能见表 5.5。

表 5.5　铝酸盐水泥浆体系综合性能

编号	流动度 /cm	自由水 /%	稳定性 /(g/cm³)	API 失水 /mL	旋转黏度计读数 φ (600/300/200/100/6/3)
1♯	25	0.5	0.03	58	153/73/47/2/1/1
2♯	24	0.45	0.02	50	114/56/39/19/2/1
3♯	23.5	0.3	0.02	26	268/139/44/4/3

注：循环温度：45℃；井底静止温度：50℃。

从表 5.5 可看出，铝酸盐水泥浆具有良好的流动性，浆体沉降稳定性良好，API 失水量可控制在 50mL 以内，满足固井施工的要求。

3. 水泥浆的稠化时间和早期强度发展

考察了 1♯～3♯ 配方的稠化时间和水泥石早期抗压强度，实验结果见表 5.6。

表 5.6　铝酸盐水泥浆的早期抗压强度

编号	稠化时间/min	24h 抗压强度/MPa	48h 抗压强度/MPa
1♯	161	17.48	19.02
2♯	131	14.85	18.82
3♯	102	18.52	25.55

注：抗压强度为 50℃常压养护 24h 和 48h 后测得；稠化实验条件为 50℃×10MPa。

由表 5.6 可知，通过外加剂与外掺料的协同作用，能够在保证铝酸盐水泥浆在满足现场施工时间情况下，具有良好的早硬、高强性能，具备优异的早期抗压强度。水泥石能够在低温条件下迅速凝结硬化，水泥石 24h 抗压强度均在 14MPa 以上，水泥石的早期强度较高，有利于缩短低温固井候凝时间，可有效满足稠油热采井固井对固井水泥低温下快速凝结的要求。

4. 水泥石的耐温性能

表 5.7 是 3♯ 配方水泥石样品在 50℃（井底静止温度）下养护 7d 后，再在两个周期热

循环湿热条件下抗压强度和渗透率的变化情况。

表 5.7　加有 30% 高温稳定剂的铝酸盐水泥石(配方 3#)高温前后性能对比

测试项目	养护温度、压力及时间		
	50℃×0.1MPa×7d	315℃×20.7MPa×7d 第一轮	315℃×20.7MPa×7d 第二轮
抗压强度(MPa)	33.64	25.49	25.83
渗透率(mD)	0.0112	0.0338	0.0374

注：低温渗透率是水泥石经 50℃ 常压养护 7d 后测试，测试条件为 50℃、3.5MPa；高温渗透率是水泥石经 50℃ 常压养护 7d 后，再经 315℃、20.7MPa 养护 7d 后测试，测试条件为 50℃、3.5MPa。

从表 5.7 可看出，加有 40% 高温稳定剂的铝酸盐水泥石经过第一轮高温养护后，抗压强度降低约 20%，渗透率有一定程度增加，但抗压强度仍能达到 25MPa，渗透率小于0.05mD；第二轮高温养护后，与第一轮高温养护结果相比，水泥石的抗压强度和渗透率没有出现强度衰退、渗透率增大的现象，说明其后期耐高温性能良好。

5. 水泥石长期稳定性

铝酸盐水泥作为一种新型水泥引入稠油热采井固井材料当中，其强度的长期稳定性是关键考察因素。图 5.18 是 3# 配方在 45℃、60℃、75℃ 养护温度下的长期抗压强度发展变化情况。由图可知，随着养护时间增加，铝酸盐水泥石抗压强度逐步增大，养护14d 后水泥石的抗压强度基本保持稳定，28d 和 60d 后抗压强度没有发生降低现象，说明调节出的铝酸盐水泥石具有长期稳定性，耐久性能良好。

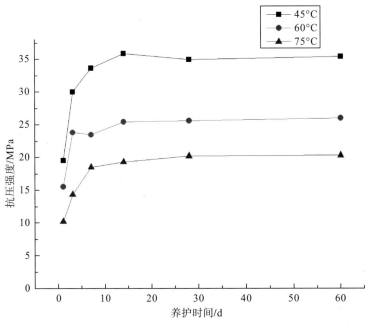

图 5.18　铝酸盐水泥石长期稳定性

5.2.5　改性铝酸盐水泥石耐温机理分析

图 5.19 为加入 40％高温稳定剂的改性铝酸盐水泥石在 50℃、常压水湿环境下养护 7d 的 XRD 图。由图可知，其主要水化产物为 C_2ASH_8、C_2AS、$Al(OH)_3$、C_3ASH_4 和部分 SiO_2。加入高温稳定剂后，铝酸盐水泥低温下生成水化钙铝黄长石 C_2ASH_8，该物质的大量生成避免了 CAH_{10} 和 C_2AH_8 因转化为 C_3AH_6 而产生的强度下降，使得铝酸盐水泥在低温具有较高的强度。

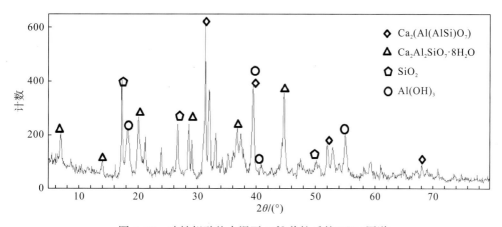

图 5.19　改性铝酸盐水泥石 50℃养护后的 XRD 图谱

图 5.20 是改性铝酸盐水泥石在 315℃、20.7MPa 水湿环境下养护 7d 后的 XRD 图。由图可知，主要水化产物为 $AlOOH$、C_3ASH_4 和 $C_3AS_2H_2$。高温条件下 SiO_2 与 C_2ASH_8 相互作用，生成了大量的钙铝黄长石 C_3ASH_4 和 $C_3AS_2H_2$，虽然 C_3ASH_4 和 $C_3AS_2H_2$ 的强度不如 C_2ASH_8，但该水化钙铝黄长石晶体结构发育良好，结晶度较高，晶体结构致密，仍具有较高的强度。此外，$AlOOH$ 能填充在晶体的空隙中，使得水泥水化产物结构更紧密，水泥石经第二个轮次高温养护后力学性能稳定，耐温性能良好。

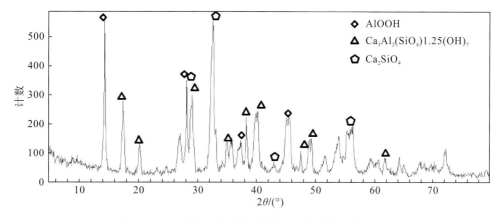

图 5.20　改性铝酸盐水泥石高温 315℃养护后的 XRD

另外，改性铝酸盐水泥的水化产物中无 Ca(OH$_2$)生成，相比于硅酸盐水泥，铝酸盐水泥在遇到高温高热蒸汽情况下没有 Ca(OH$_2$)分解为 CaO 后再吸收水分转化为Ca(OH$_2$)时产生的体积膨胀性破坏效应，从而在温度波动范围较大的情况下也能保持改性铝酸盐水泥石的完整性。

5.3　稠油热采井铝硅酸盐水泥浆体系现场应用

在铝酸盐水泥浆体系室内研究的基础上，针对辽河油田现场的具体工况条件，在现场进行了该水泥浆现场应用前的高温模拟评价，并在评价结果基础上开展了能满足现场施工的水泥浆配方设计。铝酸盐水泥浆体系于 2013 年 5 月至 2016 年 4 月分别在辽河油田 Q-1 井、W-1 井、W-2 井、D-813 井进行了现场应用。Q-1 井固井优质率为 78.45%，合格率达 94.83%；W-1 井固井优质率为 53%，合格率达 96.7%；W-2 井固井优质率为 37.5%，合格率达 67.7%；D-813 井固井质量优良率为 94.7%。这是铝酸盐水泥浆体系在国内外进行的首次现场应用，整个施工过程顺利，表明其具有较强的现场可操作性，为解决稠油热采固井层间封隔这一技术难题提供了一种新的技术对策。

5.3.1　铝酸盐水泥高温性能现场模拟评价

为了更好地评价铝酸盐水泥体系的现场可适性，在现场开展了该水泥浆体系的高温模拟评价实验。

1. 实验过程

实验装置通过注蒸汽管线改装而来。注蒸汽管线的管柱中间为空心，外层加有保温材料。注蒸汽管线见图 5.21。

图 5.21　高温模拟试验装置

去除蒸汽管线外部的保温材料，分别灌入现场在用的 G 级加砂水泥浆和铝酸盐水泥浆。垂直放置，常温下凝固成水泥石，灌浆过程见图 5.22。

图 5.22　灌浆过程

左为 G 级加砂水泥灌浆过程，右为铝酸盐水泥灌浆过程

将灌有水泥的两根管柱接到正在注汽的管线上，持续两个注汽周期（每个周期为 8d 左右，入井蒸汽温度为 340℃ 左右），待注汽结束后，剖开两根管柱，取样做室内实验（抗压强度、渗透率等）。现场注汽过程见图 5.23。

图 5.23　现场注汽过程

2. 拆卸过程

拆开两根蒸汽管柱，发现经过两个注汽周期后，两根注汽管柱中的水泥石都发生了破裂，且加砂水泥的水泥石中有较多的孔洞，实验结果见图 5.24。这是因为加砂水泥在遇到高温热蒸汽的情况下，水化生成的 $Ca(OH)_2$ 分解为 CaO 后再吸收水分转化为 $Ca(OH)_2$ 时产生的体积膨胀性破坏效应，导致水泥石有较多的孔洞。

图 5.24　加砂水泥石和铝酸盐水泥石对比

两边颜色偏深的为加砂水泥，中间偏白的为铝酸盐水泥

3. 实验结果

通过对取出的水泥块取心，进行三轴力学实验，G 级加砂水泥石和铝酸盐水泥石的三轴强度及应力应变曲线见图 5.25 和图 5.26。在 20MPa 围压的情况下，加砂水泥石的三轴抗压强度值为 28MPa，铝酸盐水泥石的三轴抗压强度值为 59.9MPa，在两轮注汽周期后，铝酸盐水泥石的强度明显高于加砂水泥石，与室内实验结果相符。可以看出，铝酸盐水泥石在抗压强度方面较加砂水泥石有优势。

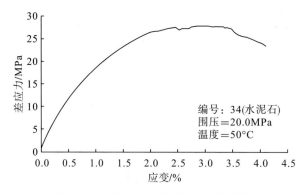

编号：34(水泥石)
围压＝20.0MPa
温度＝50℃

图 5.25　G 级加砂水泥三轴应力应变曲线

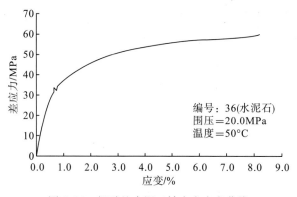

编号：36(水泥石)
围压＝20.0MPa
温度＝50℃

图 5.26　铝酸盐水泥三轴应力应变曲线

5.3.2　铝酸盐水泥浆体系在 Q-1 的现场应用

1. 基本井况

Q-1 井是一口位于辽河油田 Q 区块的蒸汽驱开发井，其井身结构如表 5.8 所示。该井在钻进过程中，发生井塌，后填井在 650m 处开窗侧钻，封固段长 298m，井内循环温度 60℃。由于该井属于小井眼小间隙(Φ127.00mm 尾管固井)，容易憋堵憋漏地层，所以在固井过程中对排量控制要求严格，严格注替排量在 0.5～0.6m³/min，加之使用铝酸盐且位于蒸汽驱区块，井底温度较高(油层段温度最高达 100℃)，因此该井固井施工的作业风险与难度较大。

表 5.8　Q-1 井井身结构

开钻顺序	套管层次	钻头尺寸×井深 /(mm×m)	套管尺寸×下入井段 /(mm×m)	封固井段长/m
1	技术套管	215.90×650	177.80×650	0~650
2	侧钻尾管	152.40×892	127.00×892	600~892

2. 固井前准备

通井时调整钻井液性能，要求泥浆密度降至 $1.32g/cm^3$，黏度降至 45~50s，循环钻井液 2 周；下套管时要控制下入速度，套管每根都需灌泥浆，每下入 15~20 根套管泥浆灌满一次。每下入 30m 的套管使用一个弹性扶正器，保证套管居中，Q-1 井固井铝酸盐水泥浆实验条件如表 5.9 所示。

表 5.9　Q-1 井水泥浆实验条件

水泥类型	试验温度/℃	试验压力/MPa	升温时间/min
铝酸盐水泥+高温稳定剂=100∶40	60	35	30

Q-1 井固井铝酸盐水泥浆(大样)的基本性能如表 5.10 所示。

表 5.10　Q-1 井固井铝酸盐水泥浆(大样)的基本性能

水泥浆名称	中间浆	尾浆
水泥浆密度/(g/cm³)	1.85	1.90
试验温度/℃	60	60
试验压力/MPa	35	35
升温时间/min	30	30
API 失水量/mL	35	32
初始稠度/Bc	12.8	16.5
50BC 稠化时间/min	146	110
100BC 稠化时间/min	151	118
24h 抗压强度/MPa	18.53	21.20
造浆量/(m³/t)	0.77	0.76

Q-1 井固井铝酸盐水泥浆稠化后拆出的水泥浆如图 5.27 所示，60℃养护后的水泥石如图 5.28 所示，可以看出，水泥浆稳定性较好，上下密度均匀。

图 5.27　铝酸盐水泥浆稠化后图片　　　　图 5.28　铝酸盐水泥浆养护后水泥石图片

3. 施工程序

Q-1 井固井设计施工工艺流程如表 5.11 所示。通过注入 2m³ 的前置液，然后注入 1m³ 水泥浆领浆、2m³ 水泥浆中间浆和 2m³ 的水泥浆尾浆，最后注入 5m³ 的压塞液和清水，替水泥浆碰压。

表 5.11　Q-1 井设计施工程序

操作内容	工作量/m³	密度 /(g/cm³)	排量 /(m³/min)	施工时间 /min	累计时间 /min	累计注入量 /m³
冲管线试压		1.00	0.10~0.20			
注前置液	2.00	1.00	0.50~0.70	4	4	2
注领浆	1.00	1.65	0.50~0.70	2	6	3
注中间浆	2.00	1.85	0.50~0.70	4	10	5
注尾浆	2.00	1.90	0.50~0.70	4	14	7
卸方钻杆，冲洗方钻杆，释放钻杆胶塞				5	19	
替压塞液	1.50	1.02	0.50~0.70	3.00	22	8.5
替清水碰压	3.50	1.00	0.50~0.70	7.00	29	12

现场施工整个过程约 45min，由于是小井眼小间隙固井，容易憋堵憋漏地层，整个施工过程严格控制注替排量在 0.5~0.6m³/min，作业施工过程正常。

4. 固井质量

图 5.29 为 Q-1 井固井声幅曲线。固井测井质量表明：总封固段 232m，其中优质段 182m，合格段 220m，固井质量优质率为 78.45%，合格率达 94.83%，固井质量较差段为 5%，整口井固井质量较好。该井固井完成后，在蒸汽驱生产一个周期（近三个月）之后再次测井，固井曲线如图 5.30 所示。通过对比两次测井曲线，发现生产后该井固井质量还稍有提高，尤其两界面的胶结质量，说明铝酸盐水泥石具有良好的耐高温性能及耐久性能。

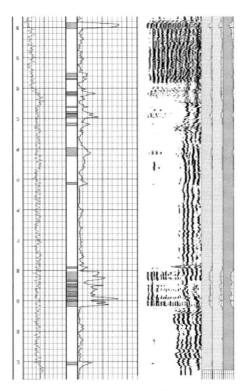

图 5.29　Q-1 井第一次声幅测井曲线图图

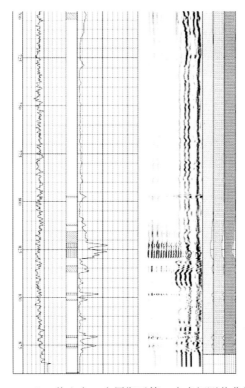

图 5.30　Q-1 井生产一个周期后第二次声幅测井曲线图

参 考 文 献

[1] 周守伟. 海上稠油高效开发新模式研究及应用[J]. 西南石油大学学报，2007，29(5)：1-4.

[2] 贾选红，刘玉. 辽河油田稠油井套管损坏原因分析与治理措施[J]. 特种油气藏，2003，10(2)：69-72.

[3] 王廷瑞，王新卯. 五口热采井套管损坏原因分析热采井套管损坏机理及控制技术研究进展[J]. 石油钻探技术，1995，23(1)：18-20.

[4] 余雷，薄岷. 辽河油田热采井套损防治新技术[J]. 石油勘探与开发，2005，32(1)：116-118.

[5] 王兆会，高德利. 热采井套管损坏机理及控制技术研究进展[J]. 石油钻探技术，2003，31(5)：46-48.

[6] H. F. W. Taylor. The Chemistry of Cement[M]. London：Academic Press Ltd，1964，106-122.

[7] Nelson E B，Eilers L H. Cementing steamflood and fireflood wells-slurry design[J]. Journal of Canadian Petroleum Technology，1985，24：373-377.

[8] Eilers L H. Process for cementing geothermal wells：U. S. Patent 4，556，109[P]. 1985-12-3.

[9] Grabowski E，Gillott J E. The effect of initial curing temperature on the performance of oilwell cements made with different types of silica[J]. Cement and Concrete Research，1989，19(5)：703-714.

[10] 张景富，俞庆森，徐明，等. G 级油井水泥的水化及硬化[J]. 硅酸盐学报，2002，30(2)：167-171.

[11] 张景富，朱健军，代奎，等. 温度及外加剂对 G 级油井水泥水化产物的影响[J]. 大庆石油学院学报，2003，28(5)：94-97.

[12] 杨智光，崔海清，肖志兴. 深井高温条件下油井水泥强度变化规律研究[J]. 石油学报，2008，29(3)：435-437.

[13] 张颖，陈大钧，罗杨，等. 硅砂对稠油热采井水泥石强度影响的室内试验[J]. 石油钻采工艺，2010，32(5)：44-47.

[14] 武治强，李早元，程小伟. 稠油热采井固井水泥石耐高温研究初探[C]. 2010 年固井技术研讨会论文集，北京：石油工业出版社，2010：43-45.

[15] 沈威，黄文熙，闵盘荣. 水泥工艺学[M]. 武汉：武汉工业大学出版社，1991：280-284.

[16] 丁树修. 高温水热条件下 120℃油井水泥的物理性能及水硬化过程[J]. 硅酸盐学报，1989，17(4)：315-324.

[17] 张颖，陈大钧，罗杨，等. 硅砂对稠油热采井水泥石强度影响的室内试验[J]. 石油钻采工艺，2010，32(5)：44-47.

[18] 刘崇建，黄柏宗，徐同台. 油气井注水泥理论与应用[M]. 北京：石油工业出版社，2001.

[19] 谢鹏. 稠油热采井固井 G 级加砂水泥浆体系研究[D]. 成都：西南石油大学，2004.

[20] 胡曙光. 特种水泥[M]. 武汉：武汉理工大学出版社，2010.

[21] 郭利芳，管红梅. 铝酸盐水泥在耐火浇注料中的应用[J]. 包钢科技，2003，29(1)：26-29.

[22] Majumdar A J，Singh B，Edmonds R N. Hydration of mixtures of 'Ciment Fondu' aluminous cement and granulated blast furnace slag[J]. Cement and Concrete Research，1990，20(2)：197-208.

[23] Majumdar A J，Singh B. Properties of some blended high-alumina cements[J]. Cement and Concrete Research，1992，22(6)：1101-1114.

[24] Collepardi M，Monosi S，Piccioli P. The influence of pozzolanic materials on the mechanical stability of aluminous cement[J]. Cement and Concrete Research，1995，25(5)：961-968.

[25] Monosi S，Troli R，Coppola L，et al. Water reducers for the high alumina cement-silica fume system[J]. Materials and Structures，1996，29(10)：639-644.

[26] 彭家惠. 改性高铝水泥水化、硬化机理研究[J]. 重庆建筑大学学报，1999，21(4)：50-54.

[27] 彭家惠，顾小波. 高铝水泥改性研究[J]. 中国建材科技，1998，7(3)：8-11.

[28] 龙世宗，邹燕蓉. 铝酸盐水泥改性添加剂研究[J]. 水泥，1997，2：4-7.

[29] 曹怡，薛群虎，南峰，等. 减水剂对铝酸盐水泥施工性能的影响[J]. 耐火材料，2005，39(2)：110-115.

[30] Villar J，Baret J F，Michaux M，et al. Cementing compositions and applications of such compositions to cementing oil (or similar) wells：U. S. Patent 6060535[P]. 2000.

[31] Benge G. Cement Designs for High-Rate Acid Gas Injection Wells[C]//International Petroleum Technology

Conference. International Petroleum Technology Conference，2005.

［32］Suyan K M，Dasgupta D，Garg S P，et al. Novel cement composition for completion of thermal recovery（ISC）wellbores［C］//SPE/IADC Indian Drilling Technology Conference and Exhibition. Society of Petroleum Engineers，2006.

［33］李早元，郭小阳，杨远光，等. 新型耐高温湿热条件水泥用于热采井固井初探［J］. 西南石油学院学报，2001，23（4）：29-3.

［34］李早元，伍鹏，吴东奎，等. 稠油热采井固井用铝酸盐水泥浆体系的研究及应用［J］. 钻井液与完井液，2014，31（5）：71-74.

［35］伍鹏. 辽河油田稠油热采井固井铝酸盐水泥体系研究［D］. 成都：西南石油大学，2014.

［36］李早元，伍鹏，程小伟，等. 矿渣对铝酸盐水泥石性能影响的研究［J］. 硅酸盐通报，2014，33（12）：3338-3342.

第 6 章　水泥环完整性评价模型与试验

固井作业完成后，水泥环与套管、地层岩石连接成一个完整的组合体，共同承担来自地层围岩与井筒内部变化产生的作用力[1-5]。在后续生产作业过程中，固井水泥环将承受井筒内各种工况载荷的作用，包括井筒内试压、射孔、试油、酸化压裂等作业，以及地层流体变化造成地应力的变化，它们造成水泥环应力发生改变。因此，分析和预测固井水泥环在复杂井下工况下的力学完整性是井筒完整性研究的重点之一[6-10]。目前，水泥环力学完整性主要有两种研究途径：一是试验模拟研究。室内建立井下环境以及各种作业工况，模拟水泥环在井下载荷下的各种变化。这种方法可以得到很可靠的结果，但建立井下试验条件难度大、成本高，不同井条件不一样，需要建立不同的试验模型，难以一一实现。二是力学模型研究。先试验测定水泥石的材料特性参数，然后建立水泥环与套管和地层岩石相互作用的力学模型，在力学模型中考虑井下环境和各种作业工况，通过力学模型的计算来评估水泥环的密封完整性，模型预测方法操作难度小，但计算结果需要实验验证。

6.1　水泥环完整性评价力学模型研究

6.1.1　水泥环界面初始作用力研究

水泥环初始应力状态是指候凝刚结束时，套管内压力及地层应力未改变的初始时刻水泥环内部的应力状态，为了分析水泥环在初始应力状态的应力分布，需要确定初始时刻水泥环界面的初始作用力大小。

1. 水泥环界面初始作用力描述

水泥环界面初始作用力是指候凝刚结束时，套管内压力及地层应力未改变的初始时刻水泥环与套管和井壁围岩之间的作用力。从水泥环与套管和井壁围岩之间的相互作用力的角度出发，分析候凝过程中水泥环界面作用力的变化，确定候凝结束时刻水泥环界面初始作用力，过程如下。

(1)在井眼形成前，地层处于原始应力状态，如图 6.1(a)所示。

(2)钻头钻开地层后，原有的相对平衡状态被打破。地层应力在以井眼为中心的区域内重新分布，远地层应力由井筒内的钻井液柱压力和井壁围岩共同承担，达到新的平衡状态，如图 6.1(b)所示。

(3)完钻之后在下套管固井作业过程中，水泥浆顶替钻井液，水泥浆柱压力接替钻液柱压力，向内平衡套管内钻井液柱压力，向外与井壁围岩一起平衡远地层应力，如图 6.1(c)所示。

　　(4)候凝过程中，水泥浆由液态变为固态，形成水泥环，接替水泥浆柱压力的作用，向内平衡套管内钻井液柱压力，向外与井壁围岩一起平衡远地层应力，如图 6.1(d)所示。

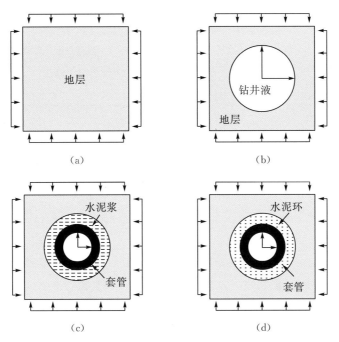

图 6.1　水泥环界面初始作用力形成过程

　　另外，通过文献调研可以发现，之前很多学者建立的水泥环力学模型大部分遵循"先建模后加载"的思路，其分析过程和普通机械机构分析过程类似，实际上默认了在加载套管内压力和地层应力之前套管-水泥环-井壁围岩组合体各部分之间不存在相互作用力，组合体的初始状态保持圆形，如图 6.2(a)所示，然后，再给组合体施加套管内压力和地层应力，若加载的地层应力为非均匀作用力时，组合体在非均匀作用力下将变成椭圆形，如图 6.2(b)所示[10-14]。而实际建井过程是在候凝过程中水泥环受到套管内压力和地层应力的作用力，水泥环界面存在一定作用力，组合体保持为圆形，如图 6.3(a)所示，由于环空中水泥浆在界面存在作用力的环境中凝固成水泥石，因此，在候凝结束时组合体各部分仍然保持为圆形，如图 6.3(b)所示。因此，未考虑水泥环界面作用力的力学模型与实际建井过程不符，存在理论上的缺陷，导致其计算的水泥环应力状态与实际工况存在一定的误差。

　　通过上述分析可知，实际工况是候凝过程中水泥环界面存在作用力，即整个候凝过程都是在水泥环界面存在作用力的环境中进行的，也就说明在初始时刻水泥环界面存在初始作用力，后期套管内压力变化(如试压、替换井筒内工作液、掏空投产和酸化压裂等)和地层应力变化(如油气资源开采、注水等)时水泥环应力分布应该在初始应力状态的基础上叠加而成，即后期作业对水泥环产生的应力影响都应以水泥环初始应力状态为起点。

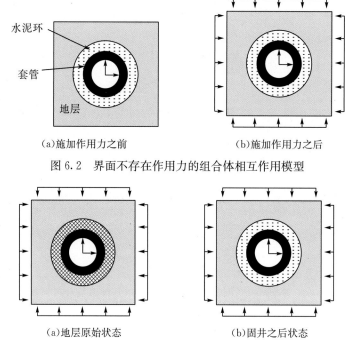

（a）施加作用力之前　　　　　　　　（b）施加作用力之后

图 6.2　界面不存在作用力的组合体相互作用模型

（a）地层原始状态　　　　　　　　（b）固井之后状态

图 6.3　界面存在作用力的组合体相互作用模型

　　水泥环初始应力状态对套管－水泥环－井壁围岩组合体的受力及破坏形式和封固系统的封隔性能有重要的影响[15]。水泥环界面初始作用力是分析水泥环初始应力状态的基础，所以，要对初始应力状态的水泥环应力分布进行精确的计算，必须根据实际建井过程充分考虑候凝过程中水泥环界面初始作用力问题，并确定水泥环界面初始作用力大小。水泥环界面初始作用力的分析方法可以分为两种：①从水泥环内部水化过程出发，以化学和力学相结合的方式来确定水泥环界面初始作用力；②以水泥环液态、塑性状态、塑固态与套管和井壁围岩之间的相互作用力关系为基础，以推理的方式确定水泥环界面初始作用力。本书将结合这两种分析方法，首先，通过室内实验观察候凝过程中水泥浆体状态变化，然后，依据水泥环与套管和井壁围岩之间的相互作用力关系来确定水泥环界面初始作用力大小。

2. 水泥环界面初始作用力分析

　　固井施工过程包括下套管、注水泥和候凝三个施工阶段，其中下套管和注水泥是一个动态过程，对水泥环界面初始作用力的影响较小，因此，主要分析候凝过程对水泥环界面初始作用力的影响[16]。

　　固井施工作业完成后，水泥浆在环空中静止后不久，其水化程度较低，水泥浆在环空中为液态，如图 6.4（a）所示，随着候凝时间的增加，水化速率逐步提高，环空中的水泥浆不断水化，固液相相对运动或微细材料的吸附作用，增强了固相颗粒连接，其内部不断形成空间网络结构，形成了较多的凝胶物质，水化物质的缓慢堆积开始发生明显量变，胶凝强度迅速增长，水泥浆进入塑性状态，如图 6.4（b）所示，初凝之后，随着水化进一步发展，水泥水化进入加速阶段，水化物质的堆积由量变转化为质变，水泥浆开始失去流动性和部分可塑性，出现凝结表现出一定固态特性，水泥浆体逐渐硬化，完全失去可塑性，并有一定的机械强度，直到最后变成具有相当强度的石状固体，能够抵抗一定的外来压力，如图 6.4(c)所示。

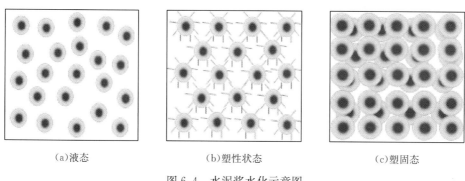

(a)液态　　　　　　　　(b)塑性状态　　　　　　　　(c)塑固态

图 6.4　水泥浆水化示意图

假设井眼截面为圆形，井壁稳定，短时间内不会发生变形。从固井工程角度出发，在借鉴郭辛阳、李子丰等前人研究成果的基础上[17-20]，以候凝过程中水泥浆体状态变化为基础，并结合水泥环与套管和井壁围岩之间的相互作用力关系，通过分析液态、塑性状态(初凝前)和塑固态(初凝后到候凝结束)三个阶段水泥环界面作用力变化，最终确定水泥环界面初始作用力的大小。

1)水泥浆为液态时水泥环界面作用力分析

在候凝刚开始时，水泥浆表现为液态存在于套管与井壁围岩之间的环形空间，固井作业一般采用平衡压力法固井，此时套管内液静液柱压力与环空中水泥浆的静液柱压力几乎相等，套管内静液柱压力为 P_d，环空中水泥浆静液柱压力为 P_w，因此，可以将套管、水泥环和井壁围岩之间的相互作用力关系简化为图 6.5。在该示意图中，环空水泥浆静液柱压力向内作用于套管外壁平衡套管内静液柱压力，向外与井壁围岩一起平衡远地层应力。

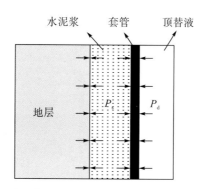

水泥浆　　套管　　顶替液

地层　　　P_s　　P_d

图 6.5　水泥浆为液态时组合体各部分之间相互作用力

2)水泥浆为塑性状态时水泥环界面作用力分析

在候凝过程中，套管内的静液柱压力和地层孔隙压力保持不变。水泥浆发生水化后，其内部不断形成网络结构，具有一定的胶凝强度，导致水泥浆柱对套管和井壁围岩的静液柱压力逐渐下降，发生失重。当水泥浆柱静液柱压力降低至地层孔隙压力时，地层孔隙压力能否补充水泥浆基体因失重而降低的孔隙压力？在调研国内外学者对初凝之前水泥浆渗透率研究成果的基础上，分析了塑性状态水泥环与套管、井壁围岩之间的相互作用力。

(1)对地层流体侵入水泥浆基体的认识。

水泥完全水化需水量约占水泥质量的25%，小于实际配浆水质量。多余的水将充填在水泥浆的凝胶结构内，形成含水毛细孔道。水泥浆为液态时，水化程度低，流动性能良好，表现出流体的特征。在初凝前，当水泥水化进入增量期后，在水泥浆内部形成网络结构，具有一定的胶凝强度，水泥浆成为含有微细孔隙的塑态体，流动性能变差，孔隙直径为10~100nm[21-24]；在初凝后，水泥水化进入加速期，水泥浆完全丧失流动性能，由塑性状态向固态转变，孔隙因"自干燥"现象及外部压应力作用，孔径减小到10nm以下。

处于液态的水泥浆能够传递全部液柱压力，随着水泥浆静胶凝强度的发展，水泥浆由液态转变为塑性状态，传压方式也相应转变为孔隙传压。国内外学者将地层流体通过水泥浆基体窜流视为渗流物理过程。同时，国外学者的研究表明，处于塑性状态的水泥浆具备了较高的渗透率，地层流体可通过水泥浆基体发生渗流。Sutton和Ravi的研究表明，低失水的水泥浆在静胶凝强度达到200lb/100ft² 时渗透率为100mD左右，而静胶凝强度达到500lb/100ft² 时依然有5mD的渗透率[25]。Plee研究了膨润土水泥浆体系渗透率，发现初始时刻渗透率为50~100mD[26]。Bahramian利用Carman-Kozeny方程描述渗透率和胶凝强度的关系，计算结果表明候凝初期水泥浆具备较高的渗透率(576mD)[27]。

随着水化的进行，当水泥浆初凝后，具有一定的胶凝强度，表现出一些固态的特征，此时，内部结构比较致密。Appleby和Wilson通过检测水泥浆不同时刻的渗透率表明：水泥浆初始渗透率大约为1000mD，而在初凝后不足1mD，此时地层流体侵入水泥石基体难度很大。

通过上述调研分析可知，在水泥浆初凝前，水泥浆渗透率允许地层流体在压差作用下侵入水泥浆基体。然而，随着水化的进一步发展，当水泥浆到达初凝后，内部结构致密，表现出一定的固态特性，这时水泥浆的渗透率不足1mD，此时的地层流体难以侵入水泥浆基体，因此，为了方便分析水泥环界面初始作用力，我们可以简化分析过程，将水泥浆初始时刻作为一个临界时间点，认为塑性状态水泥浆从水泥浆柱静液柱压力低于地层孔隙压力到初凝的时间段里，地层流体能够在压差的作用下侵入水泥浆基体，补充环空水泥浆柱因失重而损失的静液柱压力。

(2)水泥环界面作用力变化过程分析。

在候凝过程中，套管内静液柱压力不变，仍为P_d，地层孔隙压力为P_w。随着水泥浆水化的发展，其内部的网络结构和胶凝强度得到进一步的增长，环空内水泥浆静液柱压力由于失重而逐渐降低。当水泥浆静液柱压力降为P_{sl}低于地层孔隙压力时，地层流体会在地层孔隙压力和水泥浆静液柱压力之间的压差作用下侵入水泥浆基体，补充水泥浆基体因失重而损失的静液柱压力，使水泥浆基体内部的孔隙压力与地层孔隙压力保持一致，如图6.6所示。这个过程从水泥浆静液柱压力低于地层孔隙压力开始，一直持续到水泥浆达到初凝状态。

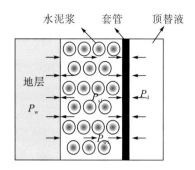

图 6.6　地层孔隙压力补充水泥浆柱压力示意图

根据上述理论分析，从环空内水泥浆静液柱压力低于地层孔隙压力到初凝状态的时间段里，在水泥环与井壁围岩接触的第二界面处，水泥环界面作用力等于地层孔隙压力；在水泥环第一界面处，套管外壁不仅受到水泥浆柱失重后剩余的静液柱压力 P_{s1} 的作用，还受到通过水泥浆基体传递给套管的地层孔隙压力 P_{w1} 的作用，使第一界面作用力与地层孔隙压力保持相等，在初凝前水泥环与套管和井壁围岩之间的相互作用力如图 6.7 所示。因此，从环空内水泥浆静液柱压力低于地层孔隙压力到初凝状态的时间段里，水泥环第一、第二界面初始作用力与地层孔隙压力保持相等。

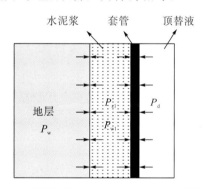

图 6.7　在水泥浆初凝之前组合体各部分之间相互作用力

3)水泥浆为塑固态时水泥环界面作用力分析

初凝后水泥浆进入水化加速期，完全丧失流动性能，由塑性状态向塑固态转变。在初凝后，水泥浆渗透率不足 1mD，当水泥环第一界面作用力低于地层孔隙压力时，地层流体无法继续侵入水泥浆基体补充损失的静液柱压力。但是，水泥环第二界面作用力仍为地层孔隙压力，在压差作用下塑固态的水泥环能否通过细微变形将地层孔隙压力传递到第一界面？为此，本书设计了考察水泥浆初凝及之后不同时间点的水泥浆变形能力实验。

实验的养护模具由钢模和塑胶管组成，钢模的内径为 50mm，塑胶管的外径为 25mm，如图 6.8 所示。实验时在钢模内壁和塑胶管外壁涂抹油脂，两者共用玻璃底板，然后倒入配制好的水泥浆，进行养护试验。当到达测试水泥浆塑固态变形能力的时间点时，将水泥环从钢模内取出，同时取出其中心的塑胶管，然后，在其水泥环的外壁施加一定的围压来模拟地层孔隙压力对水泥环的作用，设计该实验的目的主要是想通过观察水泥环内径的变化定性评价水泥环的变形能力。

图 6.8　塑固态水泥浆变形能力实验

为了便于实验分析，本书选择水灰比为 0.44 的常规密度水泥浆作为研究对象，水泥浆的常规性能如表 6.1 所示。从表中数据可知，水泥浆稳定性良好，析水均小于 0.5%，API 失水严格控制在 50mL/(6.9MPa・30min) 以内，满足固井施工的基本工程性能要求。

表 6.1　水泥浆常规性能

配方	密度/(g/cm³)	析水/%	流动度/cm	API 失水 /[mL/(30min・6.9MPa)]
G 级水泥+2%G33S+0.2% 消泡剂，$w/c=0.44$	1.90	0.3	21	42

测试了初凝时刻、终凝时刻和终凝 5h 后的水泥环的变形能力，测试结果如表 6.2 所示。

表 6.2　塑固态水泥环变形能力实验结果

指标　　　　时间	初凝时刻	终凝时刻	终凝 5h 后
初始外径/mm	25	25	25
施加围压后/mm	25	25	22
变形率/%	0	0	12

由以上实验数据可知，水泥浆凝固成水泥石前为塑固态，具有一定的变形能力，在外壁围压挤压作用下会发生一定程度的变形。若水泥浆初凝后第一界面作用力低于地层孔隙压力，此时，套管会向外膨胀挤压水泥环，但是，此时水泥环第二界面作用力仍为地层孔隙压力，塑性状态的水泥环会在第一、第二界面压力差的作用下发生细微变形，将水泥环第二界面作用力传递至水泥环第一界面，使第一界面作用力恢复至地层孔隙压力。这个通过水泥环细微变形传递作用力的过程在水泥浆完全凝固前反复进行，一直持续至水泥环完全丧失变形能力，凝固成水泥石。因此，根据以上分析，水泥环在完全凝固成水泥石后，第一、第二界面作用力仍与地层孔隙压力保持相等。

3. 水泥环界面作用力变化过程

本书根据候凝过程中水泥浆体状态变化，通过室内实验和推理候凝过程中水泥环与套管和井壁围岩之间的相互作用力关系，确定了候凝时刻水泥环第一、第二界面的初始作用力大小。

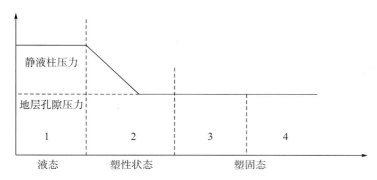

图 6.9　水泥环第二界面作用力变化图

由图 6.9 可知，水泥浆为液态时，环空中水泥浆静液柱压力稍大于地层孔隙压力，此时，环空内静液柱压力对内平衡套管内静液柱压力，对外与井壁围岩一起平衡远地层应力，如图 6.9 第 1 段所示；在水泥浆为塑性状态时，随着水化的进行水泥浆环空内静液柱压力因失重逐渐下降，水泥环第二界面与井壁紧密接触，当静液柱压力低于地层孔隙压力时，第二界面作用力则保持为地层孔隙压力，直至水泥浆凝固成水泥石，如图 6.9 第 2、第 3、第 4 段所示。因此，通过上述分析水泥环第二界面作用力变化过程可知，第二界面初始作用力大小与地层孔隙压力相等。

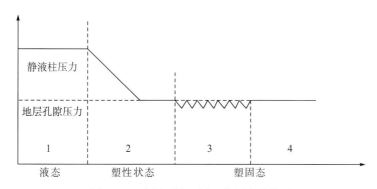

图 6.10　水泥环第一界面作用力变化图

由图 6.10 可知，水泥浆为液态时，水泥浆静液柱压力稍大于地层孔隙压力，此时，环空内静液柱压力对内平衡套管内静液柱压力，对外与井壁围岩一起平衡远地层孔隙压力，如图 6.10 第 1 段所示；在水泥浆为塑性状态时，随着水化的进行水泥浆环空内静液柱压力因失重而逐渐下降，当静液柱压力低于地层孔隙压力时，地层流体会在两者压力差的作用下从第二界面侵入水泥浆基体，进而传递到水泥环第一界面，补充第一界面损失的静液柱压力，因此，在水泥浆为塑性状态时水泥环第一界面作用力大小与地层孔隙压力保持相等，如图 6.10 第 2 段所示；水泥浆为塑固态时，由于水泥浆结构变得致密，地层流体无法侵入水泥浆基体补充静液柱压力损失，但是在水泥浆完全凝固成水泥石之前，塑固态的水泥环具有一定变形能力，当第一界面作用力低于地层孔隙压力时，在第一界面与地层孔隙压力的压差作用下，水泥环将会发生细微变形将地层孔隙压力传递至第一界面，使第一界面作用力恢复至地层孔隙压力大小，在水泥浆完全凝固前这一压力传递过程反复进行，如图 6.10 第 3 段所示；在水泥环完全凝固形成水泥石后，水泥环第一界面作用力大小保持为地层孔隙压力，如图 6.10 第 4 段所示。因此，通过上述分析第一界面作用力变化过程可知，水泥环第一界面初始作用力大小与地层孔隙压力相等。

4. 文献实例验证

Morgan 基于现场测量结果用于研究下套管、注水泥和候凝过程中的套管径向应力的变化。由于水泥环第一界面与套管外壁接触，套管的径向应力与水泥环第一界面作用力相等[28]，所以，可以从侧面证明水泥环第一界面存在作用力，并说明第一界面初始作用力的大小。

现场测量时将应变传感器安装在套管外壁，并随套管一起下入井内，用来测量套管的径向应变，测量信号则通过线缆传输到地面并进行记录，如图 6.11 所示。现场测量的目的是通过应变传感器测量套管径向应变，然后将径向应变进行转换，进而得到套管径向应力的大小。

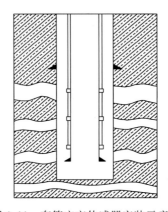

图 6.11　套管应变传感器安装示意图

现场测量套管下部 3150m 处的套管径向应变，如图 6.12 所示（压应变为正，拉应变为负）。该井施工使用常规硅酸盐水泥浆体系，实验室测定的稠化时间为 3.5h。960min时注水泥浆作业结束，环空水泥浆进入候凝；1545min 候凝结束。从图 6.12 可以看出，在水泥浆候凝过程中，随着水泥浆水化的进行，套管的径向应变先减小后又增大，在候凝结束时套管存在径向应变，说明水泥环第一界面存在初始作用力；另外，固井采用平衡

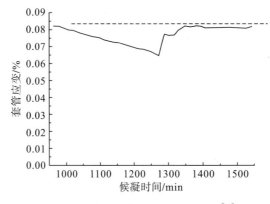

图 6.12　套管底部测量点径向应变[28]

压力法，在候凝结束时与注水泥浆结束时的套管应变几乎相等，即候凝结束时刻的套管径向应力即水泥环第一界面作用力等于地层孔隙压力。该文献现场测量数据证明了水泥环第一界面存在初始作用力。

6.1.2   定向井水泥环应力分布模型研究

固井后水泥环与套管、井壁围岩结为一体，由水泥环支撑套管。在定向井中，考虑套管－水泥环－井壁围岩组合体的实际工况和几何形状，可以利用厚壁圆筒理论和广义平面应变应力理论分析水泥环应力分布问题[29]。为了便于计算和分析，对模型基本假设如下：

(1)井眼为规则的圆形，井壁稳定，在短时间内不发生变形；

(2)套管理想居中，固井过程中环形空间完全充满水泥浆；

(3)地层为均匀、连续、各向同性的线弹性材料；

(4)在产生微间隙前，水泥环在两个界面与井壁围岩和套管紧密接触，无滑动。

(5)影响水泥石应力变化的各因素之间相互独立。

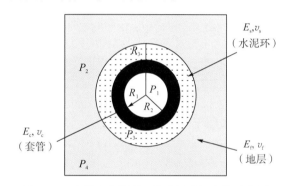

图 6.13   套管－水泥环－井壁围岩组合体示意图

套管－水泥环－井壁围岩组合体模型如图 6.13 所示，套管内径为 r_1，水泥环内、外径分别为 r_2、r_3，近井围岩外边界为 r_4；套管内压力为 P_1，套管与水泥环界面接触压力为 P_2，水泥环与井壁围岩界面接触压力为 P_3，井壁围岩的远地层应力为 P_4。由于 P_4 为远地层应力，因此，r_4 的值要取得足够大才能够远离井眼周围应力集中区，才能把 P_4 当成远地层应力，在有关文献中 r_4 大于井眼直径 10 倍以上时，对井壁围岩的应力几乎没有影响，本书取 r_4 为井眼半径的 100 倍。另外，套管弹性模量为 E_c、泊松比为 υ_c；水泥石弹性模量为 E_s、泊松比为 υ_s；地层弹性模量为 E_f、泊松比为 υ_f。

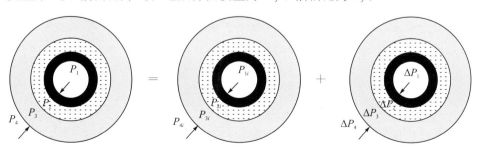

图 6.14   后续作业时水泥环界面作用力叠加关系示意图

后续作业时水泥环界面作用力＝水泥环界面初始作用力＋水泥环界面作用力增量。固井作业完成后，在油气井的开发过程中经常会出现水泥环完整性遭到破坏而井口带压的情况。这是由于在后期作业过程中井筒内压力改变（如试压、替换井内工作液、酸化、掏空投产等）和地层应力变化导致水泥环应力状态发生变化。后期水泥环第一、第二界面作用力可以通过水泥环界面初始作用力与套管内压力和地层应力的改变量 ΔP_1 和 ΔP_4 产生的水泥环第一、第二界面作用力增量 ΔP_2 和 ΔP_3 叠加而得到，如图 6.14 所示。因此，根据作用力叠加关系，在后期套管内压力和地层应力变化的情况下，套管－水泥环－井壁围岩组合体界面上的作用力可以分解如下：

$$\begin{cases} P_1 = P_{1i} + \Delta P_1 \\ P_2 = P_{2i} + \Delta P_2 \\ P_3 = P_{3i} + \Delta P_3 \\ P_4 = P_{4i} + \Delta P_4 \end{cases} \tag{6-1}$$

后期水泥环应力分布应以水泥环初始应力状态为起点，因此，需要建立模型求解出在初始作用力下的水泥环初始应力状态，以及在 ΔP_2 和 ΔP_3 作用下水泥环应力增量，将水泥环应力增量叠加到水泥环初始应力状态上，获得后期作业时水泥环应力分布。

本书分四个步骤对后期作业时水泥环的应力分布进行求解，依次是：①求解水泥环界面初始作用力为 P_{2i}、P_{3i} 时水泥环初始应力状态；②以水泥环初始应力状态为起点，求解在套管内压力变化量 ΔP_1 作用下水泥环界面作用力 ΔP_2、ΔP_3 以及对应的水泥环应力增量；③以水泥环初始应力状态为起点，求解在地层应力变化量 ΔP_4 作用下水泥环界面作用力 ΔP_2、ΔP_3 以及对应的水泥环应力增量；④将水泥环应力增量叠加到水泥环初始应力状态上，即可求得在后期作业时定向井水泥环应力分布。

1. 初始应力状态水泥环应力分布研究

通过第 2 章分析，在候凝刚结束时、套管内压力和地层应力未变化的初始时刻水泥环界面存在作用力，其大小为地层孔隙压力。为了分析初始应力状态下水泥环的应力分布，考虑实际工况和几何特征，可将组合体实际三维问题简化。本书通过垂直于井眼轴线的某一平面，分析该平面上的组合体在初始应力状态下水泥环的应力分布，如图 6.15 所示。

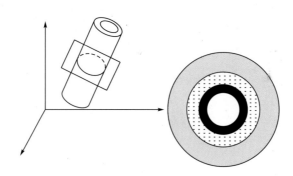

图 6.15　定向井套管－水泥环－井壁围岩组合体示意图

在初始应力状态下，定向井套管内壁的初始压力 P_{1i} 为钻井液柱压力，套管外壁和水泥环内壁之间的初始作用力 P_{2i} 为地层孔隙压力，套管内半径为 r_1，外半径为 r_2，如图 6.16(a) 所示；水泥环内壁与套管外壁之间的初始作用力 P_{2i} 为地层孔隙压力，水泥环外壁和井壁围岩之间的初始作用力 P_{3i} 也为地层孔隙压力，水泥环的内半径为 r_2，外半径为 r_3，如图 6.16(b) 所示；井壁围岩与水泥环外壁之间的作用力 P_{3i} 为地层孔隙压力，井壁围岩外壁的作用力 P_4 为远地层压力，井壁围岩的内半径为 r_3，外半径为 r_4（本书取值为井眼直径的 100 倍），如图 6.16(c) 所示。

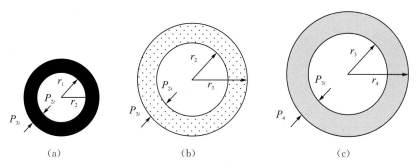

图 6.16　初始作用力状态下定向井组合体受力示意图

在候凝刚结束时，套管内压力和地层应力未改变的初始时刻水泥环第一、第二界面初始作用力大小为地层孔隙压力，并且共同挤压水泥环，使水泥环界面受到均匀作用力，不受井斜角和方位角的影响，因此，分析初始应力状态水泥环应力分布时，可以将其视为轴对称的平面应变应力问题。根据厚壁圆筒理论，可以得到在初始应力状态下的定向井水泥环应力分布，即：

$$
\begin{cases}
\sigma_{rr}^i = -\dfrac{r_2^2 r_3^2}{r_3^2 - r_2^2}\Big[\Big(\dfrac{1}{r^2} - \dfrac{1}{r_3^2}\Big)P_{2i} + \Big(\dfrac{1}{r_2^2} - \dfrac{1}{r^2}\Big)P_{3i}\Big] \\
\sigma_{\theta\theta}^i = \dfrac{r_2^2 r_3^2}{r_3^2 - r_2^2}\Big[\Big(\dfrac{1}{r^2} + \dfrac{1}{r_3^2}\Big)P_{2i} - \Big(\dfrac{1}{r_2^2} + \dfrac{1}{r^2}\Big)P_{3i}\Big] \quad (r_2 \leqslant r \leqslant r_3) \\
\sigma_{zz}^i = \upsilon_s \cdot (\sigma_{rr}^i + \sigma_{\theta\theta}^i)
\end{cases}
\tag{6-2}
$$

2. 套管内压力变化时水泥环应力增量研究

套管内任意位置的工作液向各个方向传递的静液柱压力相等，不受井斜角和方位角的影响，因此，以初始应力状态套管内压力为起点，将在套管内压力变化量为 ΔP_1 作用下水泥环应力变化视为轴对称的平面应变应力问题。

在水泥环初始应力状态，套内压力为 P_{1i}，后期作业时套管内压力为 P_1，此时，套管内压力变化量为 $\Delta P_1 = P_1 - P_{1i}$。因此，若想求得在 ΔP_1 作用下水泥环应力增量，首先，需要依据厚壁圆筒理论求解出在 ΔP_1 作用下增加的水泥环界面作用力 ΔP_2、ΔP_3，然后，求解出在 ΔP_2、ΔP_3 作用下水泥环应力增量。根据厚壁圆筒理论，套管、水泥环和井壁围岩组合体在 ΔP_1 下产生的径向位移公式分别为

1）套管径向位移公式

$$
u_c = \frac{(1+\upsilon_c)}{E_c} \frac{(1-2\upsilon_c)r_1^2 r + r_1^2 r_2^2/r}{r_2^2 - r_1^2}\Delta P_1 - \frac{(1+\upsilon_c)}{E_c} \frac{(1-2\upsilon_c)r_2^2 r + r_1^2 r_2^2/r}{r_2^2 - r_1^2}\Delta P_2
$$

$$
\tag{6-3}
$$

套管外壁处$(r=r_2)$的径向位移为

$$u_{c2} = f_1 \cdot \Delta P_1 - f_2 \cdot \Delta P_2 \tag{6-4}$$

式中，

$$\begin{cases} f_1 = \dfrac{(1+\upsilon_c)}{E_c} \cdot \dfrac{2(1-\upsilon_c)r_1^2 r_2}{r_2^2 - r_1^2}; \\ f_2 = \dfrac{(1+\upsilon_c)}{E_c} \cdot \dfrac{(1-2\upsilon_c)r_2^3 + r_1^2 r_2}{r_2^2 - r_1^2} \end{cases}$$

2）水泥环的径向位移公式

$$u_s = \frac{(1+\upsilon_s)}{E_s} \frac{(1-2\upsilon_s)r_2^2 r + r_2^2 r_3^2/r}{r_3^2 - r_2^2} \Delta P_2 - \frac{(1+\upsilon_s)}{E_s} \frac{(1-2\upsilon_s)r_3^2 r + r_2^2 r_3^2/r}{r_3^2 - r_2^2} \Delta P_3 \tag{6-5}$$

水泥环内壁处$(r=r_2)$的径向位移为

$$u_{s1} = f_3 \cdot \Delta P_2 - f_4 \cdot \Delta P_3 \tag{6-6}$$

式中，

$$\begin{cases} f_3 = \dfrac{(1+\upsilon_s)}{E_s} \cdot \dfrac{(1-2\upsilon_s)r_2^3 + r_2 r_3^2}{r_3^2 - r_2^2} \\ f_4 = \dfrac{(1+\upsilon_s)}{E_s} \cdot \dfrac{2(1-\upsilon_s)r_2 r_3^2}{r_3^2 - r_2^2} \end{cases}$$

水泥环外壁处$(r=r_3)$的径向位移为

$$u_{s2} = f_5 \cdot \Delta P_2 - f_6 \cdot \Delta P_3 \tag{6-7}$$

式中，

$$\begin{cases} f_5 = \dfrac{(1+\upsilon_s)}{E_s} \cdot \dfrac{2(1-\upsilon_s)r_2^2 r_3}{r_3^2 - r_2^2} \\ f_6 = \dfrac{(1+\upsilon_s)}{E_s} \cdot \dfrac{(1-2\upsilon_s)r_3^3 + r_2^2 r_3}{r_3^2 - r_2^2} \end{cases}$$

3）井壁围岩的径向位移公式

$$u_f = \frac{(1+\upsilon_f)}{E_f} \frac{(1-2\upsilon_f)r_3^2 r + r_3^2 r_4^2/r}{r_4^2 - r_3^2} \Delta P_3 - \frac{(1+\upsilon_f)}{E_f} \frac{(1-2\upsilon_f)r_4^2 r + r_3^2 r_4^2/r}{r_4^2 - r_3^2} \Delta P_4 \tag{6-8}$$

水泥环外壁处$(r=r_3)$的径向位移为

$$u_{f1} = f_7 \cdot \Delta P_3 - f_8 \cdot \Delta P_4 \tag{6-9}$$

式中，

$$\begin{cases} f_7 = \dfrac{(1+\upsilon_f)}{E_f} \cdot \dfrac{(1-2\upsilon_f)r_3^3 + r_3 r_4^2}{r_4^2 - r_3^2} \\ f_8 = \dfrac{(1+\upsilon_f)}{E_f} \cdot \dfrac{2(1-\upsilon_f)r_3 r_4^2}{r_4^2 - r_3^2} \end{cases}$$

假设套管、水泥环与井壁围岩组合体紧密连接，径向位移连续的条件，因此，在$r=r_2$处有$u_{c2}=u_{s2}$，$r=r_3$处有$u_{s3}=u_{f3}$，因此，有

$$\begin{cases} u_{c2} = u_{s1} \\ u_{s2} = u_{f1} \end{cases} \Rightarrow \begin{cases} f_1 \cdot \Delta P_1 - f_2 \cdot \Delta P_2 = f_3 \cdot \Delta P_2 - f_4 \cdot \Delta P_3 \\ f_5 \cdot \Delta P_2 - f_6 \cdot \Delta P_3 = f_7 \cdot \Delta P_3 - f_8 \cdot \Delta P_4 \end{cases} \tag{6-10}$$

求解方程组可得

$$\begin{cases} \Delta P_2 = g_1 \cdot \Delta P_1 + g_2 \cdot \Delta P_4 \\ \Delta P_3 = g_3 \cdot \Delta P_1 + g_4 \cdot \Delta P_4 \end{cases} \tag{6-11}$$

式中，

$$\begin{cases} g_1 = \dfrac{f_1(f_6 + f_7)}{(f_2 + f_3)(f_6 + f_7) - f_4 f_5} \\[2mm] g_2 = \dfrac{f_4 f_8}{(f_2 + f_3)(f_6 + f_7) - f_4 f_5} \\[2mm] g_3 = \dfrac{f_1 f_5}{(f_2 + f_3)(f_6 + f_7) - f_4 f_5} \\[2mm] g_4 = \dfrac{(f_2 + f_3) f_8}{(f_2 + f_3)(f_6 + f_7) - f_4 f_5} \end{cases} \tag{6-12}$$

由于上述方程均为线性，因此，在套管内压力变化量 ΔP_1 作用下水泥环第一、第二界面作用力增量为

$$\begin{cases} \Delta P_2^c = g_1 \Delta P_1 \\ \Delta P_3^c = g_3 \Delta P_1 \end{cases} \tag{6-13}$$

式中，ΔP_2^c 为在 ΔP_1 作用下水泥环第一界面作用力增量，MPa；ΔP_3^c 为在 ΔP_1 作用下水泥环第二界面作用力增量，MPa。

求得在套管内压力变化量 ΔP_1 作用下水泥环界面作用力增量 ΔP_2、ΔP_3 后，根据厚壁圆筒理论，即可求出以初始应力状态为起点，在套管内压力变化量 ΔP_1 作用下定向井水泥环的应力增量，即：

$$\begin{cases} \Delta \sigma_{rr}^c = -\dfrac{r_2^2 r_3^2}{r_3^2 - r_2^2} \Big[\Big(\dfrac{1}{r^2} - \dfrac{1}{r_3^2} \Big) g_1 + \Big(\dfrac{1}{r_2^2} - \dfrac{1}{r^2} \Big) g_3 \Big] \Delta P_1 \\[3mm] \Delta \sigma_{\theta\theta}^c = \dfrac{r_2^2 r_3^2}{r_3^2 - r_2^2} \Big[\Big(\dfrac{1}{r^2} + \dfrac{1}{r_3^2} \Big) g_1 - \Big(\dfrac{1}{r_2^2} + \dfrac{1}{r^2} \Big) g_1 \Big] \Delta P_1 \quad (r_2 \leqslant r \leqslant r_3) \\[3mm] \Delta \sigma_{zz}^c = \upsilon_s \cdot \dfrac{r_2^2 r_3^2}{r_3^2 - r_2^2} \Big[\dfrac{2}{r_3^2} g_1 - \dfrac{2}{r_2^2} g_3 \Big] \Delta P_1 \end{cases} \tag{6-14}$$

3. 地层应力变化时水泥环应力增量研究

地层岩石主要受到三个主地层应力作用，在初始应力状态下，地层应力分别是上覆地层应力 σ_{vi}，水平最大主地层应力 σ_{Hi} 和水平最小地层应力 σ_{hi}。以初始应力状态为起点，当地层应力因资源开采、地层注水等原因发生改变时，其对应的地层应力变化量分别为 $\Delta \sigma_v = \sigma_v - \sigma_{vi}$、$\Delta \sigma_H = \sigma_H - \sigma_{Hi}$ 和 $\Delta \sigma_h = \sigma_h - \sigma_{hi}$。选取直角坐标系$(1，2，3)$分别与地层应力增量 $\Delta \sigma_v$、$\Delta \sigma_H$、$\Delta \sigma_h$ 方向一致，如图 6.17 所示。建立直角坐标系$(x，y，z)$和柱坐标系$(r，\theta，z)$，其中 oz 轴对应于井轴，ox 和 oy 位于与井轴垂直的平面之中。

为了建立$(x，y，z)$坐标与$(1，2，3)$坐标按以下方式旋转：先将坐标$(1，2，3)$以 3 为轴，按右手定则旋转角 β，变为$(x_1，y_1，z_1)$坐标。β 为井斜方位与水平井最大主地层应力方位的夹角，井斜方位是定向井眼轴线在水平面的投影轨迹与正北方向的夹角，水平最大主地层应力方位是该地层应力方向与正北方向的夹角，再将坐标$(x_1，y_1，z_1)$以 y_1 为轴，按右手定则旋转 α 变为$(x，y，z)$坐标。α 为井斜角，即定向井眼轴线与铅垂线的夹角。

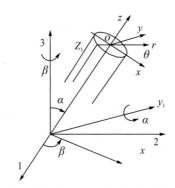

图 6.17　定向井地层应力坐标变换示意图

假设地层是均匀、连续、各向同性线弹性材料，并认为井壁围岩处于平面应变状态。定向井井壁围岩应力变化量可以应用二阶张量矩阵进行转换。主地层应力坐标系(1，2，3)按图 6.17 所示旋转到坐标系(x，y，z)并得到如下应力转换关系：

$$\begin{bmatrix} \Delta\sigma_{xx} & \Delta\sigma_{xy} & \Delta\sigma_{xz} \\ \Delta\sigma_{yx} & \Delta\sigma_{yy} & \Delta\sigma_{yz} \\ \Delta\sigma_{zx} & \Delta\sigma_{zy} & \Delta\sigma_{zz} \end{bmatrix} = \begin{bmatrix} L \end{bmatrix} \begin{bmatrix} \Delta\sigma_H & & \\ & \Delta\sigma_h & \\ & & \Delta\sigma_z \end{bmatrix} \begin{bmatrix} L \end{bmatrix}^{\mathrm{T}} \tag{6-15}$$

其中，

$$\begin{bmatrix} L \end{bmatrix} = \begin{bmatrix} \cos\alpha\cos\beta & \cos\alpha\sin\beta & -\sin\alpha \\ -\sin\beta & \cos\beta & 0 \\ \sin\alpha\cos\beta & \sin\alpha\sin\beta & \cos\alpha \end{bmatrix}$$

展开之后可以写为

$$\begin{cases} \Delta\sigma_{xx} = \Delta\sigma_H\cos^2\alpha\cos^2\beta + \Delta\sigma_h\cos^2\alpha\sin^2\beta + \Delta\sigma_v\sin^2\alpha \\ \Delta\sigma_{yy} = \Delta\sigma_H\sin^2\beta + \Delta\sigma_h\cos^2\beta \\ \Delta\sigma_{zz} = \Delta\sigma_H\sin^2\alpha\cos^2\beta + \Delta\sigma_h\sin^2\alpha\sin^2\beta + \Delta\sigma_v\cos^2\alpha \\ \Delta\sigma_{xy} = -\Delta\sigma_H\cos\alpha\cos\beta\sin\beta + \Delta\sigma_h\cos\alpha\cos\beta\sin\beta \\ \Delta\sigma_{xz} = \Delta\sigma_H\cos\alpha\sin\alpha\cos^2\beta + \Delta\sigma_h\cos\alpha\sin\alpha\sin^2\beta - \Delta\sigma_v\sin\alpha\cos\alpha \\ \Delta\sigma_{yz} = -\Delta\sigma_H\sin\alpha\cos\beta\sin\beta + \Delta\sigma_h\sin\alpha\cos\beta\sin\beta \end{cases} \tag{6-16}$$

将定向井远地层应力变化量进行分解后，可以得到 $\Delta\sigma_{xx}$、$\Delta\sigma_{yy}$、$\Delta\sigma_{xy}$、$\Delta\sigma_{zz}$、$\Delta\sigma_{xz}$、$\Delta\sigma_{yz}$ 六个不同的地层应力变化量分量。根据广义平面应力的求解方法[30]，可以将广义平面应变应力状态分解为三个应变应力状态的叠加，依次是狭义平面应变应力、面外剪切和单轴压缩，如图 6.18 所示。依次对这三个应力状态进行求解，然后将求解的结果进行叠加，即可求出在地层应力变化量作用下定向井水泥环应力增量。

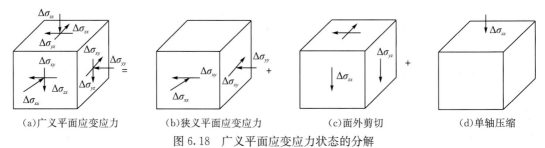

(a)广义平面应变应力　　　(b)狭义平面应变应力　　　(c)面外剪切　　　(d)单轴压缩

图 6.18　广义平面应变应力状态的分解

1）在平面应力作用下水泥环应力增量

（1）在 $\Delta\sigma_{xx}$ 作用下水泥环应力增量。

单独分析在 $\Delta\sigma_{xx}$ 作用下定向井水泥环应力增量时，井壁围岩受到非均匀压力，x 轴方向受到的压力大小为 $\Delta\sigma_{xx}$，而 y 轴方向受力大小为 0，并且组合体套管内壁处受力大小也为 0，因此，本书拟采用弹性力学的方法，将原问题分解为两个相对简单的子问题。在求解子问题过程中，基于两个弹性力学平面应变应力基本问题的解，利用套管-水泥环-井壁围岩组合体各层之间位移连续的条件，即可以求出水泥环应力增量表达式，最后利用叠加原理求解出在 $\Delta\sigma_{xx}$ 作用下定向井水泥环应力增量，如图 6.19 所示。

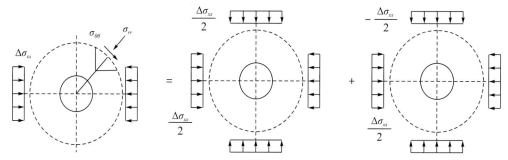

图 6.19　非均匀受压的井壁围岩的计算简图

当 $r=r_4$ 时，地层应力变化量为 $\Delta\sigma_{xx}$。根据上述分析，可以将地层岩石受力状态分为两部分[30]：平均地层应力和偏差地层应力。第一部分，地层岩石受到均匀压力 $\dfrac{\Delta\sigma_{xx}}{2}$，在平均地层应力作用下，增加的水泥环界面作用力是一个轴对称问题；另一部分，地层岩石在 x 轴方面受到的均匀压力为 $\dfrac{\Delta\sigma_{xx}}{2}$，在 y 轴方向受到的均匀压力为 $-\dfrac{\Delta\sigma_{xx}}{2}$。因此，可以利用极坐标的应力变换公式，将两部分的应力分解为

$$\sigma_{rr}=\frac{\Delta\sigma_{xx}}{2},\tau_{rr}=0 \tag{6-17}$$

和

$$\sigma_{rr}=\frac{\Delta\sigma_{xx}}{2}\cos2\theta,\tau_{rr}=-\frac{\Delta\sigma_{xx}}{2}\sin2\theta \tag{6-18}$$

第一部分，组合体受到地层应力变化量 $\Delta\sigma_{xx}$ 均匀地层应力作用，如图 6.20 所示。

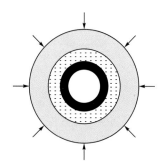

图 6.20　组合体受到均匀地层应力变化量作用示意图

根据公式(6-17)可知,地层岩石外壁处($r = r_4$)受到的径向应力为$\dfrac{\Delta \sigma_{xx}}{2}$,套管内壁处($r = r_1$)不受任何作用力,因此,组合体应变应力属于轴对称问题,应力边界条件为

$$\Delta p_4^{xx1} = \sigma_{rr}^{xx1}\big|_{r=r_4} = \frac{\Delta \sigma_{xx}}{2}, \Delta p_1^{xx1} = \sigma_{rr}^{xx1}\big|_{r=r_1} = 0 \tag{6-19}$$

因此,可以利用公式(6-11)得到在地层应力变化量$\dfrac{\Delta \sigma_{xx}}{2}$作用下增加的水泥环第一、第二界面作用力,即:

$$\begin{cases} \Delta P_2^{xx1} = g_2 \dfrac{\Delta \sigma_{xx}}{2} \\ \Delta P_3^{xx1} = g_4 \dfrac{\Delta \sigma_{xx}}{2} \end{cases} \tag{6-20}$$

式中,ΔP_2^{xx1}为在$\dfrac{\Delta \sigma_{xx}}{2}$作用下水泥环第一界面作用力增量,MPa;$\Delta P_3^{xx1}$为在$\dfrac{\Delta \sigma_{xx}}{2}$作用下水泥环第二界面作用力增量,MPa。

在求得水泥环界面作用力增量后,根据厚壁圆筒理论,可以得到在$\dfrac{\Delta \sigma_{xx}}{2}$作用下定向井水泥环应力增量,即:

$$\begin{cases} \Delta \sigma_{rr}^{xx1} = -\dfrac{r_2^2 r_3^2}{r_3^2 - r_2^2}\Big[\Big(\dfrac{1}{r^2} - \dfrac{1}{r_3^2}\Big)g_2 + \Big(\dfrac{1}{r_2^2} - \dfrac{1}{r^2}\Big)g_4\Big]\dfrac{\Delta \sigma_{xx}}{2} \\ \Delta \sigma_{\theta\theta}^{xx1} = \dfrac{r_2^2 r_3^2}{r_3^2 - r_2^2}\Big[\Big(\dfrac{1}{r^2} + \dfrac{1}{r_3^2}\Big)g_2 - \Big(\dfrac{1}{r_2^2} + \dfrac{1}{r^2}\Big)g_4\Big]\dfrac{\Delta \sigma_{xx}}{2} \quad (r_2 \leqslant r \leqslant r_3) \\ \Delta \sigma_{zz}^{xx1} = \upsilon_c \cdot \dfrac{r_2^2 r_3^2}{r_3^2 - r_2^2}\Big[\dfrac{2}{r_3^2}g_2 - \dfrac{2}{r_2^2}g_4\Big]\dfrac{\Delta \sigma_{xx}}{2} \end{cases} \tag{6-21}$$

第二部分,组合体受到地层应力变化量$\Delta \sigma_{xx}$的偏差地层应力作用,理论上已经证明,在偏差地层应力的作用下组合内部的径向应力为余弦形式,切向应力为正弦形式,井壁围岩外壁处($r = r_4$)受到偏差地层应力,套管内壁处($r = r_1$)不受任何作用力,如图6.21所示[31]。

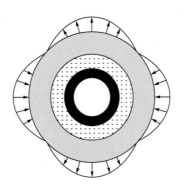

图6.21 组合体受到偏差地层应力作用示意图

因此,组合体内外的边界条件为

$$\Delta p_1^{xx2} = \sigma_{rr}^{xx2}\big|_{r=r_1} = 0, \tau_{r\theta}^{xx2}\big|_{r=r_1} = 0 \tag{6-22}$$

$$\sigma_{rr}^{xx2}\big|_{r=r_4} = \frac{\Delta\sigma_{xx}}{2}\cos2\theta,\ \tau_{r\theta}^{xx2}\big|_{r=r_4} = -\frac{\Delta\sigma_{xx}}{2}\sin2\theta \tag{6-23}$$

对于组合体中井壁围岩外壁受到的偏差地层应力作用，可以根据弹性力学平面问题的基本解法——应力函数的半逆解法对水泥环的应力分布进行求解，如图 6.22 所示。

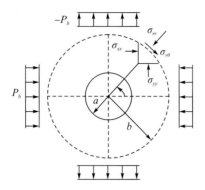

图 6.22　非轴对称力学简图

从图 6.22 可知，厚壁圆筒的内半径为 a，外半径为 b，x 轴方向的压力为 P_b，y 轴方向的压力为 $-P_b$。根据弹性力学平面问题，如图 6.22 所示受到非轴对称应力作用的厚壁圆筒应力分布公式为

$$\begin{cases} \sigma_{rr} = P_b\left(1 - 4\dfrac{a^2}{b^2} + 3\dfrac{a^4}{b^4}\right)\cos2\theta \\[2mm] \sigma_{\theta\theta} = -P_b\left(1 + 3\dfrac{a^4}{b^4}\right)\cos2\theta \\[2mm] \sigma_{zz} = -4\dfrac{a^2}{b^2}P_b\cos2\theta \\[2mm] \sigma_{r\theta} = -P_b\left(1 + 2\dfrac{a^2}{b^2} - 3\dfrac{a^4}{b^4}\right)\sin2\theta \end{cases} \tag{6-24}$$

在非轴对称应力作用下，厚壁圆筒平面应变应力条件下的径向位移可以表示为

$$u_r = \frac{r(1-\upsilon^2)}{E}\left[\left(1 + 4\frac{a^2}{r^2} - \frac{a^4}{r^4}\right) + \frac{\nu}{1-\nu}\left(1 - \frac{a^4}{r^4}\right)\right]P_b\cos2\theta \tag{6-25}$$

①结合在偏差地层应力下的组合体和在非轴对称应力作用下厚壁圆筒模型，考虑到其内外边界条件，我们可以得到在 $r \to r_4$ 处时：

$$P_b = \frac{\Delta\sigma_{xx}}{2} \tag{6-26}$$

将 $P_b = \dfrac{\Delta\sigma_{xx}}{2}$ 代入公式（6-25），即可得到井壁围岩内壁处（$r=r_3$）在非轴对称应力情况下的径向位移，即：

$$u_{f1} = h_1\frac{\Delta\sigma_{xx}}{2}\cos2\theta \tag{6-27}$$

式中，

$$h_1 = \frac{r_3(1-\upsilon_f^2)}{E_f}\left[\left(1 + 4\frac{r_1^2}{r_3^2} - \frac{r_1^4}{r_3^4}\right) + \frac{\nu_f}{1-\nu_f}\left(1 - \frac{r_1^4}{r_3^4}\right)\right]$$

②由于套管−水泥环−井壁围岩组合体界面紧密接触，界面处的应力变化相同。假

设水泥环在 x 轴方向受力为 ΔP_3^{xx2}，y 轴受力为 $-\Delta P_3^{xx2}$，同理，可以得到水泥环外壁处($r = r_3$)在非轴对称应力情况下的径向位移，即：

$$u_{s2} = h_2 \Delta P_3^{xx2} \tag{6-28}$$

式中，

$$h_2 = \frac{r_3(1-\upsilon_s^2)}{E_s}\left[\left(1+4\frac{r_1^2}{r_3^2}-\frac{r_1^4}{r_3^4}\right)+\frac{\nu_s}{1-\nu_s}\left(1-\frac{r_1^4}{r_3^4}\right)\right]$$

③假设套管－水泥环－井壁围岩组合体界面紧密接触，界面处应力变化相同，径向位移连续，因此，在 $r = r_3$ 处有 $u_{s2} = u_{f1}$，即：

$$u_{s2} = u_{f1} \tag{6-29}$$

式中，

$$h_2 \cdot \Delta P_3^{xx2} = h_1 \cdot \frac{\Delta \sigma_{xx}}{2}\cos 2\theta$$

对方程(6-29)进行求解，即可以得到在 $\Delta \sigma_{xx}$ 偏差地层应力作用下增加得到水泥环第二界面作用力：

$$\Delta P_3^{xx2} = \frac{h_1}{h_2} \cdot \frac{\Delta \sigma_{xx}}{2}\cos 2\theta \tag{6-30}$$

式中，ΔP_2^{xx2} 为在 $\Delta \sigma_{xx}$ 偏差地层应力作用下水泥环第二界面作用力增量，MPa。

因此，在假设套管－水泥环－井壁围岩组合体界面紧密接触的条件下，利用套管－水泥环－井壁围岩组合体各层之间位移连续的条件，即可以求出 $\Delta \sigma_{xx}$ 偏差地层应力作用下水泥环第二界面作用力增量。将在 $\Delta \sigma_{xx}$ 偏差地层应力作用下水泥环第二界面作用力增量带入非轴对称应力作用的厚壁圆筒应力分布公式(6-24)，可以得到在 $\Delta \sigma_{xx}$ 偏差地层应力作用下水泥环应力增量，即：

$$\begin{cases} \Delta\sigma_{rr}^{xx2} = \dfrac{h_1}{h_2}\left(1-4\dfrac{r_1^2}{r^2}+3\dfrac{r_1^4}{r^4}\right)\cos 2\theta\,\dfrac{\Delta\sigma_{xx}}{2} \\[2mm] \Delta\sigma_{\theta\theta}^{xx2} = -\dfrac{h_1}{h_2}\left(1+3\dfrac{r_1^4}{r^4}\right)\cos 2\theta\,\dfrac{\Delta\sigma_{xx}}{2} \\[2mm] \Delta\sigma_{zz}^{xx2} = -\dfrac{2h_1}{h_2}\dfrac{r_1^2}{r^2}\cos 2\theta\,\Delta\sigma_{xx} \\[2mm] \Delta\sigma_{r\theta}^{xx2} = -\dfrac{h_1}{h_2}\left(1+2\dfrac{r_1^2}{r^2}-3\dfrac{r_1^4}{r^4}\right)\sin 2\theta\,\dfrac{\Delta\sigma_{xx}}{2} \end{cases} \quad (r_2 \leqslant r \leqslant r_3) \tag{6-31}$$

利用厚壁圆筒和广义平面应变应力理论，将地层应力变化量 $\Delta\sigma_{xx}$ 第一部分均匀地层应力和第二部分偏差地层应力作用下水泥环应力增量叠加，即可得到在 $\Delta\sigma_{xx}$ 作用下水泥环应力增量($r_2 \leqslant r \leqslant r_3$)，即：

$$\begin{cases} \Delta\sigma_{rr}^{xx} = \left\{-\dfrac{r_2^2 r_3^2}{r_3^2-r_2^2}\left[\left(\dfrac{1}{r^2}-\dfrac{1}{r_3^2}\right)g_2+\left(\dfrac{1}{r_2^2}-\dfrac{1}{r^2}\right)g_3\right]+\dfrac{h_1}{h_2}\left(1-4\dfrac{r_1^2}{r^2}+3\dfrac{r_1^4}{r^4}\right)\cos 2\theta\right\}\dfrac{\Delta\sigma_{xx}}{2} \\[2mm] \Delta\sigma_{\theta\theta}^{xx} = \left\{\dfrac{r_2^2 r_3^2}{r_3^2-r_2^2}\left[\left(\dfrac{1}{r^2}+\dfrac{1}{r_3^2}\right)g_2-\left(\dfrac{1}{r_2^2}+\dfrac{1}{r^2}\right)g_4\right]-\dfrac{h_1}{h_2}\left(1+3\dfrac{r_1^4}{r^4}\right)\cos 2\theta\right\}\dfrac{\Delta\sigma_{xx}}{2} \\[2mm] \Delta\sigma_{zz}^{xx} = \upsilon_c \cdot (\Delta\sigma_{rr}^{xx}+\Delta\sigma_{\theta\theta}^{xx}) \\[2mm] \Delta\sigma_{r\theta}^{xx} = -\dfrac{h_1}{h_2}\left(1+2\dfrac{r_1^2}{r^2}-3\dfrac{r_1^4}{r^4}\right)\dfrac{\Delta\sigma_{xx}}{2}\sin 2\theta \end{cases} \tag{6-32}$$

（2）在 $\Delta\sigma_{yy}$ 作用下水泥环应力增量。

在地层应力变化量 $\Delta\sigma_{yy}$ 作用下水泥环应力增量求解过程与在 $\Delta\sigma_{xx}$ 作用下水泥环应力增量求解过程类似，因此，可以借鉴 $\Delta\sigma_{xx}$ 的求解过程得到在 $\Delta\sigma_{yy}$ 作用下水泥环应力增量。第一步，求解过程与求解 $\Delta\sigma_{xx}$ 作用下水泥环应力增量过程相同；第二步，将求解的过程中的 $\Delta\sigma_{xx}$ 替换为 $\Delta\sigma_{yy}$；第三步，将计算中公式中 θ 替换为 $\theta+\dfrac{\pi}{2}$。按照上述步骤，可得到在 $\Delta\sigma_{yy}$ 作用下水泥环应力增量（$r_2\leqslant r\leqslant r_3$），即：

$$
\begin{cases}
\Delta\sigma_{rr}^{yy} = \left\{ -\dfrac{r_2^2 r_3^2}{r_3^2 - r_2^2}\left[\left(\dfrac{1}{r^2}-\dfrac{1}{r_3^2}\right)g_2 + \left(\dfrac{1}{r_2^2}-\dfrac{1}{r^2}\right)g_4 \right] - \dfrac{h_1}{h_2}\left(1-4\dfrac{r_1^2}{r^2}+3\dfrac{r_1^4}{r^4}\right)\cos 2\theta \right\}\dfrac{\Delta\sigma_{yy}}{2} \\[3mm]
\Delta\sigma_{\theta\theta}^{yy} = \left\{ \dfrac{r_2^2 r_3^2}{r_3^2 - r_2^2}\left[\left(\dfrac{1}{r^2}+\dfrac{1}{r_3^2}\right)g_2 - \left(\dfrac{1}{r_2^2}+\dfrac{1}{r^2}\right)g_4 \right] + \dfrac{h_1}{h_2}\left(1+3\dfrac{r_1^4}{r^4}\right)\cos 2\theta \right\}\dfrac{\Delta\sigma_{yy}}{2} \\[3mm]
\Delta\sigma_{zz}^{yy} = \upsilon_c\cdot(\Delta\sigma_{rr}^{yy}+\Delta\sigma_{\theta\theta}^{yy}) \\[3mm]
\Delta\sigma_{r\theta}^{yy} = \dfrac{h_1}{h_2}\left(1+2\dfrac{r_1^2}{r^2}-3\dfrac{r_1^4}{r^4}\right)\dfrac{\Delta\sigma_{yy}}{2}\sin 2\theta
\end{cases}
$$

$$(6\text{-}33)$$

（3）在 $\Delta\sigma_{xy}$ 作用下水泥环应力增量。

在地层应力变化量 $\Delta\sigma_{xy}$ 作用下水泥环应力增量求解过程与上述在 $\Delta\sigma_{xx}$、$\Delta\sigma_{yy}$ 作用下水泥环应力增量计算过程类似。第一步，求解过程与求解 $\Delta\sigma_{xx}$ 作用下水泥环应力增量过程相同；第二步，将求解的过程中的 $\Delta\sigma_{xx}$ 替换为 $\Delta\sigma_{xy}$；第三步，将计算中公式中 θ 替换为 $\theta-\dfrac{\pi}{4}$；第四步，求解过程与求解 $\Delta\sigma_{yy}$ 作用下水泥环应力增量过程相同；第五步，将求解的过程中的 $\Delta\sigma_{yy}$ 替换为 $-\Delta\sigma_{xy}$；第六步，将计算中公式中 θ 替换为 $\theta-\dfrac{\pi}{4}$；第七步，将上述的计算结果进行叠加。按照上述步骤，即可得到在 $\Delta\sigma_{xy}$ 作用下水泥环应力增量，即：

$$
\begin{cases}
\Delta\sigma_{rr}^{xy} = \dfrac{h_1}{h_2}\left(1-4\dfrac{r_1^2}{r^2}+3\dfrac{r_1^4}{r_2^4}\right)\sin 2\theta\,\Delta\sigma_{xy} \\[3mm]
\Delta\sigma_{\theta\theta}^{xy} = -\dfrac{h_1}{h_2}\left(1+3\dfrac{r_1^4}{r_2^4}\right)\sin 2\theta\,\Delta\sigma_{xy} \\[3mm]
\Delta\sigma_{zz}^{xy} = \upsilon_c\cdot(\Delta\sigma_{rr}^{xy}+\Delta\sigma_{\theta\theta}^{xy}) \\[3mm]
\Delta\sigma_{r\theta}^{xy} = \dfrac{h_1}{h_2}\left(1+2\dfrac{r_1^2}{r^2}-3\dfrac{r_1^4}{r_2^4}\right)\cos 2\theta\,\Delta\sigma_{xy}
\end{cases}
\qquad (r_2\leqslant r\leqslant r_3) \qquad (6\text{-}34)
$$

2）在面外剪切应力作用下水泥环应力增量

（1）在 $\Delta\sigma_{xz}$ 作用下水泥环应力增量。

根据弹性力学广义平面应变应力基本问题的解，地层岩石（$r_3\leqslant r\leqslant r_4$）在地层应力变化量 $\Delta\sigma_{xz}$ 作用下产生的应力增量和轴向位移公式为

$$
\begin{cases}
\Delta\sigma_{rz}^{xz} = \left(1-\dfrac{r_1^2}{r^2}\right)\Delta\sigma_{xz}\cos\theta \\[3mm]
\Delta\sigma_{\theta z}^{xz} = -\left(1+\dfrac{r_1^2}{r^2}\right)\Delta\sigma_{xz}\sin\theta
\end{cases}
\tag{6-35}
$$

$$
u_z^f = \dfrac{2(1+\upsilon_f)}{E_f}\left(1+\dfrac{r_1^2}{r^2}\right)\Delta\sigma_{xz}\cos\theta \tag{6-36}
$$

因此，根据公式(6-36)可以得到在井壁围岩内壁处($r=r_3$)的轴向位移为

$$u_z^{f1} = \frac{2(1+\upsilon_f)}{E_f}(1+\frac{r_1^2}{r_3^2})\Delta\sigma_{xz}\cos\theta \tag{6-37}$$

假设水泥环第二界面($r=r_3$)受到的面外剪切应力为 ΔP_3^{xz}，则在地层应力变化量 $\Delta\sigma_{xz}$ 作用下水泥环第二界面($r=r_3$)的轴向位移为

$$\Delta u_z^{s2} = \frac{2(1+\upsilon_s)}{E_s}(1+\frac{r_1^2}{r_3^2})\Delta P_3^{xz}\cos\theta \tag{6-38}$$

由于水泥环和井壁围岩紧密连接，轴向位移相等，根据 $u_z^{f1}=u_z^{s2}$ 可以得到水泥环第二界面($r=r_3$)的面外剪切应力，即：

$$\Delta P_3^{xz} = \frac{E_s(1+\upsilon_f)}{E_f(1+\upsilon_s)}\Delta\sigma_{xz} \tag{6-39}$$

式中，ΔP_2^{xz} 为在 $\Delta\sigma_{xz}$ 作用下水泥环第二界面作用力增量，MPa。

求得在 $\Delta\sigma_{xz}$ 作用下水泥环第二界面作用力增量后，根据弹性力学广义平面应变应力基本问题的解，可以得到在 $\Delta\sigma_{xz}$ 作用下水泥环应力增量，即：

$$\begin{cases} \Delta\sigma_{rz}^{xy} = \frac{E_s(1+\upsilon_f)}{E_f(1+\upsilon_s)}(1-\frac{r_1^2}{r^2})\Delta\sigma_{xz}\cos\theta \\ \Delta\sigma_{\theta z}^{xy} = -\frac{E_s(1+\upsilon_f)}{E_f(1+\upsilon_s)}(1+\frac{r_1^2}{r^2})\Delta\sigma_{xz}\sin\theta \end{cases} \quad (r_2 \leqslant r \leqslant r_3) \tag{6-40}$$

(2)在 $\Delta\sigma_{yz}$ 作用下水泥环应力增量。

在地层应力变化量 $\Delta\sigma_{yz}$ 作用下水泥环应力增量求解过程与在 $\Delta\sigma_{xz}$ 作用下水泥环应力增量的求解过程类似。第一步，计算结果中的 $\Delta\sigma_{xz}$ 替换为 $\Delta\sigma_{yz}$；第二步，将计算中公式中 θ 替换为 $\theta-\frac{\pi}{2}$，可以得到在 $\Delta\sigma_{yz}$ 作用下的水泥环应力增量，即：

$$\begin{cases} \Delta\sigma_{rz}^{yz} = \frac{E_s(1+\upsilon_f)}{E_f(1+\upsilon_s)}(1-\frac{r_1^2}{r^2})\Delta\sigma_{yz}\sin\theta \\ \Delta\sigma_{\theta z}^{yz} = \frac{E_s(1+\upsilon_f)}{E_f(1+\upsilon_s)}(1+\frac{r_1^2}{r^2})\Delta\sigma_{yz}\cos\theta \end{cases} \quad (r_2 \leqslant r \leqslant r_3) \tag{6-41}$$

3)在垂向应力作用下水泥环应力增量

在广义平面应变应力条件下平面应变为非零，如 $\varepsilon_i \neq 0$，$i=x$、y、z。这就意味着远离于井眼的井壁围岩区域的平面应变为非零常数，因此，井壁围岩在地层应力变化量 $\Delta\sigma_{zz}$ 作用下的平面应变可以表示为

$$\Delta\varepsilon_{zz}^f = \frac{\Delta\sigma_{zz}}{E^f} \tag{6-42}$$

本书 r_4 取值为井眼直径的 100 倍，为便于计算，我们可以假设此时的 r_4 趋近于无穷大。由公式(6-42)可知，当 $r \rightarrow r_4$ 时，$\Delta\varepsilon_{zz}^f = \frac{\Delta\sigma_{zz}}{E^f}$，根据 $\Delta\varepsilon_{zz}^f = -\upsilon_f \cdot \Delta\varepsilon_{rr}^f$，可得 $\Delta\varepsilon_{rr}^f = -\frac{\upsilon_f\Delta\sigma_{zz}}{E^f}$。

将 r_4 趋近于无穷大带入公式(6-8)，可以得到：

$$\Delta\varepsilon_{rr}^f = \frac{\partial u_r^f}{\partial r} = -\frac{(1+\upsilon_f)(1-2\upsilon_f)}{E_f}\Delta P_4^{zz} = -\frac{\upsilon_f\Delta\sigma_{zz}}{E_f} \tag{6-43}$$

$$\Delta P_4^{zz} = \frac{\upsilon_f\Delta\sigma_{zz}}{(1-2\upsilon_f)(1+\upsilon_f)} \tag{6-44}$$

因此，根据公式(6-11)可以得到在 $\Delta\sigma_{zz}$ 作用下水泥环界面作用力增量，即：

$$\begin{cases} \Delta P_2^{zz} = g_2 \dfrac{\upsilon_f}{(1-2\upsilon_f)(1+\upsilon_f)}\Delta\sigma_{zz} \\[3mm] \Delta P_3^{zz} = g_4 \dfrac{\upsilon_f}{(1-2\upsilon_f)(1+\upsilon_f)}\Delta\sigma_{zz} \end{cases} \tag{6-45}$$

式中，ΔP_2^{zz} 为在 $\Delta\sigma_{zz}$ 作用下水泥环第一界面作用力增量，MPa；ΔP_3^{zz} 为在 $\Delta\sigma_{zz}$ 作用下水泥环第二界面作用力增量，MPa。

在广义平面应变应力条件下，垂向应力 $\Delta\sigma_{zz}$ 将会产生平面应力 $\Delta\sigma_{rr}$ 和 $\Delta\sigma_{\theta\theta}$。由于 $\Delta\sigma_{zz}$ 引起的平面应变为轴对称问题，因此，可以利用厚壁圆筒理论得到在 $\Delta\sigma_{zz}$ 作用下的水泥环应力增量（$r_2 \leqslant r \leqslant r_3$），即：

$$\begin{cases} \Delta\sigma_{rr}^{zz} = -\dfrac{r_2^2 r_3^2}{r_3^2-r_2^2}\left[\left(\dfrac{1}{r^2}-\dfrac{1}{r_3^2}\right)g_2 + \left(\dfrac{1}{r_2^2}-\dfrac{1}{r^2}\right)g_4\right]\dfrac{\upsilon_f}{(1-2\upsilon_f)(1+\upsilon_f)}\Delta\sigma_{zz} \\[3mm] \Delta\sigma_{\theta\theta}^{zz} = \dfrac{r_2^2 r_3^2}{r_3^2-r_2^2}\left[\left(\dfrac{1}{r^2}+\dfrac{1}{r_3^2}\right)g_2 - \left(\dfrac{1}{r_2^2}+\dfrac{1}{r^2}\right)g_4\right]\dfrac{\upsilon_f}{(1-2\upsilon_f)(1+\upsilon_f)}\Delta\sigma_{zz} \\[3mm] \Delta\sigma_{zz}^{zz} = \upsilon_c \cdot \dfrac{r_2^2 r_3^2}{r_3^2-r_2^2}\left[\dfrac{2}{r_3^2}g_2 - \dfrac{2}{r_2^2}g_4\right]\dfrac{\upsilon_f}{(1-2\upsilon_f)(1+\upsilon_f)}\Delta\sigma_{zz} \end{cases} \tag{6-46}$$

4）地层应力变化时水泥环的应力增量

为了求解地层应力变化时水泥环的应力增量，首先，以初始应力状态为起点，当地层应力发生变化后，将地层应力变化量分解为 $\Delta\sigma_{xx}$、$\Delta\sigma_{yy}$、$\Delta\sigma_{xy}$、$\Delta\sigma_{zz}$、$\Delta\sigma_{xz}$、$\Delta\sigma_{yz}$ 六个地层应力变化量分量；然后，根据广义平面应变应力的求解方法，分解为狭义平面应变、面外剪切和单轴压缩三个应变应力状态，依次求解在不同的地层应力变化量作用下的水泥环应力增量；最后，将三个应变应力状态的水泥环应力增量进行叠加，即可得到以初始应力状态为起点，在地层应力发生变化时的定向井水泥环应力增量，即：

$$\Delta\sigma^f = \Delta\sigma^{xx} + \Delta\sigma^{yy} + \Delta\sigma^{xy} + \Delta\sigma^{xz} + \Delta\sigma^{yz} + \Delta\sigma^{zz} \tag{6-47}$$

将公式(6-47)公式展开之后，便可以得到在地层应力增量作用下的定向井水泥环应力增量具体表达式，即：

$$\begin{cases} \Delta\sigma_{rr}^f = -\dfrac{r_2^2 r_3^2}{r_3^2-r_2^2}\left[\left(\dfrac{1}{r^2}-\dfrac{1}{r_3^2}\right)g_2+\left(\dfrac{1}{r_2^2}-\dfrac{1}{r^2}\right)g_4\right]\left[\dfrac{\Delta\sigma_{xx}}{2}+\dfrac{\Delta\sigma_{yy}}{2}+\dfrac{\upsilon_f\Delta\sigma_{zz}}{(1-2\upsilon_f)(1+\upsilon_f)}\right] \\[2mm] \qquad + \dfrac{h_1}{h_2}\left(1-4\dfrac{r_1^2}{r^2}+3\dfrac{r_1^4}{r^4}\right)\left[\left(\dfrac{\Delta\sigma_{xx}}{2}-\dfrac{\Delta\sigma_{yy}}{2}\right)\cos 2\theta+\Delta\sigma_{xy}\sin 2\theta\right] \\[3mm] \Delta\sigma_{\theta\theta}^f = \dfrac{r_2^2 r_3^2}{r_3^2-r_2^2}\left[\left(\dfrac{1}{r^2}+\dfrac{1}{r_3^2}\right)g_2-\left(\dfrac{1}{r_2^2}+\dfrac{1}{r^2}\right)g_4\right]\left[\dfrac{\Delta\sigma_{xx}}{2}+\dfrac{\Delta\sigma_{yy}}{2}+\dfrac{\upsilon_f\Delta\sigma_{zz}}{(1-2\upsilon_f)(1+\upsilon_f)}\right] \\[2mm] \qquad - \dfrac{h_1}{h_2}\left(1+3\dfrac{r_1^4}{r^4}\right)\left[\left(\dfrac{\Delta\sigma_{xx}}{2}-\dfrac{\Delta\sigma_{yy}}{2}\right)\cos 2\theta+\Delta\sigma_{xy}\sin 2\theta\right] \\[3mm] \Delta\sigma_{zz}^f = \upsilon_s \cdot (\Delta\sigma_{rr}^f + \Delta\sigma_{\theta\theta}^f) \\[3mm] \Delta\sigma_{r\theta}^f = -\dfrac{h_1}{h_2}\left(1+2\dfrac{r_1^2}{r^2}-3\dfrac{r_1^4}{r^4}\right)\left[\left(\dfrac{\Delta\sigma_{xx}}{2}-\dfrac{\Delta\sigma_{yy}}{2}\right)\sin 2\theta-\Delta\sigma_{yy}\cos 2\theta\right] \\[3mm] \Delta\sigma_{\theta z}^f = -\dfrac{E_s(1+\upsilon_f)}{E_f(1+\upsilon_s)}\left(1-\dfrac{r_1^2}{r^2}\right)(\Delta\sigma_{xz}\sin\theta-\Delta\sigma_{yz}\cos\theta) \\[3mm] \Delta\sigma_{rz}^f = \dfrac{E_s(1+\upsilon_f)}{E_f(1+\upsilon_s)}\left(1-\dfrac{r_1^2}{r^2}\right)(\Delta\sigma_{xz}\cos\theta+\Delta\sigma_{yz}\sin\theta) \end{cases}$$

4. 定向井水泥环应力分布及主应力

1)定向井水泥环应力分布

通过分析，后期水泥环界面作用力可以分为三个状态的叠加，依次是：①水泥环初始应力状态，界面初始作用力为 P_{2i}、P_{3i}，如图 6.23(a)所示；②后期作业套管内压力变化时，在套管内压力变化量 ΔP_1 作用下水泥环界面作用力增量 $P_2{}^c$、$P_3{}^c$，如图6.23(b)所示；③后期作业地层应力变化时，在地层应力变化量 ΔP_4 作用下水泥环界面作用力增量 $P_2{}^f$、$P_3{}^f$，如图 6.23(c)所示。

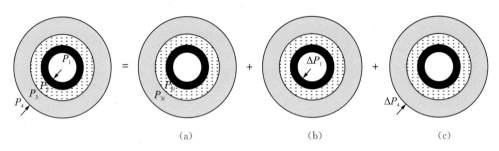

(a)   (b)   (c)

图 6.23　定向井水泥环界面作用力叠加关系示意图

因此，根据作用力叠加关系，在后期套管内压力和地层应力变化的情况下，水泥环界面上的作用力可以分解如下：

$$\begin{cases} P_2 = P_{2i} + \Delta P_2^f + \Delta P_2^f \\ P_3 = P_{3i} + \Delta P_3^c + \Delta P_3^f \end{cases} \tag{6-48}$$

后期水泥环应力分布应以水泥环初始应力状态为起点，假设影响水泥环应力分布的各个因素相互独立，通过建立模型求解出在初始作用力下的水泥环初始应力状态，以及在 $P_2{}^c$、$P_3{}^c$ 和 $P_2{}^f$、$P_3{}^f$ 作用下水泥环应力增量，将水泥环应力增量叠加到水泥环初始应力状态上，获得后期作业时水泥环应力分布。

根据上述分析，我们可以得到后期作业时定向井水泥环应力分布的理论解，即：

$$\sigma = \sigma^i + \Delta\sigma^c + (\Delta\sigma^{xx} + \Delta\sigma^{yy} + \Delta\sigma^{xy} + \Delta\sigma^{xz} + \Delta\sigma^{yz} + \Delta\sigma^{zz}) \tag{6-49}$$

将上式展开，即可得到后续作业时定向井水泥环应力分布理论解的具体表达式：

$$\begin{cases} \sigma_{rr} = -\dfrac{r_2^2 r_3^2}{r_3^2 - r_2^2} \left\{ \left(\dfrac{1}{r^2} - \dfrac{1}{r_3^2}\right)\left[P_{2i} + g_1\Delta P_1 + g_2\left(\dfrac{\Delta\sigma_{xx}}{2} + \dfrac{\Delta\sigma_{yy}}{2} + \dfrac{\upsilon_f \Delta\sigma_{zz}}{(1-2\upsilon_f)(1+\upsilon_f)}\right) \right] \right. \\ \qquad \left. + \left(\dfrac{1}{r_2^2} - \dfrac{1}{r^2}\right)\left[P_{3i} + g_3\Delta P_1 + g_4\left(\dfrac{\Delta\sigma_{xx}}{2} + \dfrac{\Delta\sigma_{yy}}{2} + \dfrac{\upsilon_f \Delta\sigma_{zz}}{(1-2\upsilon_f)(1+\upsilon_f)}\right) \right] \right\} \\ \quad + \dfrac{h_1}{h_2}\left(1 - 4\dfrac{r_1^2}{r^2} + 3\dfrac{r_1^4}{r^4}\right)\left[\left(\dfrac{\Delta\sigma_{xx}}{2} - \dfrac{\Delta\sigma_{yy}}{2}\right)\cos 2\theta + \Delta\sigma_{xy}\sin 2\theta \right] \\[4pt] \sigma_{\theta\theta} = \dfrac{r_2^2 r_3^2}{r_3^2 - r_2^2}\left\{ \left(\dfrac{1}{r^2} + \dfrac{1}{r_3^2}\right)\left[P_{2i} + g_1\Delta P_1 + g_2\left(\dfrac{\Delta\sigma_{xx}}{2} + \dfrac{\Delta\sigma_{yy}}{2} + \dfrac{\upsilon_f \Delta\sigma_{zz}}{(1-2\upsilon_f)(1+\upsilon_f)}\right) \right] \right. \\ \qquad \left. - \left(\dfrac{1}{r_2^2} + \dfrac{1}{r^2}\right)\left[P_{3i} + g_3\Delta P_1 + g_4\left(\dfrac{\Delta\sigma_{xx}}{2} + \dfrac{\Delta\sigma_{yy}}{2} + \dfrac{\upsilon_f \Delta\sigma_{zz}}{(1-2\upsilon_f)(1+\upsilon_f)}\right) \right] \right\} \\ \quad - \dfrac{h_1}{h_2}\left(1 + 3\dfrac{r_1^4}{r^4}\right)\left[\left(\dfrac{\Delta\sigma_{xx}}{2} - \dfrac{\Delta\sigma_{yy}}{2}\right)\cos 2\theta + \Delta\sigma_{xy}\sin 2\theta \right] \end{cases}$$

$$
\begin{cases}
\sigma_{zz} = \upsilon_s \cdot (\sigma_{rr} + \sigma_{\theta\theta}) \\
\sigma_{r\theta} = -\dfrac{h_1}{h_2}(1 + 2\dfrac{r_1^2}{r^2} - 3\dfrac{r_1^4}{r^4})\left[\left(\dfrac{\Delta\sigma_{xx}}{2} - \dfrac{\Delta\sigma_{yy}}{2}\right)\sin 2\theta - \Delta\sigma_{xy}\cos 2\theta\right] \\
\sigma_{\theta z} = -\dfrac{E_s(1+\upsilon_f)}{E_f(1+\upsilon_s)}(1 - \dfrac{r_1^2}{r^2})(\Delta\sigma_{xz}\sin\theta - \Delta\sigma_{yz}\cos\theta) \\
\sigma_{rz} = \dfrac{E_s(1+\upsilon_f)}{E_f(1+\upsilon_s)}(1 - \dfrac{r_1^2}{r^2})(\Delta\sigma_{xz}\cos\theta + \Delta\sigma_{yz}\sin\theta)
\end{cases}
$$

2) 定向井水泥环主应力

如果斜面上只有法向应力没有剪应力，此面称为主平面。主平面的外法线方向称为主方向，法向应力称为主应力，可以写作 σ_1、σ_2、σ_3。在进行水泥环强度校核前，需要将水泥环局部圆柱坐标系下的广义平面二向应力状态结果转换为空间主应力状态，即可计算得到在空间应力状态下水泥环主应力。水泥环在局部圆柱坐标系下的应力张量为

$$
[\sigma] = \begin{bmatrix} \sigma_{rr} & \tau_{r\theta} & \tau_{rz} \\ \tau_{r\theta} & \sigma_{\theta\theta} & \tau_{\theta z} \\ \tau_{rz} & \tau_{\theta z} & \sigma_{zz} \end{bmatrix} \tag{6-50}
$$

水泥环局部圆柱坐标系下空间主应力为

$$
\begin{cases}
\sigma_1 = \dfrac{2}{\sqrt{3}}\sqrt{J_2}\cos\theta + \dfrac{1}{3}I_1 \\
\sigma_2 = \dfrac{2}{\sqrt{3}}\sqrt{J_2}\cos\left(\theta - \dfrac{2\pi}{3}\right) + \dfrac{1}{3}I_1 \\
\sigma_3 = \dfrac{2}{\sqrt{3}}\sqrt{J_2}\cos\left(\theta + \dfrac{2\pi}{3}\right) + \dfrac{1}{3}I_1
\end{cases} \tag{6-51}
$$

其中，

$$
\theta = \dfrac{1}{3}\cos^{-1}\left(\dfrac{3\sqrt{3}}{2}\dfrac{J_3}{J_2\sqrt{J_2}}\right)
$$

式中，I_1 为应力张量的第一不变量，MPa；J_2 为应力偏量的第二不变量，MPa；J_3 为应力偏量的第三不变量，MPa；σ_1、σ_2、σ_3 为水泥环主应力，MPa。

5. 水泥环力学完整性失效准则及评价方法

水泥环力学完整性失效主要是后期套管内压力和地层应力变化导致水泥环破坏引起的。总体来说，水泥环的失效形式主要有两种：拉伸失效和剪切失效。由于评价水泥环力学完整性失效必须依据一定的水泥石本身的结构关系和强度判断准则，因此，本书主要采用拉伸失效准则和 Mohr-Coulomb 强度破坏准则来评价水泥环的力学完整性。

1) 水泥环力学完整性失效准则

(1) 拉伸失效。

水泥石的抗拉强度几乎是其抗压强度的 1/10，在井下的水泥环主要是发生拉伸失效[32]。拉伸失效准则认为，作用于水泥环的三个主应力 σ_1、σ_2、σ_3 中，当最大主应力大于其抗拉强度时(本书规定拉应力为正，压应力为负)，水泥环将会发生拉伸失效。按照这个理论，水泥环的拉伸失效准则是：

$$\sigma_1 \geqslant \sigma_t \tag{6-52}$$

为方便起见，提出水泥环拉伸失效指数 f，令

$$f = \sigma_1 - \sigma_t \tag{6-53}$$

式中，σ_1 为水泥环最大主应力，MPa；σ_t 为水泥环单轴抗拉强度，MPa。

当 $f<0$ 时，水泥环状态稳定；当 $f=0$ 时，水泥环处于临界状态；当 $f>0$ 时，水泥环发生拉伸破坏。

（2）剪切失效。

对于剪切失效，有很多学者进行相关研究并提出了不同的失效准则，目前常用的准则有 Mohr-Coulomb 强度破坏准则和 Drucker-Prager 准则。Mohr-Coulomb 强度破坏准则判断岩石内某一点的破坏主要取决于岩石的最大、最小主应力，没有考虑中间主应力的影响，评价的岩环强度比实际的要低。而 Drucker-Prager 准则考虑了中间应力对岩环破坏的影响，克服了 Mohr-Coulomb 强度破坏准则的不足，但是用于评价时该准则过高地评价了岩环的抗剪强度[33]。因此，本书基于井下水泥环力学完整性安全性考虑，采用 Mohr-Coulomb 强度破坏准则评价定向井水泥环的剪切失效。

Mohr-Coulomb 强度破坏准则是剪切应力屈服准则，它认为在材料某平面上剪切应力达到一定值时，材料进入屈服状态，剪切应力的特征值不仅与材料自身的性质有关，还与平面上的正应力有关。用主应力表示 Mohr-Coulomb 强度破坏准则为

$$\tau_s = \sigma_n \tan\varphi + C \tag{6-54}$$

$$\sigma_n = \frac{\sigma_1 + \sigma_3}{2} \tag{6-55}$$

$$\tau_{\max} = \frac{\sigma_1 - \sigma_3}{2} \tag{6-56}$$

为方便起见，提出水泥环剪切失效指数 k，令

$$k = \tau_{\max} - \tau_s \tag{6-57}$$

式中，C 为水泥环内聚力，MPa；φ 为水泥环内摩擦角，（°），C 和 φ 可以通过水泥环三轴力学实验获得；σ_1、σ_3 分别为水泥环最大和最小主应力，MPa。

当 $k<0$ 时，水泥环状态稳定；当 $k=0$ 时，水泥环处于临界状态；当 $k>0$ 时，水泥环塑性屈服。

2）水泥环力学完整性评价方法

水泥环力学完整性评价方法依据定向井水泥环应力分布模型计算水泥环的应力分布，然后，利用拉伸失效准则和 Mohr-Coulomb 强度破坏准则评价水泥环力学完整性。具体实施步骤如图 6.24 所示。

定向井水泥环力学完整性评价方法如图 6.24 所示，该评价方法主要包括 2 个步骤：首先，根据套管、水泥环和地层岩石的相关参数以及在后期生产过程中套管内压力和地层应力的变化量，利用水泥环应力分布模型计算后期作业时水泥环的应力分布及对应主应力。然后，依据模型计算出的数据，利用拉伸失效准则和 Mohr-Coulomb 强度破坏准则，若水泥环最大主应力大于抗拉强度或者最大剪切应力大于抗剪强度，将会破坏水泥环的力学完整性，造成封隔失效。

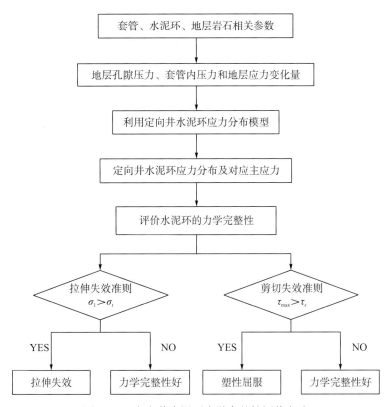

图 6.24　定向井水泥环力学完整性评价方法

6. 井斜角和方位角对定向井水泥环应力分布的影响

定向井水泥环力学模型与直井的力学模型相比，主要区别是井斜角和方位角对水泥环应力分布的影响。在水泥环初始应力状态下，水泥环界面初始作用力为地层孔隙压力，水泥环受到均匀作用力，在该状态下水泥环应力分布不受井斜角和方位角的影响。另外，套管内工作液在套管内部任意位置向各个方向传递的静液柱压力相同，其变化产生的水泥环应力增量也不受井斜角和方位角的影响，因此，只需要分析地层应力变化时，井斜角和方位角对定向井水泥环应力分布的影响规律。

模型假设井壁稳定，不发生蠕变。在长期开发油气资源过程中，油气资源的开采使地层的孔隙压力降低，注水作业使地层的孔隙压力升高，这一过程反复进行，储层段的地层孔隙压力随着注采的进行已不是原始的地层孔隙压力。由于地层应力由地层孔隙压力和骨架应力组成，当地层孔隙压力发生变化时，地层应力也会发生变化。

油气井在长期开发过程中，地层孔隙压力变化会导致两水平主地层应力同步发生变化，垂向应力不发生变化[34]，因此，本书主要考察在套管内压力不发生变化情况下，注水作业使地层应力增加 20MPa 时，井斜角和方位角对水泥环应力分布的影响规律。

本书利用定向井固井水泥环应力分布模型对不同井斜角和方位角下的水泥环应力进行了计算。该模型计算中所涉及的参数如下。

（1）井深为 3000m，垂深为 2800m，井斜角为 60°，方位角为 60°；

（2）套管内半径为 0.07971m，外半径为 0.0889m，弹性模量为 208000MPa，泊松比为 0.30；

(3)水泥环的内半径为 0.0889m，外半径为 0.12065m，弹性模量为 6000MPa，泊松比为 0.14；

(4)地层假设为稳定地层，井壁围岩的内半径为 0.12065m，外半径为 12.065m，弹性模量为 18000MPa，泊松比为 0.24；

(5)套管内工作液密度为 1.5g/cm³，地层孔隙压力当量密度为 1.2g/cm³。

根据拉伸失效准则和 Mohr-Coulomb 强度破坏准则可知，水泥环发生拉伸失效与最大主应力(σ_1)有关，剪切失效与最大剪切应力[($\sigma_1 - \sigma_2$)/2]有关。最大主应力越大代表失效风险越大；最大剪切应力越大代表剪切失效风险越大，因此，可以利用与拉伸失效有关的最大主应力和与剪切失效有关的最大剪切应力定性分析井斜角和方位角对定向井水泥环应力分布的影响规律。

1)井斜角对定向井水泥环应力分布的影响

水泥环界面初始作用力为地层孔隙压力，当量密度为 1.2g/cm³。套管内压力与初始应力状态一样，即套管内压力不对水泥环产生应力增量。单独考虑地层应力变化量为 20MPa 时，考虑井斜角对定向井水泥环应力分布的影响规律，其计算结果如图 6.25 和图 6.26所示。

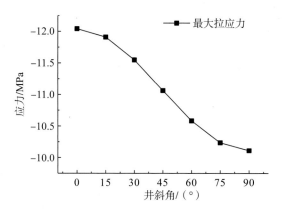

图 6.25　井斜角对定向井水泥环最大主应力的影响

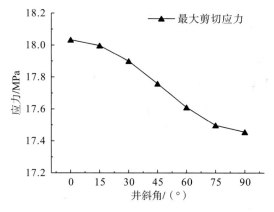

图 6.26　井斜角对定向井水泥环最大剪切应力的影响

　　由图 6.25 分析可知，随着井斜角的增大，定向井水泥环最大主应力将增大，这说明在同样的条件下，井斜角越大，水泥环拉伸失效的风险就越高，但是，由图可知，在该应力状态下，水泥环受到的最大主应力为压应力，因此，在井斜角的变化范围内，定向井水泥环不会发生拉伸失效。

　　由图 6.26 分析可知，随着井斜角的增大，定向井水泥环最大剪切应力将减小，这说明在同样的条件下，井斜角越大，水泥环剪切失效的风险越低，也就是说，只要直井水泥环不发生剪切失效，定向井水泥环也不会发生剪切失效。

　　通过以上分析，随着井斜角的增大，最大主应力均为压应力，即不存在拉伸失效的风险，而发生剪切失效的风险将降低。这就说明，在同样条件下，井斜角越大，定向井水泥环力学完整性失效的风险越低，也就是说，只要直井能够保证水泥环力学完整性，定向井也能够保证水泥环力学完整性。

　　2）方位角对定向井水泥环应力分布的影响

　　分析方位角对定向井水泥环应力分布的影响规律的计算条件与井斜角一致，分析的结果如图 6.27 和图 6.28 所示。由图可知，在方位角在 0°～90°变化时，定向井水泥环最大主应力和最大剪切应力均不发生变化，这说明方位角对定向井水泥环应力分布没有影响。

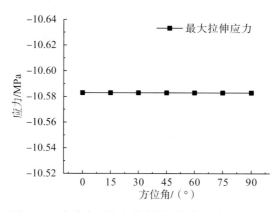

图 6.27　方位角对定向井水泥环最大主应力的影响

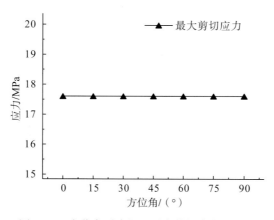

图 6.28　方位角对水泥环最大剪切应力的影响

通过分析可知，在初始应力状态下，定向井水泥环界面初始作用力为地层孔隙压力，在初始应力状态下水泥环受到均匀作用力，水泥环的应力分布不受方位角的影响。在后期施工作业过程中，资源开采或者地层注水导致两水平主地层应力同步变化，垂向应力不发生变化，此时，地层应力变化量为均匀地层应力，对水泥环产生的应力增量不受方位角的影响。因此，通过上述分析可知，方位角不对定向井水泥环应力分布产生影响。

6.1.3　定向井固井水泥环应力分布模型现场应用

国内各油田均存在油气井固井后发生悬挂器喇叭口冒气、套管带压等现象，如川渝地区多口井电测结果表明固井质量良好，但是固井后一段时间 $9^{5/8}''$ 技术套管和 $7''$ 套管环空带压；大庆油田升深 8 井、徐深 10 井、徐深 901 井三口井均在技术套管和表层套管之间窜气，压力为 10MPa；徐深 901 井在压裂后出现环空窜气现象；塔里木油田山前构造的克拉、迪拉、牙哈、英买力等气田多口天然气井均在固井后出现了技术套管和生产套管环空带压，克拉、迪拉部分井生产套管带压高达 30MPa 以上，这些问题影响了后续施工及产能建设，对油气井安全生产造成隐患，严重影响油气井的开采寿命，对我国油气资源的勘探开发极为不利。

本书选取 YMXX 井作为评价对象，以定向井固井水泥环应力分布模型为依据，采用水泥环力学完整性的评价方法，分析初始应力状态、套管内压力和地层应力发生变化时水泥环的力学完整性。

1. 基本情况概述

YMXX 井是一口定向井，完钻井深 5537m，造斜点为 5060m，井底水平位移 300m，最大井斜角为 83.96°。钻井过程中多次发生漏失，井底温度高、压力高，油气活跃。如何保持水泥环力学完整性，实现良好的层间封隔是亟待解决的技术难题。

YMXX 井井身结构如表 6.3 所示。三开采用 Φ215.9mm 钻头钻至 5537m 完钻，下入 Φ177.8mm 套管＋筛管的完井管串，固井采用水泥浆密度 1.88g/cm³ 封固 4628～5503m 裸眼井段。该井钻井液密度 1.17g/cm³，属聚璜体系，流变性良好，黏切值较低，高温高压失水 8.2mL。

表 6.3　YMXX 井井身结构数据

序号	井眼直径/m	钻深/m	套管直径/mm	套管壁厚/mm	套管下深/m	封固井段/m
1	444.5	1498	339.72	13.06	1497	0～1497
2	311.1	4790	244.5	11.99	4788	0～2190 2195～4788
3	215.9	5537	177.8	12.65	5503	4628～5503

本书主要评价 YMXX 井井深为 5500m 处水泥环力学完整性，该位置垂深为 5296m，井斜角为 81.3°，方位角为 47.7°。通过查阅井史和室内水泥石力学实验，模型计算中所需的套管、水泥环和井壁围岩的相关参数如表 6.4、表 6.5 和表 6.6 所示。

表 6.4　模型计算中需要的套管相关参数

内半径(r_1)/m	外半径(r_2)/m	杨氏模量(E_c)/MPa	泊松比(v_c)
0.07971	0.0889	$208.15×10^3$	0.3

表 6.5　模型计算中需要的水泥环相关参数

内半径(r_2)/m	外半径(r_3)/m	杨氏模量(E_s)/MPa	泊松比(v_s)
0.0889	0.12065	4582.5	0.166

表 6.6　模型计算中需要的井壁围岩相关参数

内半径(r_3)/m	外半径(r_4)/m	杨氏模量(E_f)/MPa	泊松比(v_f)	地层孔隙压力/MPa
0.12065	12.065	$57.51×10^3$	0.223	57.26

2. 水泥浆常规性能及力学完整性关键参数

为了分析 Φ177.8mm 尾管 5500m 井深处水泥环的力学完整性，根据 YMXX 尾管固井的水泥浆配方在室内配置水泥浆，进行水泥石养护，然后进行抗拉和三轴力学性能实验。水泥浆的常规性能如表 6.7 所示。

表 6.7　YMXX 井四开水泥浆的常规性能

配方	密度/(g/cm³)	游离液/%	流动度/cm	API 失水/mL	稠化时间/min	24h强度/MPa
G 级水泥＋25％硅粉＋10％微硅＋5％ 806L＋2％ 606L＋2.5％ 605L＋2％906L＋0.2％19L	1.88	0.3	20.5	42	284	14.5

根据《油井水泥试验方法》(GB19319)水泥石加压养护的最高压力为 20.7MPa，目前加压养护釜设定的最高加压标准也为 20.7MPa，因此，以规定的 20.7MPa 为养护条件和三轴压力试验的围压，用以模拟 5500m 井下水泥环的环境压力。根据确定的压力和井下实测的温度，设定水泥环的养护条件为 115℃×20.7MPa×7d。三轴应力实验的条件为 115℃×10MPa 和 115℃×20MPa，利用不同的围压计算水泥环的内聚力和内摩擦角。抗拉强度实验的养护条件为 115℃×20.7MPa×7d。

1)抗拉强度实验

水泥环的抗拉强度是指水泥环在单轴拉力作用下达到破坏的极限强度，在数值上等于破坏时的最大主应力。实验室对水泥环的抗拉强度测量主要分为直接法和间接法两种，本书对抗拉强度的测量采用间接法，即劈裂实验法(俗称巴西法)。本书采用内径 50mm，高度 25mm 的圆盘养护模具进行水泥石养护。在模具内壁涂抹油脂后，倒入配制好的水泥浆，放入高温高压养护釜内进行养护，在达到规定时间期限后，取出模具脱模进行劈裂实验。水泥石抗拉强度实验结果如表 6.8 所示。

表 6.8 水泥石抗拉强度测量结果

试件编号	直径/mm	高度/mm	抗拉强度/MPa
1	50	25	2.94
2	50	25	3.08
3	50	25	3.12
平均	50	25	3.05

2）三轴强度实验

水泥石在 10MPa 和 20MPa 围压下的三轴应变应力曲线如图 6.29 所示，根据水泥石在不同围压作用下的强度参数，可以计算得出水泥石的内聚力和内摩擦角[35]，如表 6.9 所示。

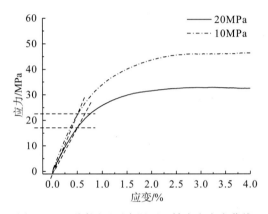

图 6.29 不同围压下水泥石三轴应变应力曲线

表 6.9 水泥石的内聚力和内摩擦角

围压/MPa	屈服强度/MPa		内聚力/MPa	内摩擦角/(°)
	轴向应力	差应力		
10	22	12	1.43	19
20	40	20		

3. 水泥环力学完整性评价

以水泥环初始应力状态为起点，当后期套管内压力和地层应力变化时，将产生的应力增量叠加到水泥环初始应力状态上，其中套管内压力变化作业主要包括试压、掏空投产和酸化压裂等，地层应力变化的作业主要包括油气资源的开采和地层注水等。本书主要分析水泥环初始应力状态，后期套管内压力和地层应力发生变化时定向井水泥环力学完整性。

1）初始应力状态水泥环力学完整性评价

候凝结束时，套管内钻井液密度为 1.17g/cm³，水泥环第一、第二界面的作用力大小为地层孔隙压力，5500m 井深处的地层孔隙压力为 57.26MPa（以下套管内压力和地层应力变化时评价水泥环力学完整性以水泥环初始应力状态为起点，将套管内压力和地层应力变化产生的水泥环应力增量叠加到水泥环初始应力状态上，以下不作逐一叙述。

（1）拉伸失效评价。

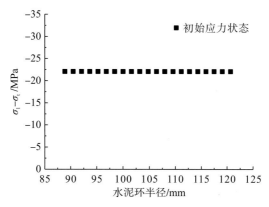

图 6.30　初始应力状态下水泥环拉伸失效评价

图 6.30 显示了在初始应力状态下水泥环拉伸失效的评价结果。利用定向井固井水泥环应力分布模型计算可知，在初始应力状态下水泥环拉伸失效校核值都小于 0，说明水泥环受到的应力均为压应力，所以，在初始应力状态下水泥环处于受压状态，不会发生拉伸失效。

（2）剪切失效评价。

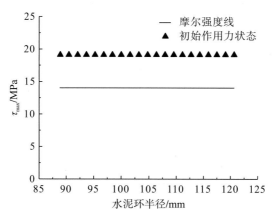

图 6.31　初始应力状态下水泥环剪切失效评价

图 6.31 显示了在初始应力状态下水泥环剪切失效的评价结果。利用定向井固井水泥环应力分布模型计算可知，在初始应力状态下，水泥环内任意位置的最大剪切应力都在剪切强度曲线之上，即说明在初始应力状态下水泥环会发生一定程度的塑性屈服。若在后期生产作业过程中水泥环的变形量超过塑性极限将破坏水泥环力学完整性，或者在水泥环出现塑性屈服后，套管因内部压力降低发生收缩在水泥环界面将会产生微间隙，都可能造成水泥环封隔失效。

2）套管内压力变化时水泥环力学完整性评价

套管内压力由套管内静液柱压力和井口压力组成。固井候凝结束后，套管内静液柱压力和井口压力在油气井不同的生产工况下（如替换工作液、试产、酸化压裂和掏空等）

都有可能发生变化，导致套管内压力增大或者减小。在候凝结束时，套管内钻井液密度为 $1.17g/cm^3$，不考虑地层应力变化，本书结合现场生产情况，计算时取井口压力为 0，套管内工作液密度在 $0\sim3.0g/cm^3$ 变化，评价后期套管内压力变化时水泥环力学完整性。

（1）拉伸失效评价。

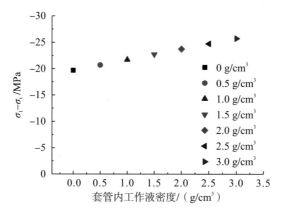

图 6.32　套管内压力变化时水泥环拉伸失效评价

图 6.32 显示了套管内工作液密度在 $0\sim3.0g/cm^3$ 变化时水泥环拉伸失效的评价结果。利用定向井固井水泥环应力分布模型计算可知，在套管内工作液密度变化范围内水泥环拉伸失效校核值都小于 0，说明水泥环受到的应力均为压应力，所以，水泥环在套管内压力变化范围内处于受压状态，不会发生拉伸失效。

（2）剪切失效评价。

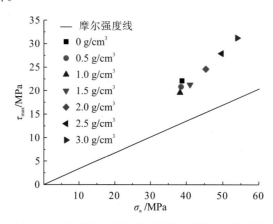

图 6.33　套管内压力变化时水泥环剪切失效评价

图 6.33 显示了套管内工作液密度在 $0\sim3.0g/cm^3$ 变化时水泥环剪切失效的评价结果。利用定向井固井水泥环应力分布模型计算可知，在套管内工作液密度变化范围内水泥环的最大剪切应力都在水泥环剪切强度曲线之上，即说明在套管内工作液密度变化范围内水泥环会发生一定程度的塑性变形。若在后期生产作业过程中水泥环的变形量超过塑性极限将破坏水泥环力学完整性，或者在水泥环出现塑性屈服后，套管因内部压力降低发生收缩在水泥环界面将会产生微间隙，都可能造成水泥环封隔失效。

3）地层应力变化时水泥环力学完整性评价

在生产作业过程中地层应力可能升高或者降低，因此，需要分析后期生产作业过程中地层应力变化对定向井水泥环力学完整性造成的影响。在分析过程中，考虑套管内压力不发生变化。另外，根据资料调研，油气井在长期开发过程中，地层孔隙压力变化会导致两水平主地层应力同步发生变化，而垂向应力不发生变化。本节考虑最大、最小水平主地层应力变化范围为 $-20\sim20\mathrm{MPa}$ 时，评价水泥环力学完整性。

（1）拉伸失效评价。

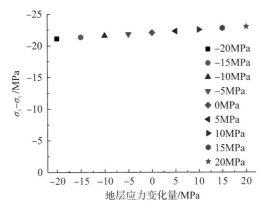

图 6.34　地层应力变化时水泥环拉伸失效评价

图 6.34 显示了地层应力在 $-20\sim20\mathrm{MPa}$ 变化时水泥环拉伸失效的分析结果。利用定向井固井水泥环应力分布模型计算可知，在地层应力变化范围内水泥环拉伸失效校核值都小于 0，说明水泥环受到的应力均为压应力，所以，水泥环在地层应力变化范围内处于受压状态，不会发生拉伸失效。

（2）剪切失效评价。

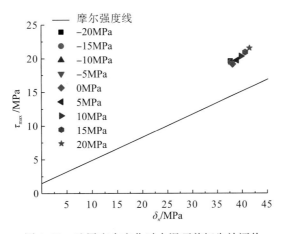

图 6.35　地层应力变化时水泥环剪切失效评价

图 6.35 显示了地层应力在 $-20\sim20\mathrm{MPa}$ 变化时水泥环剪切失效的评价结果。利用定向井固井水泥环应力分布模型计算可知，在地层应力变化范围内水泥环的最大剪切应力都在水泥环剪切强度曲线之上，即说明在地层应力变化范围内水泥环会发生一定程度的

塑性变形。若在后期生产作业过程中水泥环的变形量超过塑性极限将破坏水泥环力学完整性，或者在水泥环出现塑性屈服后，套管因内部压力降低发生收缩在水泥环界面将会产生微间隙，都可能造成水泥环封隔失效。

4)生产作业过程中水泥环力学完整性情况

YMXX井 Φ177.8mm 尾管固井从钻井液性能调整、前置液体系设计、水泥浆基本工程性能改善、注替排量优化等多方面入手，以期获得良好的固井质量。水泥浆基本工程性能如表 6.7 所示，API 失水小于 50mL，稳定性良好，稠化时间与早期抗压强度能满足工程要求。固井前认真执行通井技术措施，多次通井划眼，消除遇阻点，套管安全下入顺利。尾管坐挂后逐步提高排量，充分循环钻井液。循环钻井液两周后，以 0.8m³/min 的排量注前置液 8m³，保证 10min 紊流接触时间。注水泥浆、替浆后，顺利碰压。起钻后正循环洗井，井口返出水泥浆、前置液、钻井液三者之间界面清晰，表明环空置换效率较高。整个施工过程顺利，固井施工结束后关井候凝 48h。

在生产投产初期，A 环空带压 16.78MPa，B 环空水泥环完整性良好，环空压力为 0MPa。但是，在后期生产过程中，A 环空压力出现异常下降，降低至 9.42MPa，B 环空异常上升，升高至 8.86MPa。分析认为，后期的投产措施破坏了生产套管水泥环力学完整性，造成 B 环空水泥环封隔失效，使 A 环空中的油气向 B 环空渗漏上窜至井口，这与定向井水泥环应力分布模型评价的结果一致。

前面的分析结果表明，虽然水泥浆常规工程性能满足设计要求，但在井下的应力环境中，水泥环会出现一定的塑性屈服，数值模拟结果表明在后期生产作业过程中水泥环的变形超过塑性极限或者水泥环发生塑性屈服后，套管内压力降低引起套管发生收缩都可能造成水泥环封隔失效，导致气体沿着水泥环的裂缝或者微环隙连绵不断上窜，最终窜至井口，出现环空带压现象。

6.2　基于应力等效的水泥环完整性试验评价

要获得水泥石封隔环空所需的力学性能，或者说重点关心水泥石在环空封隔时哪些方面的力学性能最薄弱，破坏、失效方式主要有哪些，目前较直接有效的方式就是通过环空封固模拟试验来评估。环空封隔模拟试验一般的做法就是在内室用全尺寸的套管组合成内外筒，在内外筒之间注水泥，形成水泥环，通过在内筒内部加泄压模拟套管内部压力变化，或在内筒内部升降温模拟井下温度变化，以此来考察水泥石的密封性能。

要较好地测试水泥环的完整性，必须解决三个方面的关键问题：①井下温度、应力环境、作业工况模拟；②井身结构模拟；③测试手段直接、有效。目前鲜有测试设备能够兼顾解决上述三方面问题，本书提出一种方案，加工制作了水泥环完整性测试设备，并在西部和东部某油田进行了应用，从中提炼和总结了水泥石环空封隔时力学性能的主要薄弱点和主要的失效形式。

6.2.1　水泥环完整性评价仪工作原理

一套井身结构有不同的套管层次，每层尺寸都不一样，不同的井身结构就有更多的套管尺寸，这给相似原理制作评价装置带来不少麻烦，因为每一个套管尺寸就要对应一个相似的模拟套管。本书设计方案通过水泥环等效应力相等的原理，用一套模拟套管来对应多套尺寸套管，具体原理如下：不论是哪种尺寸的套管，水泥环在井下是受三个方向的主应力，这三个方向的主应力通过第四强度理论可转换为一个应力——等效应力，建立模型计算实际井身结构下水泥环的等效应力，调节模拟井身结构(模拟套管、模拟水泥环)的内外压力，使其等效应力与实际水泥环等效应力相等，这样可以将实际井下应力环境、作业工况等效转换到模拟井筒上，同时也达到了一个模拟井筒对多个实际井筒的目的。

井下温度、应力环境的模拟借鉴岩心挟持器的方法，装置的原理设计图与实物图结构如图 6.36、图 6.37 所示。将养护成型的水泥环③放入附有橡胶囊②的圆筒内，利用加压装置⑦将流体(水、油)注入橡胶套外部环形空间内，通过橡胶囊将温度、压力传递给水泥环，以模拟地层温度和压力；利用内压泵⑨调整压力参数，模拟套管内变化对水泥环的作用；从气检口通气，动态监测水泥环的工作状态，同时对另一端进行流量、压力监测，若检测到有气体窜出，证明水泥环发生"气窜"，判定水泥环完整性遭到破坏，后取出水泥环进行 CT 等微观检测，进一步揭示水泥环失效的微观机理，为水泥环材料改性提供指导依据。该装置能够将实际井筒中水泥环在地层温度、压力和套管温度、压力双重波动下的承载过程等效到装置的水泥环上，可较为真实地反映水泥环在井下工况的承载过程。

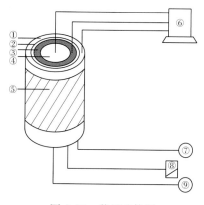

图 6.36　装置釜体图

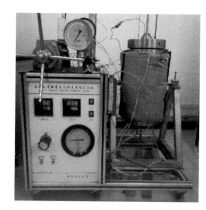

图 6.37　装置实物图

注：①釜体壁；②橡胶囊；③水泥环；④套管；⑤加热套；
⑥计算机；⑦围压泵；⑧高压氮气瓶；⑨内压泵

6.2.2　水泥环完整性评价仪的应用

1. 在西部某油田的应用

调研发现国内西部 X 油田某区块高压气井分布普遍，且水泥环后期封固失效极其严重，因此，选取 X 油田区块中的一口 Y 井为研究对象。该井 250.83mm 技术套管固井作业完成后，经测井结果显示固井质量优良，投产一段时间后，发现 C 环空带压相当严重，带压情况如图 6.38 所示。经分析，该井环空带压的主要原因为该开次套管水泥环承载封隔失效，所以，选取该井为研究对象。该区块气井普遍井深为 5500m 左右，地温梯度约 2.259℃/100m，地层压力系数 0～4000m 为 1.05～1.60，4000～5000m 为 2.10～2.30，该井井身结构如 6.39 图所示。结合高压气井的地质特点与工程难点，将水泥环封固段分为低应力环境与高应力环境两种情况，Y 井 250.83mm 技术套管固井采用双级作业方式，因此，封固水泥浆分为领浆与尾浆。

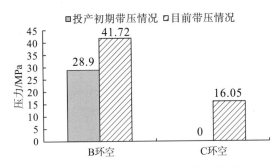

图 6.38　X 油田 Y 井的环空带压情况

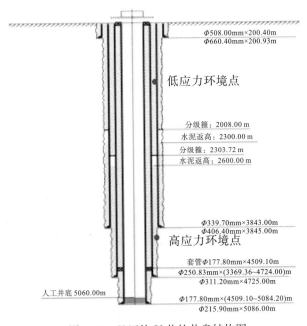

图 6.39　X 区块 Y 井的井身结构图

1)低应力环境下水泥环完整性实验

选出的低应力环境下的实验工况，水泥浆配方，领浆：阿克苏 G 级水泥＋25％铁矿粉＋4％NaCl＋2％降失水剂＋4％分散剂＋0.8％缓凝剂＋0.2％消泡剂，温度 49℃，压力 20MPa，设计水泥环完整性实验，水泥环试样长 260mm，厚 20mm，实验样品如图 6.40 所示，实验工况及结果如表 6.10 所示。

(a)实验前水泥环本体照片

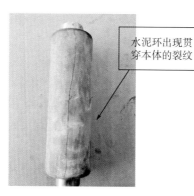
水泥环出现贯穿本体的裂纹

(b)实验后水泥环本体照片

(c)实验前水泥环端面照片

(d)实验后水泥环端面照片

图 6.40 水泥环实验前后对比图

表 6.10 水泥环完整性实验工况及结果

工况	实际井筒		模拟井筒		持续时间/min	气测现象
	套管内压/MPa	地层压力/MPa	套管内压/MPa	地层压力/MPa		
管内压力升高	15	20	6	20	10	无气泡
	25	20	13	20	10	无气泡
	35	20	20	20	10	无气泡
	45	20	28	20	10	无气泡
	55	20	35	20	10	无气泡
	65	20	42	20	10	不连续微泡
	75	20	49	20	1	连续气泡
管内压力降低	65	20	42	20	—	连续气泡
	55	20	35	20	—	连续气泡
	45	20	28	20	—	连续气泡
	35	20	20	20	—	气泡加速
	25	20	13	20	—	气泡加速
	15	20	6	20	—	关气源

当地层压力为 20MPa，套管内压从 15MPa 增加至 75MPa 时，稳压 1min 出现气泡，

套压再从 75MPa 下降至 15MPa 的过程中，一直伴有连续气泡冒出。由以上实验结果分析得出，低应力环境情况下，随着地层压力与套管内压压差逐渐增加，水泥环在井下承受的力就越大，越容易发生损伤甚至破坏，且气窜通道一旦形成，不管套管内压如何改变，均能检测到气泡冒出。实验结束后，取出水泥环试样观察发现，低应力环境下水泥环与套管接触面胶结紧密，但水泥环侧面沿轴向方向同样已出现连通的裂纹，如图 6.40(b) 所示；水泥环端面出现明显的放射状裂纹，如图 6.40(d) 所示，表明低应力环境下水泥环发生了张性破坏。

2）高应力环境下水泥环完整性实验

选出的高应力环境下的实验工况，水泥浆配方，尾浆：阿克苏 G 级水泥＋60％铁矿粉＋27％硅粉＋8％微硅＋3.5％NaCl＋2％降失水剂＋5％分散剂＋0.5％缓凝剂＋0.2％消泡剂，温度 128℃，压力 110MPa，设计水泥环完整性实验，水泥环试样长 260mm，厚 20mm，实验样品如图 6.41 所示，实验工况及结果如表 6.11 所示。

（a）水泥环实验前照片   （b）水泥环实验后端面照片

图 6.41   水泥环实验实验前后对比图

表 6.11   水泥环完整性实验工况及结果

工况	实际井筒		模拟井筒		持续时间/min	气测现象
	套管内压/MPa	地层压力/MPa	套管内压/MPa	地层压力/MPa		
管内压力升高	60	110	14	110	10	无气泡
	70	110	22	110	10	无气泡
	80	110	29	110	10	无气泡
	90	110	37	110	10	无气泡
	100	110	44	110	10	无气泡
	110	110	51	110	10	无气泡
	120	110	59	110	10	无气泡
管内压力降低	110	110	51	110	4	连续气泡
	100	110	44	110	—	连续气泡
	90	110	37	110	—	断续气泡
	80	110	29	110	—	连续气泡
	70	110	22	110	—	连续气泡
	60	110	14	110	—	连续气泡

当地层压力为 110MPa，套管内压在 60～120MPa 增加过程中，稳压 10min，未见气泡出现，当套压从 120MPa 卸载至 110MPa 时，稳压 4min 时，检测到有气体窜出，且降至 60MPa 的过程中一直有气泡出现。由以上实验结果分析得出，在高应力环境下，当地层压力一定时，套管内压力升至一定值，然后套压下降时，水泥环发生损伤甚至破坏，且气窜通道一旦形成，不管套管内压降至何值，均能检测到气泡冒出。实验结束后，取出水泥环试样，观察发现高应力环境下水泥环上、下端面及侧表面未见裂纹出现，但与水泥环胶结紧密的套管能自由脱出，实验后水泥环试样如图 6.51(b)所示，实验结果表明，高应力环境水泥环损伤的原因是水泥环与套管接触的界面发生了不可恢复变形。

2. 在东部某油田的应用

选用 M 油田 N 井三开 139.7mm 生产套管封固段，对油层段进行实验，其中油层段为速凝水泥浆段，段长 370m；速凝水泥浆配方：G 级水泥＋2％降失水剂＋0.1 缓凝剂，$\rho=1.9\mathrm{g/cm^3}$，井身机构图如图 6.42 所示，水泥环实验前后如图 6.43 所示，实验工况及结果如表 6.12 所示。

模拟井筒进行套管试压完成后，打开氮气瓶，气压由 1MPa 调至 8MPa，每次稳压 10min，当气压调至 1MPa，稳压第 1min 时，气测瓶出现连续性气泡。拆开后发现水泥环本体出现一条贯穿本体的裂缝，水泥环完整性受到破坏。

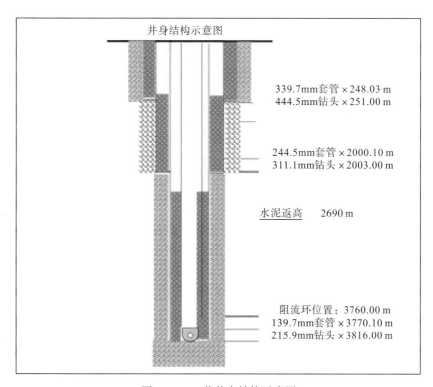

图 6.42 N 井井身结构示意图

（a）水泥环实验前照片　　　　　　　　　　（b）水泥环试验后照片

图 6.43　水泥环实验前后对比图

表 6.12　水泥环完整性试验工况

序号	工况		实际井筒		模拟井筒		持续时间/min	实验现象
			套管内压/MPa	地层压力/MPa	等效内压/MPa	等效外压/MPa		
1	套管试压	试压前	33.22	33	18	33		连续气泡
		试压	53.22	33	36	33	1	
		试压后	33.22	33	18	33		
2	泥浆转压井液	转换前	33.22	33	18	33	—	连续气泡
		转换后	24.83	33	12	33		
3	射孔	射孔前	49.83	33	32	33	—	连续气泡
		射孔	14.7	33	2	33		
		射孔后	24.5	33	11	33		
4	试油	试油前	30.7	33	16	33	—	连续气泡
		试油	23.7	33	10	33		
5	开采	配产前	24.5	33	11	33	—	连续气泡
		配产	16.4	33	3	33		

通过水泥环完整性实验对比分析了该油田的 N1、N2 井水泥环完整性，发现水泥环在模拟后期生产作业中其完整性均受到影响。为进一步探究其原因，针对 N 井开展室内实验。实验选取 N 井水泥浆配方，改选 A1、A2 水泥，水泥环养护条件、完整性评价条

件均不变，试验后发现改用 A1、A2 水泥后，水泥环均能保持良好的完整性。

为进一步探究原因，对在用 G 级水泥、A1、A2 水泥组分测试，三种水泥 XRF 的测试对比总表如表 6.13 所示。结果表明，在用水泥的 C3S 含量要远低于标准值，这说明水泥材料成分对水泥环承受载荷的能力和保持完整性的能力影响很大，应对其进行严格控制把关。

表 6.13　三种水泥 XRF 测试对比总表

化学组分/%	GB10238−2005 规定的 G 级水泥化学组分要求			在用水泥	A1	A2
	普通型	中抗硫酸盐型（MSR）	高抗硫酸盐型（HSR）			
氧化镁（MgO）	NA	≤6.0	≤6.0	1.87	2.01	2.52
三氧化硫（SO₃）	NA	≤3.0	≤3.0	1.11	1.01	0.89
烧失量	NA	≤3.0	≤3.0	—	—	—
不溶物	NA	≤0.75	≤0.75	—	—	—
硅酸三钙（C₃S）	NA	48−58	48−65	40.19	49.93	47.06
铝酸三钙（C₃A）	NA	≤8.0	≤3.0	1.96	0	0.24
铝铁酸四钙（C₄AF）＋铝酸三钙（C₃A）	NA	NR	≤24.0	16.31	14.84	15.16
总碱量（氧化钠当量）	NA	≤0.75	≤0.75	0.78	1.25	1.12

注：NA—不适用；NR—不要求。

参 考 文 献

[1]刘健. 油气井水泥石力学行为本构方程与完整性评价模型研究[D]. 成都：西南石油大学，2013.

[2]刘崇建，黄柏宗，徐同台，等. 油气井注水泥理论与应用[M]. 北京：石油工业出版社，2001.

[3]胡光辉. 定向井固井水泥环应力分布研究[D]. 成都：西南石油大学，2014.

[4]陈勉，金衍，张广清. 石油工程岩石力学石油[M]. 北京：科学出版社，2008.

[5]李早元. 有助于改善层间封隔能力的聚合物多元水泥体系材料特性研究[D]. 成都：西南石油大学，2006.

[6]田中兰，石林，乔磊. 页岩气水平井井筒完整性问题及对策[J]. 天然气工业，2015，35(9)：70-76.

[7]Tian Zhonglan, Shi Lin, Qiao Lei. Research of and countermeasure for wellbore integrity of shale gas horizontal well [J]. Natural Gas Industry, 2015, 35(9): 70-76.

[8]聂世均，谢欣龙，孙祥，等. 气井水泥环封隔完整性失效原因及对策[J]. 天然气工业，2014，34(增刊1)：159-163.

[9]赵鹏. 塔里木高压气井异常环空压力及安全生产方法研究[D]. 西安：西安石油大学，2012.

[10]初维，沈吉云，杨云飞，等. 变内压下套管-水泥环-围岩组合体微环隙计算[J]. 石油勘探与开发，2015，42(3)：379-385.

[11]李军，陈勉，柳贡慧，等. 套管、水泥环及井壁围岩组合体的弹塑性分析[J]. 石油学报，2005，26(6)：99-103.

[12]房军，赵怀文，岳伯谦. 非均匀地层应力作用下套管与水泥环的受力分析[J]. 石油大学学报，1995，19(6)：52-57.

[13]房军，谷玉洪，米封珍. 非均匀载荷作用下套管挤压失效数值分析[J]. 石油机械，1999，27(7)：34-37.

[14]殷有泉，陈朝伟，李平恩. 套管-水泥环-地层应力分布的理论解[J]. 力学学报，2006，38(6)：835-842.

[15]刘健，张凯，李早元，等. 水泥环界面初始作用力研究与分析[J]. 西南石油大学学报(自然科学版)，2015，37(S1)：179-186.

[16]刘崇建，刘孝良，刘乃震，等. 提高小井眼水泥浆顶替效率的研究[J]. 天然气工业，2003，23(2)：46-49.

[17]李钦道，乔雨，张娟. 水泥环初始压力特征分析[J]. 钻采工艺，2008，31(2)：27-28.

[18]李子丰，张永贵，阳鑫军. 蠕变地层与油井套管相互作用力学模型[J]. 石油学报，2009，30(1)：130-131.

[19]郭辛阳，步玉环，李娟，等. 固井封固系统初始作用力及其影响[J]. 中国石油大学学报，2011，35(3)：79-83.

[20]郭辛阳，步玉环，李娟，等. 井下复杂温度条件对固井界面胶结强度的影响[J]. 石油学报，2010，31(5)：834-837.

[21]王斌斌，王瑞和. 固井水泥浆的水化规律[J]. 中国石油大学学报，2010，34(3)：57-60.

[22]徐永辉. 深井水泥水化机理[D]. 大庆：大庆石油学院，2007.

[23]张景富. G级油井水泥的水化硬化及性能[D]. 杭州：浙江大学，2001.

[24]马保国，董荣珍，张莉. 硅酸盐水泥水化历程与初始结构形成的研究[J]. 武汉理工大学学报，2010，34(3)：57-60.

[25]Sutton D L，Ravi K M. New method for Determing Down-hole ProPerties That Affect Gas Migration and Annular Sealing[C]. SPE19520，1989.

[26]Plee D，Lebedenko F，Obrecht F，et al. Microstructure，permeability and rheology of bentonite—cement slurries [J]. Cement and Concrete Research，1990，20(1)：45-61.

[27]Bahramian Y，Movahedinia A. Prediction of Slurry Permeability，K，Using Static Gel Strength，SGS，Fluid Loss Value and Particle Size Distribution［C］//Production and Operations Symposium. Society of Petroleum Engineers，2007.

[28]Morgan D R. Field measurement of strain and temperature while running and cementing casing[C]//SPE Annual Technical Conference and Exhibition. Society of Petroleum Engineers，1989.

[29]徐芝纶. 弹塑性力学[M]. 第4版. 北京：高等教育出版社，2006.

[30]郑雨天. 岩环力学的弹塑粘性基础[M]. 北京：煤炭工业出版社，1988.

[31]殷有泉，蔡永恩，陈朝伟. 非均匀地层应力场中套管载荷的理论解[J]. 石油学报，2006，27(4)：133-138.

[32]Nelson E B，Guillot D. Well Cementing[M]. 2nd edition edition，Schlumberger，2006.

[33]Al-Ajmi A. Wellbore stability analysis based on a new true-triaxial failure criterion[D]. PhD thesis，KTH Land and Water Resource Engineer-ing，2006.

[34]梁何生，闻国峰，王桂华，等. 孔隙压力变化对地应力的影响研究[J]. 石油钻探技术，2004，32(2)：18-20.

[35]王宝学，杨同，张磊. 岩环力学实验指导书[M]. 北京科技大学土木与环境工程学院，2008.

第7章 固井水泥石增韧改性技术

由于水泥环自身属于带有先天缺陷的脆性材料,其变形能力与力学强度性能都较差。从第6章可以看出,当地层－水泥环－套管组合体遭受的作用力超过水泥环自身的承载极限强度时,水泥环很有可能发生损伤破坏,引起其内部、表面产生裂纹、间隙等现象,导致层间封隔失效,从而发生严重的油、气、水相互窜流现象,致使水泥环的完整性发生破坏[1-2]。对水泥石降脆增韧是提高固井水泥环力学完整性的一个重要手段,也一直是固井材料领域的一个研究重点[3]。本章主要介绍以等离子体改性橡胶粉为代表的弹性颗粒增韧水泥浆以及多种纤维增韧水泥浆体系。

7.1 等离子改性橡胶粉增韧水泥浆

掺入聚合物弹性颗粒材料是一种广泛应用的水泥基材料增韧技术。弹性颗粒材料加入水泥浆中后,在水泥的胶结作用下可与孔隙四周形成一种具有一定强度、能够约束微裂缝的产生和发展、吸收应变能的结构变形中心。当水泥石受冲击力作用时,晶体及凝胶体可视为水泥石的骨架结构,是冲击力的传递介质(水泥石末破碎前),力将传递到充填于其间的弹性颗粒上,弹性颗粒产生弹性变形缓冲作用并吸收部分能量,从而提高水泥石的抗冲击性能。目前,树脂颗粒增韧固井水泥浆是研究和应用较多的一种体系,然而树脂成本高昂,限制了该体系的应用。

橡胶粉是在混凝土行业中广泛应用的一种弹性颗粒材料,具有来源广、成本低廉的优点。宋少民等把废旧轮胎橡胶粉以一定掺量添加到混凝土中,填充孔隙,改善水泥与骨料的界面状况,改善了混凝土的抗震性能,提高了混凝土的抗冲击性能[4-6]。然而,将橡胶粉应用于油井水泥浆体系中的研究还较少。借鉴橡胶粉在建筑、道路混凝土中的应用,本节探讨了橡胶粉掺入对油井水泥石性能的影响[7-11]。经低温粉碎而得到的废旧轮胎橡胶粉(图 7.1)粒径集中在 $100\mu m$ 左右(图 7.2),且密度较低,一般为 $1.2g/cm^3$。由于橡胶粉是一种惰性有机材料,表面憎水且密度低,难以在水泥浆中均匀分散并与水泥石良好结合,如不能有效解决,将其掺入水泥浆中不仅不能改善水泥石性能,反而会严重影响水泥石的性能。因此,必须对橡胶粉表面进行处理,增强其表面亲水性,提高橡胶粉与水泥基体的界面胶结。本书采用经低温等离子技术对橡胶粉进行表面改性。低温等离子体处理的功率参数是 100W,时间参数是 150s。

图 7.1　橡胶粉的实物图

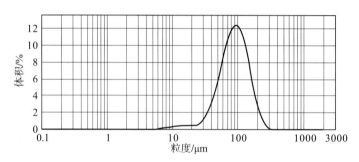

图 7.2　橡胶粉的粒径分布图

1. 橡胶粉对水泥浆工程应用性能的影响

由于油井水泥浆体系具有特殊的使用环境，在优选油井水泥浆增韧材料时，应首先考察水泥浆的流动性、密度、API 失水量、纤维分散性等工程应用性能，以期得到能够满足一定施工条件的增韧水泥浆体系以及增韧材料的加量范围。

将低温等离子体改性后的橡胶粉加入水泥浆中（G 级油井＋改性橡胶粉加量 0~5%＋2% 降失剂＋0.2% 分散剂＋0.1% 消泡剂＋水，水灰比 0.44，密度 1.88g/cm³），考察了其对水泥浆浆体性能的影响，结果如表 7.1 所示。可以看出，水泥浆中加入橡胶粉后，流动度受到的影响最大，会随着橡胶粉加量的增加而逐渐降低，5% 掺量条件下水泥浆体的常温流动度从 23cm 降低到 19cm。这是因为通过低温等离子体处理使橡胶粉表面活化，将表面活化的橡胶粉掺入水泥浆体中，橡胶粉表面会吸附拌和水，而使水泥浆中自由水减少，所以流动度减小。此外，橡胶粉掺入后水泥石的失水量也有所降低，主要是由于橡胶粉掺入后能够通过挤压变形提高滤饼的致密性。

表 7.1　低温等离子体改性橡胶粉对水泥浆性能影响

橡胶粉加量	常温流动度/cm	高温(90℃)流动度/cm	90℃ API 滤失量/mL	自由水/%
0%	23.0	24.0	32	0
1%	22.5	23.5	29	0
2%	22.0	23.0	30	0
3%	21.0	21.5	29	0

橡胶粉加量	常温流动度/cm	高温(90℃)流动度/cm	90℃ API 滤失量/mL	自由水/%
4%	20.5	21.5	29	0
5%	19.0	20.5	28	0

2. 橡胶粉对水泥石力学性能的影响

不同橡胶粉掺量改性水泥石的力学强度测试结果如图 7.3～图 7.6 所示。由图 7.3 和图 7.4 的实验结果可知，水泥石试样的抗压强度均随养护时间的增加而增大。在相同养护时间条件时，掺有低温等离子体改性前后的橡胶粉的水泥石的抗压强度比纯水泥石的抗压强度小，而且在橡胶粉掺量从 1% 递增到 5% 的过程中，试样的抗压强度降的幅度逐渐增大。养护 28d 后，空白对比样的抗压强度为 35.98MPa，掺有 3% 未处理橡胶粉的样品抗压强度为 33.25MPa，较空白样抗压强度降低了 7.59%。而掺有 5% 未处理橡胶粉的抗压强度为 29.47MPa，较空白样抗压强度降低了 18.09%。掺有 5% 经低温等离子体处理后的橡胶粉的试样的抗压强度为 33.85MPa，比空白样的抗压强度降低了 5.92%。这是因为橡胶粉在水泥石中既可能填充在水泥石的空隙和水化形成的网络结构中，在加载过程中吸收一定的能量，使强度良好发展。又可能因橡胶粉加量过大，在水泥石中分散性不好，在承受载荷时，造成应力集中，使水泥石强度降低。而掺入改性后的橡胶粉亲水性得到改善，能均匀分散在水泥基体中，并且与水泥基材黏结较好。

由图 7.5 可知，在养护早期阶段，水泥石的抗折强度均随养护龄期的增加而增大。当掺入 5% 未处理橡胶粉时，水泥基材的抗折强度发展趋势与纯水泥石试样相近。然而当掺入 5% 处理后橡胶粉时，样品的抗折强度均发展良好，优于纯水泥石和含 5% 未处理橡胶粉的水泥基材。

由图 7.6 可知，掺入 5% 未处理橡胶粉的水泥石养护 3d、7d 和 14d 时，抗拉强度低于纯水泥石的抗拉强度。掺入 5% 低温等离子体改性后橡胶粉的水泥石，随养护时间的增加，抗拉强度发展趋势良好。在养护 28d 时，掺入 5% 处理后橡胶粉的水泥基材的抗拉强度比纯水泥石抗拉强度高 13.61%。

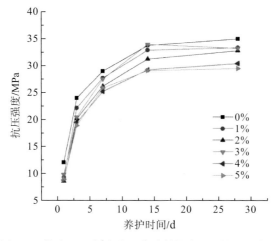

图 7.3　掺有 0～5% 未处理橡胶粉的水泥石抗压强度图

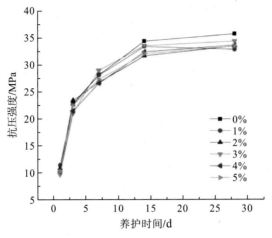

图 7.4　掺有 0～5％改性后橡胶粉的水泥石抗压强度图

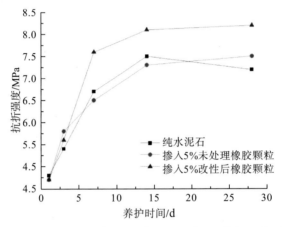

图 7.5　掺有 0～5％改性后橡胶粉的水泥石抗折强度图

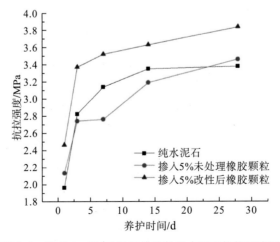

图 7.6　掺有 0～5％改性后橡胶粉的水泥石抗拉强度图

为进一步考察橡胶粉掺入以及橡胶粉等离子体改性对固井水泥石在井下围压条件下的力学性能的影响，对比考察了纯水泥石、掺入 5% 处理前后橡胶材料水泥石的三轴力学性能，结果如图 7.7 所示。由图可知，在加载的初期，三种水泥石的应力−应变曲线均呈线性关系，说明在初始阶段水泥石产生弹性形变。随着测试时间增加，三种水泥石的三轴应力−应变曲线均逐渐失去线性关系，随着应变的增大，应力增加幅度越来越缓，说明水泥石产生了塑性形变。在相同应变下，掺入 5% 低温等离子体改性后橡胶粉的水泥石的应力−应变曲线对应的应力值高于掺入 5% 未处理橡胶粉的水泥石对应的应力值，低于纯水泥石对应的应力值。通过计算可知，纯水泥石、掺入 5% 未处理橡胶粉的水泥石和掺入 5% 处理后橡胶粉的水泥石的弹性模量分别为 7280.8MPa、5507.4MPa 和4414.2MPa。随着弹性模量的降低，水泥石的脆性降低，说明添加橡胶粉尤其是低温等离子体处理后的橡胶粉到水泥基材中，能起到增加水泥试样变形能力的作用。这有利于提高水泥环在井下能承受的最大差应力值，延长使用寿命，减少修井次数。

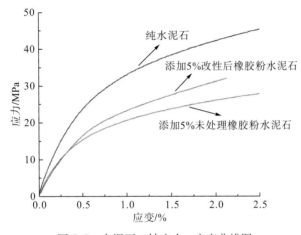

图 7.7　水泥石三轴应力−应变曲线图

为进一步模拟水泥环在井下反复多次承受载荷的工况，考察水泥石承受多周循环载荷作用的能力，进行了三轴多周循环测试实验，结果如图 7.8 所示。从图中可看出，在第一轮加载过程中，掺入 5% 低温等离子体改性后橡胶粉的水泥石的塑性形变量要大于纯水泥石的塑性形变量，小于掺入 5% 未处理橡胶粉水泥石的塑性形变量。在这阶段水泥石产生的主要是不可逆变形。水泥石的多孔结构是产生这种变形的主要原因，这反映出在承受载荷时，水泥石的多孔隙结构被压实的过程。由于未处理橡胶粉表面表现出较强的疏水特性，在搅拌过程中易引起水泥浆体产生气泡，所以掺入未处理橡胶粉塑性变形能力最大。

随着加载次数的增多，水泥石样品的不可恢复变形能力减弱，弹性变形能力逐渐提高。对比第一周加、卸载过程，从第二周循环加载开始，掺入 5% 低温等离子体改性后橡胶粉的水泥基材开始表现出极强的弹性变形能力。这是因为与未处理橡胶粉相比，低温等离子体改性后橡胶粉表面亲水性能提高，在水泥基材中分散更好，与基材接触的黏结面积更大，黏结作用力更大，当承受载荷时，能吸收更多的能量，更好地起到增加水泥石弹性变形的作用。

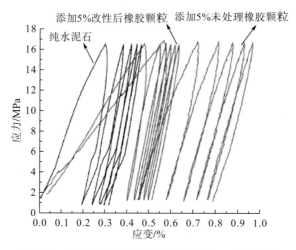

图 7.8　水泥石三轴多周循环加载应力－应变曲线

3. 橡胶粉增强油井水泥石机理分析

图 7.9 是橡胶粉油井水泥石断面微观形貌，可知纯水泥断面较为粗糙，存在一些细小的孔隙；而加入未经处理的橡胶粉后，水泥基体与橡胶粉接触区域存在较为明显的间隙，说明未处理的橡胶粉与水泥基材间的黏结性能较差。若在承受外力时，未处理橡胶粉与水泥基材接触的区间易成为水泥石的薄弱区域，裂纹易在此区间发生和扩展，因此可能导致水泥石的强度降低。由 7.9c 图可知，低温等离子体处理后的橡胶粉与水泥基材接触区域没有小间隙形成，在水泥石断面上有褶纹形成。说明经过等离子表面处理的橡胶粉与水泥基材接触区域有水泥水化产物生成，与水泥基材结合较为紧密，相容性较好。若在承受外力作用时，通过水泥基材能有效传递应力，橡胶粉能吸收一部分能量，能阻止裂纹扩展或者改变裂纹扩展方向，增强水泥石的弹塑性变形能力，有利于降低水泥石的脆性。

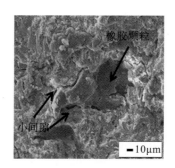
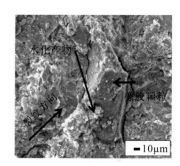

（a）纯水泥　　　　　（b）5％未处理橡胶粉　　　　（c）5％处理后的橡胶粉

图 7.9　橡胶粉水泥石断面微观形貌

图 7.10 为低温处理前后橡胶粉在水泥浆体和水泥石中的界面作用示意图。如图所示，在水泥浆体初始阶段，未处理橡胶粉表面憎水，不吸附带有水的水泥颗粒。因此，在水化形成水泥石后，橡胶粉与水泥石间就形成小间隙。在承受外力作用时，裂纹易发生在橡胶粉与水泥基体接触区域。反之，在初始阶段，由于经低温等离子体改性后橡胶

粉表面活化，亲水性能好，比表面积增大，能吸附含水的水泥颗粒。因此，水化后橡胶粉表面有水泥水化产物生成，在承受载荷时，能吸收一定能量，使裂纹发生偏转，增大了水泥石的变形能力。

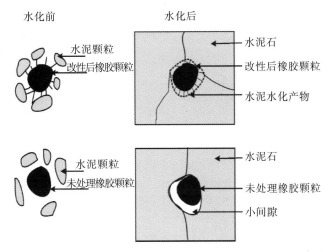

图 7.10 低温等离子体处理对橡胶粉与水泥基材界面影响的示意图

7.2 纤维增韧水泥浆

掺入纤维是提高水泥基材料力学性能最常用的手段，也广泛地应用于固井水泥浆增韧[12-17]。纤维增强及增韧油井水泥石的作用机理主要包括裂纹桥连、裂纹偏转及纤维拔出等[18]。如图 7.11 所示，纤维嵌入水泥石中，当裂纹扩展到纤维处时，纤维由于具有较高的力学强度，承受了外界载荷并在机体裂纹相对的两边之间进行桥接，如果裂纹要扩展就需要消耗更多的功；由于纤维与水泥基体之间具有不同的力学性质以及界面结合的存在，当作用于纤维上的剪切应力大于水泥基体与纤维的界面结合强度时，应力会把纤维拔出，这时纤维与水泥基体相邻界面会产生剥离和摩擦作用，从而导致部分裂纹发展的能量消耗，使得水泥基体能有效地阻止裂纹扩展，水泥石韧性得到提高；当微裂纹发展到纤维的区域时，裂纹原来的扩展方向被限制，由于纤维－水泥的界面相对比较薄弱，裂纹将沿着这一方向进行扩展，由于裂纹扩展路径大大增加，水泥破坏的能量得以被消耗，使水泥石强度和韧性得到提高。需要指出的是，由于不同纤维具有不同的性能，对水泥石增韧的效果也各不相同。本节主要考察了传统聚酯纤维以及碳纤维[19-21]、水镁石无机矿物纤维[22,23]、碳酸钙晶须[23-25]等新型纤维材料或类纤维材料对固井水泥石力学性能的影响。

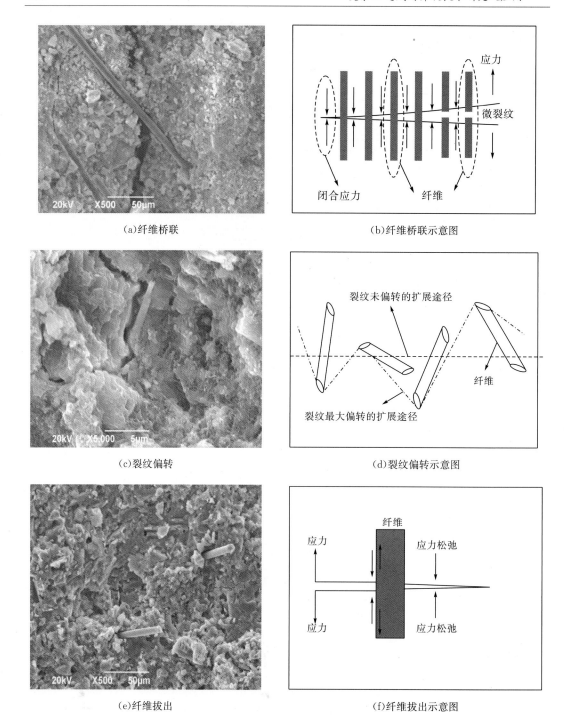

(a)纤维桥联   (b)纤维桥联示意图

(c)裂纹偏转   (d)裂纹偏转示意图

(e)纤维拔出   (f)纤维拔出示意图

图 7.11 纤维增强及增韧水泥石机理

7.2.1 聚酯纤维对水泥石力学性能的影响

聚酯纤维在混凝土行业中常用于改善混凝土的力学性能，特别是抗拉强度和防渗性能。聚酯纤维在固井水泥浆中也有较广泛的应用，但是一般应用目的都是提高固井水泥浆的防漏堵漏能力。本书选用的聚酯纤维性能参数如表 7.2 所示。

表 7.2　聚酯纤维基本性能参数

纤维性能	参数
抗拉强度/MPa	≥500
纤维直径/μm	$20\pm5\mu$m
纤维模量/GPa	≥5.0
纤维比重/(g/cm³)	1.36 ± 0.05
断裂伸张率/%	≥15
熔点/℃	≥250
纤维长度/mm	～5

1. 聚酯纤维的分散性

聚酯纤维表面具有疏水性并带有极性基团，在水泥浆体中很难均匀分散，如图 7.12 所示，这直接影响着纤维水泥基复合材料的力学性能以及其他的性能。可利用有机合成纤维表面的极性基团与纤维素类分散剂中的极性基团形成氢键或侨联，使得纤维被分散剂包裹在其中形成"囊包"，这些"囊包"之间既有吸引力，又有斥力，在超声波或外力作用下，引力和斥力相互作用，当两者达到平衡时，形成相对稳定的类胶体分散体系，如图 7.13 所示。

图 7.12　未加纤维素分散剂的纤维分散情况　　　图 7.13　加纤维素分散剂的纤维分散情况

对目前常用的甲基纤维素（MC）、羧甲基纤维素钠（CMC）、羟乙基纤维（HEC）这三种纤维素类分散剂开展了评价优选实验。通过实验发现三种纤维素溶液浓度相同时，羟乙基纤维素的黏度最大，且对水泥浆流动影响非常剧烈，所以选择甲基纤维素和羧甲基纤维素钠作为聚酯纤维分散剂展开进一步试验。由图 7.14 和图 7.15 可知，在相同浓度和不同温度下以甲基纤维素作为分散剂的水泥浆流动度均大于以羧甲基纤维素钠作为分散剂的水泥浆。并且通过实验发现甲基纤维素比羧甲基纤维素钠在水中具有更快的溶解速度，这更有利于对纤维的快速分散，从而优选出甲基纤维素作为聚酯纤维的分散剂。

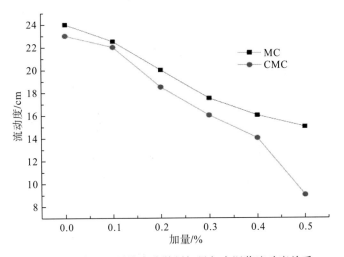

图 7.14　常温下纤维素分散剂加量与水泥浆流动度关系

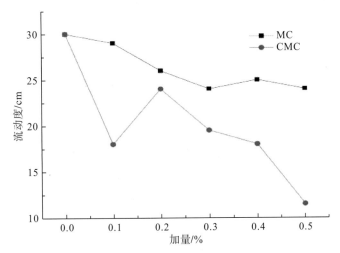

图 7.15　90℃下纤维素分散剂加量与水泥浆流动度关系

进一步地，考察了不同聚酯纤维加量在不同浓度的甲基纤维素溶液中分散的情况，如表 7.3 所示，随着分散剂浓度的增大，纤维分散效果越好；但纤维加量过大时，即使增大分散剂的加量也难以进行有效分散，并且增大 CMC 的浓度会显著降低水泥浆的流动性，从而选定 MC 加量为 0.4%，聚酯纤维最高加量为 0.3%。

表 7.3　聚酯纤维分散试验

纤维/% ＼ 甲基纤维素/%	0.1	0.2	0.3	0.4	0.5
0.1	×	√	√	√	√
0.2	×	×	√	√	√
0.3	×	×	×	√	√
0.4	×	×	×	×	×

注：其中√代表纤维能有效分散，×代表纤维不能有效分散。

2. 聚酯纤维对水泥石力学性能的影响

考察了聚酯纤维掺量分别为 0.1%、0.2%、0.3%时的条件下对固井水泥石抗压强度、劈裂抗拉强度以及抗折强度的影响，如图 7.16 所示。

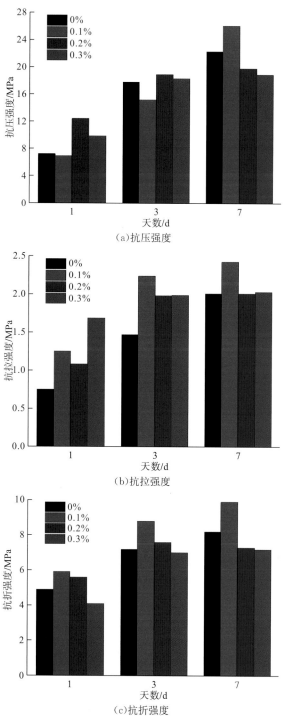

图 7.16　聚酯纤维加量与水泥石力学性能的关系

由图 7.16 可知，聚酯纤维的掺量选择为 0.1% 时，可以较好地满足水泥浆的工程性能，同时可以较好地增强水泥石的抗折强度和抗拉强度。随着聚酯纤维的加量逐步增加，水泥石的抗折强度和劈裂强度逐渐降低，这是因为聚酯纤维的加量较高时，纤维在水泥石中分散不均，反而会降低水泥石强度。

7.2.2　碳纤维对水泥石力学性能的影响

碳纤维是一种含碳量在 95% 以上的高强度、高模量的新型纤维材料（图 7.17）。碳纤维与玻璃纤维相比，杨氏模量是其 3 倍多，与凯夫拉纤维相比，杨氏模量是其 2 倍左右，在有机溶剂、酸、碱中不溶不胀，耐蚀性突出。表 7.4 为碳纤维的基本性能，图 7.18 为碳纤维的 SEM 图。

表 7.4　碳纤维的基本性能

碳纤维	长度/μm	直径/μm	抗拉强度/MPa	体积密度/(g/cm^3)	弹性模量/GPa
性能	300~500	8~20	>3300	1.76	220

图 7.17　短切碳纤维

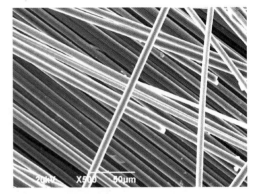

图 7.18　碳纤维 SEM 图

1. 碳纤维对水泥浆工程性能的影响

由于碳纤维存在不易分散的问题，按照与聚酯纤维类似方法，选用羧甲基纤维素钠（CMC）对碳纤维进行预分散处理。制备纤维水泥浆时，分别加入 0.05%、0.1%、0.2% 的纤维配制成水泥石（分别命名为 C_1、C_2、C_3），并与空白试样（P_1）进行性能对比。

考察了不同纤维的水泥浆应用性能，结果如表 7.5 所示。结果表明：随着碳纤维掺量的增加，水泥浆流动度有所降低，但流动度仍大于 18cm，满足施工要求；碳纤维的掺入有利于减少水泥浆的游离液和失水，提高了水泥浆的沉降稳定性；同时，碳纤维的加入对水泥浆稠化时间无明显影响。上述实验结果说明碳纤维水泥浆的工程应用性能良好。

表 7.5　不同碳纤维掺量水泥浆的工程应用性能

编号	密度/(g/cm^3)	失水/mL	流动度/cm	游离水/%	稠化时间/min
P_1	1.90	20	25.2	0.1	260
C_1	1.90	18	22.3	0	235

编号	密度/(g/cm³)	失水/mL	流动度/cm	游离水/%	稠化时间/min
C_2	1.90	17	21.0	0	241
C_3	1.90	16	19.5	0	244

2. 碳纤维水泥石的力学性能

图 7.19 为不同碳纤维掺量的水泥石的力学性能。纤维增强水泥石的 1d 和 3d 抗压强度略低于纯水泥石,但 1d 和 3d 的抗折和抗拉强度均高于纯水泥石。当养护时间超过 7d 时,纤维增强水泥石力学性能随纤维掺量的增加而明显提高。其中,纤维增强水泥石 C_3 的 7d、14d 和 28d 抗压强度较纯水泥石 P_1 分别提高 23.3%、11.1%、12.3%,抗折强度较纯水泥石 P_1 分别提高 10.9%、22.4%、41.7%,抗拉强度较纯水泥石 P_1 分别提高 8.6%、31.5%、52.4%。实验结果表明,碳纤维增强水泥石的力学性能较纯水泥石有显著提高,对水泥石起到了增强作用。

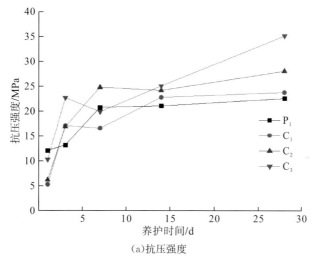

(a)抗压强度

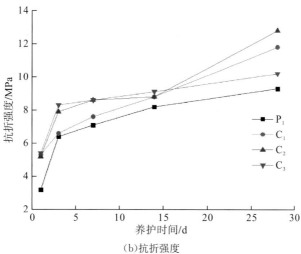

(b)抗折强度

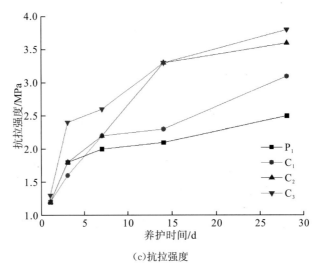

(c)抗拉强度

图 7.19　碳纤维水泥石的力学性能

图 7.20 为 C_3 和 P_1(养护 28d)的应力-应变曲线。从图 7.20(a)可见，在单轴应力-应变实验中，C_3 和 P_1 的应力-应变曲线有所差异；在同等载荷下，C_3 的轴向应变量大于 P_1。由于低应力作用下水泥石处于弹性变形阶段，应力-应变曲线呈直线，可通过计算得到 C_3 的弹性模量为 5.70GPa，较 P_1 的弹性模量(5.87GPa)降低了 3.0%。

三轴应力的直接加载方式更符合水泥石在井下的受力情况。由图 7.20(b)的三轴应力-应变曲线可知，在同等应力作用下，C_3 的轴向应变远大于 P_1 轴向应变。计算可知，C_3 的抗压强度(47.2MPa)较 P_1 提高了 6.07%，弹性模量(5.22GPa)较 P_1 降低了 49.5%。结果表明，碳纤维对水泥石起到了增强作用，能有效降低水泥石的弹性模量。

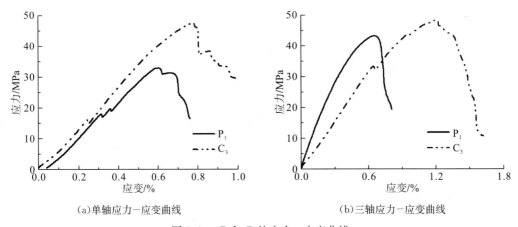

(a)单轴应力-应变曲线　　　　　　　　　　(b)三轴应力-应变曲线

图 7.20　P 和 C_1 的应力-应变曲线

7.2.3　水镁石纤维对水泥石力学性能的影响

水镁石纤维是一种天然无机矿物纤维，如图 7.21 和图 7.22 所示，具有优良的力学性能、抗碱性能和水分散性能，其表面具有极性极强的羟基，在水中本身具有一定分散性，再加入具有表面活性功能的分散剂使得纤维的表面电性发生改变，使纤维表面电性变为负电，细小纤维由于带上负电荷，相互之间产生斥力而使纤维束分散，实现更好的分散，同时与水泥浆有良好的相容性，可用于增强水泥石。为探索水镁石纤维在固井中的应用前景，研究了其对固井水泥石力学性能的增强效果及机理。

图 7.21　水镁石纤维外观照片　　　　　　图 7.22　水镁石纤维 SEM 照片

1. 水镁石纤维水泥浆的应用性能

同样首先考察了水镁石纤维掺入对水泥浆常规应用性能的影响，制备时分别加入 1%、3%、5%、7%质量分数的纤维替代等量水泥配制成纤维水泥浆（分别命名为 S_1、S_2、S_3、S_4），并与空白试样（P）进行性能对比。表 7.6 结果表明：随着纤维掺量的增加，水泥浆流动度降低，纤维掺量不高于 5%时，水泥浆流动度大于 18cm，不影响固井施工；掺入水镁石纤维有利于减少水泥浆的游离液；水镁石纤维对水泥浆稠化时间无明显影响。结果表明将水镁石纤维用于水泥浆中，不会明显影响水泥浆的应用性能。

表 7.6　水泥浆配方及工程性能

水泥浆配方	P	S_1	S_2	S_3	S_4
实测密度/(g/cm³)	1.92	1.91	1.92	1.92	1.90
流动度/(cm，30℃)	24	26	19.5	19	16
流动度/(cm，90℃)	26	19	18	18.5	12
游离液/%	0	0	0	0	0
API 失水量/mL	37	13	18	20	18
稠化时间/min	235	220	215	220	204

2. 水镁石纤维对水泥石的力学性能影响

图 7.23 为纤维掺量和养护时间对水泥石力学性能的影响。纤维水泥石的 1d 和 3d 抗压强度略低于纯水泥石，但 1d 和 3d 的抗折和劈裂抗拉强度均高于空白试样。当养护时间超过 7d 时，纤维水泥石力学性能随掺量的增加而明显提高；纤维水泥石 S_3 的 7d、14d 和 28d 抗压、抗折和劈裂抗拉强度较空白试样 P 分别提高 23.3%、11.1%、12.3%，10.9%、22.4%、41.7%及 8.6%、31.5%、52.4%；纤维掺量高于 5%时，水泥石的抗折强度和劈裂抗拉强度随掺量的增加出现了下降趋势，原因可能是纤维掺量较低（低于

5%)时，纤维能够较好地水解和分散，其增强作用可以充分发挥，但随着纤维掺量高于5%，纤维易在水泥浆中起团和缠结，难以发挥其增强作用。

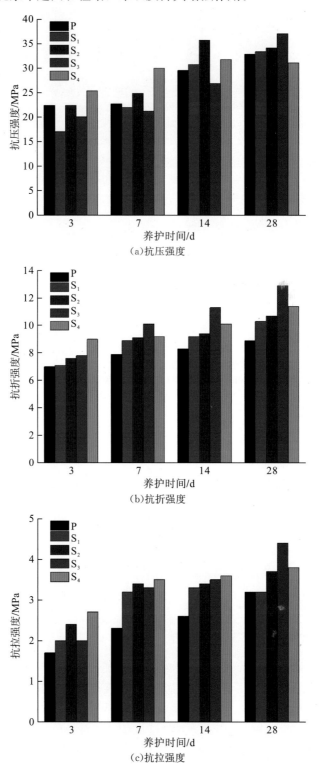

图7.23 水镁石纤维掺量和养护时间对水泥石力学性能的影响

图 7.24 为空白试样 P 和纤维水泥石 S_3 的三轴应力－应变图,实验结果表明:在同等应力作用下,纤维水泥石轴向应变明显高于空白试样 P。由数据计算可知,S_3 的弹性模量较 P 降低了 34.5%;观察纤维水泥石 S_3 和空白试样 P 在三轴抗压实验结束后的破坏形貌,试样 P 沿 45°角的斜面破坏,呈现典型的脆性材料破坏,试样 S_3 也沿 45°角斜面破坏,但试样中间呈现胀大现象,表现出一定的塑性形变能力。实验结果表明,水镁石纤维显著降低水泥石的弹性模量,水泥石韧性有所增加。

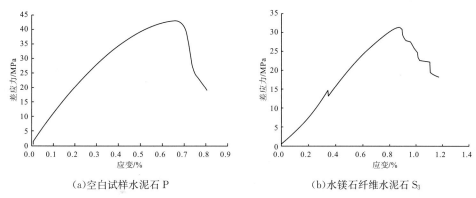

(a)空白试样水泥石 P　　　　　　　　　(b)水镁石纤维水泥石 S_3

图 7.24　空白试样水泥石 P 和水镁石纤维水泥石 S_3 的三轴应力－应变图

7.2.4　碳酸钙晶须对水泥石力学性能的影响

碳酸钙晶须是一种新型无机填充材料,具有较高的机械强度,目前广泛应用于增强聚合物基的力学性能和耐久性能。碳酸钙晶须外观为白色粉末状,如图 7.25 所示,通过扫描电镜观察发现为短切条状具有类似纤维的高长径比,因此可认为是一种类纤维类改性材料,能够在亚微米尺度上对水泥石进行增韧改性。

图 7.25　碳酸钙晶须 SEM 图

　　由于碳酸钙晶须属于微米级且与水泥灰同为无机材料，在水泥中具有天然良好的分散性，配浆时将晶须与水泥灰混合均匀即可，对水泥浆流动性影响也较低，从而加量范围较大。首先考察了碳酸钙晶须掺入对水泥浆常规应用性能的影响，制备时分别加入5%、10%、15%质量分数的碳酸钙晶须替代等量水泥配制成碳酸钙晶须水泥浆（分别命名为 J_1、J_2、J_3），并与空白试样（P）进行性能对比。

　　不同加量下碳酸钙晶须水泥石抗压强度、抗拉强度、抗折强度值如图 7.26 所示。由图可知，加入碳酸钙晶须后水泥石的抗压强度、抗拉强度、抗折强度均有明显的提高，并且随着养护天数的增加不断增大。特别是在 10% 掺量条件下，水泥石的力学性能提高明显，14d 抗拉强度值与纯水泥石相比，提高了 37%。

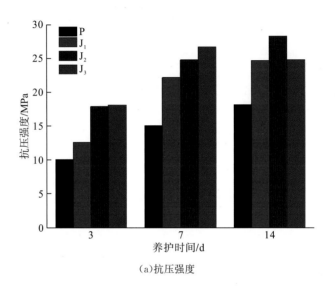

(a)抗压强度

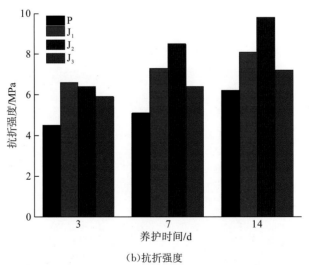

(b)抗折强度

图 7.26　碳酸钙晶须掺量对水泥石力学性能的影响

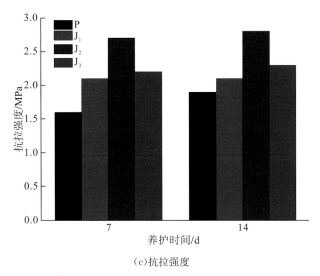

(c)抗拉强度

图 7.26　碳酸钙晶须掺量对水泥石力学性能的影响(续)

7.2.5　混杂纤维对水泥石力学性能的影响

　　微裂纹的扩展过程实质上是微裂纹在应力作用下逐渐吞并扩展为宏观裂隙,同时不同的纤维具有不同的力学性能及尺寸,因此将多种纤维混合复配,再多个尺寸上限制微裂纹的扩展吞并会是一个更有效的增强增韧方法。本章分别讨论了碳纤维与碳酸钙晶须、聚酯纤维与碳酸钙晶须混杂增强油井水泥石的力学性能改性效果。在配制水泥浆时,需先将纤维进行预分散,碳酸钙晶须则直接加入水泥灰中混合均匀后配制水泥浆。

　　M_1试样为碳纤维与碳酸钙晶须混杂增强试样,其力学性能如表 7.7 所示,随着养护时间的不断增加水泥石强度不断增大。如图 7.27 所示,M_1 的 3d 和 7d 早期抗压强度增强作用不及单掺一种纤维,但 14d 时抗压强度提高 30%,这说明混杂纤维相对于单掺一种纤维,对水泥石早期抗压强度增强作用不大,而随着水化过程的进行增强效果不断加强。加入混杂纤维后,水泥石无论是抗折还是劈裂抗拉强度具有明显的提高,并且随着水化时间的增加水泥石强度相对增长率不断加大,增强效果越发显著,这可能是因为随着水化的不断深入,混杂纤维与基体结合力不断增强,从而使水泥石力学性能得到改善。混杂纤维水泥石劈裂抗拉强度相对增长率相对于单掺一种纤维均有较大幅度的增加,说明加入混杂纤维与单掺一种纤维相比,具有更好的止裂作用,水泥石韧性得到有效提高。

　　M_2为聚酯纤维与碳酸钙晶须混杂增强水泥石试样,其力学性能如表 7.7 所示,随着养护时间的不断增加水泥石力学性能不断增强。如图 7.28 所示,加入聚酯纤维后的水泥石力学性能均有所降低,其中 M_2 与 P 相比强度降低了 12.11%,这可能是由于聚酯纤维属于低弹模软纤维,对水泥石的填充增强作用非常有限,当同时加入聚酯纤维和晶须时强度出现了一定程度的下降,这可能是由于纤维分布不均匀,并且随着晶须的加入作为胶凝组分的水泥量下降,在水泥水化早期造成纤维或晶须与基体的结合能力不足;混杂纤维水泥石无论是抗折还是劈裂抗拉强度与纯水泥相比均具有明显的提高,其中混杂纤维水泥石劈裂抗拉强度相对增长率相对于单掺一种纤维均有较大的增加,说明加入混杂纤维与单掺一种纤维相比，具有更好的止裂作用和形变能力，水泥石韧性得到有效提高。

表 7.7　混杂纤维增强水泥石的力学性能

	M$_1$			M$_2$		
	抗压强度/MPa	抗拉强度/MPa	抗折强度/MPa	抗压强度/MPa	抗拉强度/MPa	抗折强度/MPa
1d	5.3	1.4	5.8	8.9	1.3	5.9
3d	18.6	2.8	8.7	18.1	2.3	8.6
7d	21.4	3.1	9.8	21.1	2.5	9.5
14d	31.1	3.7	10.4	29.7	3.4	10.1

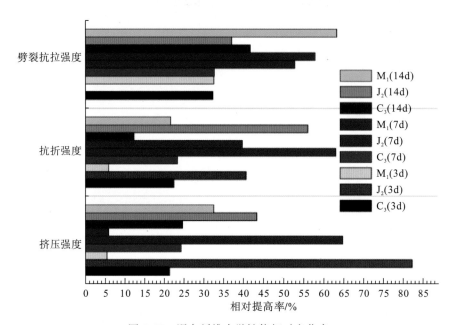

图 7.27　混杂纤维力学性能相对变化率

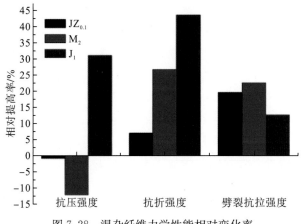

图 7.28　混杂纤维力学性能相对变化率

表 7.8 及图 7.29~图 7.32 分别为 M₁ 和 M₂ 配方水泥石单轴和三轴力学实验结果及受力形变曲线。对比纯水泥石单轴/三轴实验结果可知，混杂纤维改性水泥石在弹性区间内的形变能力均得到了提高；同时从实验结果显示，混杂纤维改性水泥石弹性模量均较纯水泥石低，其中聚酯纤维/碳酸钙晶须复合的作用更为显著，其在围压作用时弹性模量降低 49.6%，同时水泥石差应力值仅有较小变化，这说明低弹模的聚酯纤维和具有高强度和模量的碳酸钙晶须复合使用时，能够在有效降低水泥石弹性模量增大水泥石弹性形变能力的同时保证水泥石强度不下降，能够满足储气库固井水泥的要求；对比 M₁ 和 P 配方水泥石实验结果可知，由于碳纤维和碳酸钙晶须均属于高模量纤维，对水泥石强度增强作用明显，无论是单轴还是三轴条件下水泥石差应力值均有明显提高；同时由于碳纤维的加入使得水泥石形变能力发生变化，其弹性变形和塑性变形区间均有所增大，虽然弹性模量较纯水泥配方有所降低，但较聚酯纤维复合体系降低量并不大，这也印证了两种高模量纤维的作用机理。

表 7.8　复合纤维改性水泥石单轴/三轴力学实验结果

编号	围压/MPa	温度/℃	泊松比	弹性模/MPa	差应力/MPa
P	0	30	0.128	5505.8	33.0
P	18	30	0.328	10324.2	42.9
M₁	0	30	0.158	4799.0	35.9
M₁	18	30	0.283	9143.9	57.7
M₂	0	30	0.377	4183.7	33.9
M₂	18	30	0.152	5201.7	39.9

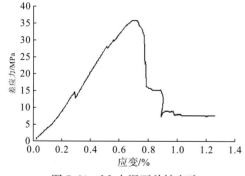

图 7.29　M₁ 水泥石单轴实验

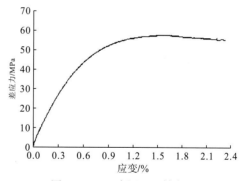

图 7.30　M₁ 水泥石三轴实验

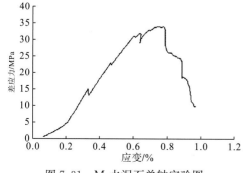

图 7.31　M₂ 水泥石单轴实验图

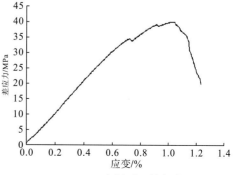

7.32　M₂ 水泥石三轴实验

参 考 文 献

[1] Gray K E, Podnos E, Becker E. Finite-element studies of near-wellbore region during cementing operations: Part I [J]. SPE drilling and completion, 2009, 24(01): 127-136.

[2] Goodwin K J, Crook R J. Cement sheath stress failure[J]. SPE Drilling Engineering, 1992, 7(4): 291-296.

[3] 华苏东, 姚晓. 油井水泥石脆性降低的途径及其作用机理[J]. 中国石油大学学报: 自然科学版, 2007, 31(1): 108-113.

[4] 何永峰, 刘玉强, 等. 胶粉生产及其应用: 废旧橡胶资源化新技术[M]. 北京: 中国石化出版社, 2001.

[5] 宋少民, 刘娟红. 橡胶粉改性的高韧性混凝土研究[J]. 混凝土与水泥制品, 1997(1): 10-11.

[6] 于利刚, 余其俊, 刘岚. 废橡胶胶粉在砂浆混凝土中应用的研究进展[J]. 硅酸盐通报, 2007, 26(6): 1148-1152.

[7] 李早元, 郭小阳. 橡胶粉对油井水泥石力学性能的影响[J]. 石油钻探技术, 2008, 36(6): 52-55.

[8] Cheng X W, Chen H T, Huang S, et al. Improvement of the properties of plasma-modified ground tire rubber-filled cement paste[J]. Journal of Applied Polymer Science, 2012, 126(6): 1837-1843.

[9] Cheng X W, Long D, Huang S, et al. Time effectiveness of the low-temperature plasma surface modification of ground tire rubber powder[J]. Journal of Adhesion Science and Technology, 2015, 29(13): 1330-1340.

[10] 程小伟, 黄盛, 龙丹, 等. 等离子改性废旧橡胶颗粒增强固井水泥石性能[J]. 石油学报, 2011, 35(2): 371-376.

[11] 龙丹. 低温等离子体改性橡胶颗粒及其在油井水泥浆中的应用[D]. 成都: 西南石油大学, 2016.

[12] 李贺东. 超高韧性水泥基复合材料试验研究[D]. 大连: 大连理工大学, 2009.

[13] 郑瑾. 混凝土耐久性分析与改善途径及在工程应用中的探讨[D]. 杭州: 浙江大学, 2002.

[14] 张峰. 油井水泥增韧剂的制备及性能评价[D]. 南京: 南京工业大学, 2003.

[15] 姚晓, 樊松林, 吴叶成, 等. 油井水泥纤维增韧材料的研究与应用[J]. 西安石油大学学报: 自然科学版, 2005, 20(2): 39-42.

[16] 舒福昌, 罗刚, 史茂勇, 等. 聚丙烯纤维增韧固井水泥浆研究[J]. 混凝土与水泥制品, 2008, 5: 44-46.

[17] 张成金, 冷永红, 李美平, 等. 聚丙烯纤维水泥浆体系防漏增韧性能研究与应用[J]. 天然气工业, 2008, 28(1): 91-93.

[18] 沈荣熹, 王璋水, 崔玉忠. 纤维增强水泥与纤维增强混凝土[M]. 北京: 化学工业出版社, 2006.

[19] 幸弋曜. 固井注水水泥用纤维及颗粒材料堵漏和增韧实验研究[D]. 成都: 西南石油大学, 2011.

[20] 杨元意. 一种储气库固井增韧水泥浆体系的研究[D]. 成都: 西南石油大学, 2014.

[21] 李明, 杨雨佳, 郭小阳. 碳纤维增强油井水泥石的力学性能[J]. 复合材料学报, 2015(3): 782-788.

[22] 李明, 杨雨佳, 靳建洲, 等. 水镁石纤维对固井水泥石力学性能的增强效果及机理[J]. 天然气工业, 2015, 35(6): 82-86.

[23] 杨雨佳. 晶须材料增强油井水泥石力学性能及机理研究[D]. 成都: 西南石油大学, 2016.

[24] 李明, 刘萌, 杨雨佳, 等. 碳酸钙晶须改善固井水泥浆性能研究[J]. 硅酸盐通报, 2014, 33(12): 3145-3150.

[25] 李明, 刘萌, 杨元意, 等. 碳酸钙晶须与碳纤维混杂增强油井水泥石力学性能[J]. 石油勘探与开发, 2015, 42(1): 94-100.

第8章 自修复固井水泥浆技术

优质的水泥环应能维持长期密封完整性,关系到油气井产能、生产寿命和生产安全。由于固井水泥石具有天然的硬脆性特征,固井后的下一步作业诸如钻井液密度提高、试压、射孔、压裂增产、油气开采以及井眼内的温度应力和地层的断层、压实和滑移等因素,都可能造成水泥环因力学损伤破坏而出现微裂缝。虽然通过加入纤维、橡胶粉、胶乳等材料可实现对水泥环增韧降脆,提高其抗力学损伤的能力。然而一旦微裂缝生成和扩展,就会导致固井水泥环的层间封固能力被破坏,进而造成井下流体不可控制地窜流,导致层间互窜、油套管过早腐蚀等问题,影响油气采收率及油气井安全与寿命。由于固井水泥浆一旦注入井下凝结后就无法对其进行更换,而挤水泥等补救作业往往效果不佳且代价高昂。因此,如何有效地修复固井水泥环应力损伤后的微裂缝一直是困扰固井界的一大难题[1]。

基于仿生学中组织自修复原理以及借鉴其他领域相关研究成果,2006年起国外油服公司率先提出了固井水泥浆自修复理念并开发了自修复固井水泥浆材料体系,一般是在水泥浆中加入可被井下烃类或热激活膨胀的自修复材料,利用材料体积的膨胀来修复微裂缝。其优势在于可在不中断生产的情况下,自动修复水泥环中的微裂缝和微环隙,阻止油气进一步窜流,恢复水泥环的密封完整性,延长油气井生产寿命,且成本比修井作业要低廉得多。目前,基于固井环微裂缝井下自修复技术已成为固井工程学科中的前沿性课题。本章在对国内外水泥基材料自修复技术及评价方法分析的基础上,介绍了适用于油气井固井工程领域的固井水泥石自修复性能评价方法,选取了几种在水泥基材料中应用较广的自修复材料,根据固井工程的使用环境和要求,对自修复材料对水泥浆应用性能和自修复性能的影响规律及作用机理进行了初步探索,以期为固井自修复材料选材、自修复水泥浆开发提供参考。

8.1 自修复水泥浆研究现状

自修复水泥浆技术的关键在于自修复材料,由于自修复固井水泥浆针对的是井下这一特殊环境,因此应用于固井水泥浆的自修复材料必须满足以下要求:①加入自修复材料后,水泥浆凝固后形成的水泥环应在环空内具有满足层间封隔要求的力学性能;②能够使井筒承受注和采时所产生的交变应力作用和井下温度梯度变化,满足井下长期水力密封的技术要求;③自修复材料应该具有良好的耐久性,在一定时间后,自修复材料依然可以对微裂缝产生自修复作用[2-4]。

8.1.1 混凝土用自修复材料研究现状

现有的水泥基材料自修复技术多集中在混凝土领域，主要有仿生自愈合混凝土、渗透结晶自修复混凝土、微胶囊自修复混凝土等[5,6]。

1. 渗透结晶自修复混凝土

渗透结晶型自修复是重要的一种混凝土自修复方法，其做法是在混凝土外部涂上渗透结晶材料或直接在混凝土中加入渗透结晶材料，当混凝土在含有水分的环境中养护时，渗透结晶材料可以在混凝土的孔隙中传输，生成结晶体；当混凝土产生微裂纹时，该结晶体可以被水激活，从而促使混凝土中的未水化颗粒继续水化，生成新的物质堵塞微裂纹，使混凝土的损伤得以修复[7]。

渗透结晶修复的主要特点包括：①使用环境中必须有足量的水分；②其修复效果的影响因素包括微裂缝大小、渗透结晶材料性质、混凝土的孔结构等；③当裂缝宽度大于0.4mm时，渗透结晶型自修复的效果较差。匡亚川等研究了渗透结晶型自修复混凝土，通过实验获得了渗透结晶材料的掺量范围，主要应用抗拉强度恢复率、抗压强度恢复率和抗渗实验来评价自修复效果，实验结果表明，该类型混凝土的自修复能力较强[8]。黄伟等开展了渗透结晶型自修复混凝土的抗渗实验，对掺有 SJ 渗透结晶材料的混凝土进行了抗压强度、抗拉强度和抗渗实验，考察了 SJ 渗透结晶材料在混凝土中的合理掺量[9]。实验结果表明 SJ 渗透结晶材料不仅可以实现混凝土的裂缝自修复，还可以提高混凝土的密实程度。SJ 渗透结晶材料的自修复机理在于 SJ 渗透结晶材料遇到水和钙离子后可以形成结晶沉淀，沉淀物可填充混凝土的微裂缝，实现混凝土损伤部位的自修复。

2. 液芯纤维管自修复混凝土

Dry 等首先提出液芯纤维管自修复混凝土的概念，其做法是在混凝土内部预先埋设带有修复剂的玻璃管或者中空纤维，一旦混凝土在外力作用下产生了微裂纹，修复剂可以流出至微裂纹，愈合微裂纹，对混凝土的损伤产生自愈合作用[10]。

习志臻和张雄研究了液芯纤维管自修复混凝土，其方法是在水泥砂浆基体中埋设空心玻璃纤维，纤维内含有丙烯酸酯和聚氨酯等修复剂，基体产生微裂纹后，纤维破裂使得修复剂流出，从而愈合微裂纹，部分恢复水泥砂浆基体的完整性[11]。孙凌等研究的液芯纤维管自修复混凝土中的修复剂同样是装入中空玻璃纤维，在评价水泥砂浆基体的修复率时，主要是通过对比自修复前后的水泥砂浆基体的载荷－挠度曲线以及强度，通过实验建立了纤维内的修复剂流出量与纤维内压力的关系[12]。

液芯纤维管自修复混凝土目前存在的问题主要包括：①含有修复剂的中空纤维的数量难以确定，多则影响混凝土的强度，少则影响自修复效果；②中空纤维在混凝土中的破裂数量难以控制，修复剂的修复效果也难以量化；③中空纤维在水泥砂浆的搅拌和成型过程中易于破坏，难以控制；④对于固井时的高剪切速率环境，中空纤维破裂的可能性很大。

3. 微胶囊技术自修复混凝土

微胶囊自修复混凝土技术是将修复剂放入微胶囊内部，使修复剂与壳体隔离从而形成具有"核-壳"结构的微胶囊，将微胶囊埋设入水泥基材料的基体中，当基体受到损伤后产生微裂纹，微裂纹扩展到微胶囊时，微胶囊破裂从而释放出修复剂，修复剂与水泥基材料的催化剂接触产生反应，反应物填充微裂纹达到基体自修复的效果。微胶囊自修复技术是日本的三桥博三等首次提出，并将含有修复剂的微胶囊参入混凝土中研究混凝土的自愈合性能。欧进萍等将微胶囊置于混凝土中，研究了微胶囊对混凝土裂缝的自修复效果，主要分析了微胶囊的几何参数对混凝土力学性能的影响，获得了微胶囊的合适掺量[13,14]。孔丽丽采用原位聚合法合成了以聚脲甲醛为包裹体的环氧树脂微胶囊，在7%～10%掺量条件下能够提高混凝土的拉折比和压折比，可使混凝土渗水高度降低11.8%～26.5%[15]。

微胶囊自修复技术的优点在于：①微胶囊生产易于工业化；②微胶囊易于在水泥基材料中分散均匀，自修复效果较好。微胶囊技术的缺点在于：①微胶囊的厚度应合适；②微胶囊的硬度应合适，否则微胶囊难以被混凝土的微裂纹破坏，修复剂难以流出。

8.1.2　固井水泥浆自修复材料研究现状

虽然固井水泥环也属于水泥基材料，但是正如杨振杰[13]等指出：现有的水泥基材料微裂缝自修复机理和技术不能照搬到固井水泥环中。这是因为固井水泥环与水泥基材料混凝土存在以下差异：①温度压力不同。建筑行业的水泥基材料一般处在常温常压的大气开放环境中，而固井水泥环处在高温高压的密闭环境中，而且现有的自愈合材料不能在高温高压条件下发挥作用。②流体淹没环境不同。建筑行业的水泥基材料是在大气淹没环境中，而固井水泥环是在密闭的复杂流体淹没环境中(密闭的油气水环境)。③配制条件不同。普通水泥基材料通过低速搅拌进行配制，而固井水泥浆的配制通过高速剪切进行，仿生聚合物自愈合智能水泥在高速剪切下空心玻璃纤维和胶囊会断裂破坏。④界面条件不同。混凝土为大块体积的结构材料，界面是水泥浆基材料与骨料之间的界面，而油气井固井水泥环的界面是水泥环与套管和封固地层的界面。

相比于混凝土所用自修复材料，固井水泥浆用自修复材料的研究历史较短，应用也较少。国外斯伦贝谢公司提出自修复水泥浆技术后，目前也只在加拿大和德国的少数井中得到过应用。国内固井自修复材料也是随着国外技术的发展，逐渐开始研究，处于起步阶段。目前，国内外提出的固井自修复材料主要有热修复型自修复材料、油气触发膨胀修复型自修复材料。

1. 热修复型自修复材料

Reddy 等提出了无流体触发的热致聚合自修复水泥浆体系。其主要方法通过在油井水泥浆中添加一种新型弹性体的热可逆聚合物实现水泥环微裂缝的自修复[16]。其实验结果表明：将水泥石试件被平行切为 3 段，当水泥石受热时，大分子网状物通过热可逆化学键完全连接，热可逆聚合物的生成可以修复水泥石中的微裂缝，如图 8.1 所示。国内袁雄洲等将热熔性 EVA 作为修复材料加入水泥中制成有自修复性能的水泥基材料[17]。他们通过将损伤后的水泥石试块放入烘箱，在 150℃下加热 48h，测定热修复前后的水泥石的抗折强度和抗压强度来评价 EVA 的自修复效果，实验表明 3 种不同程度损伤的水泥石试块均得到了一定程度的修复。热修复型自修复材料的主要缺点是加入该材料后，水泥石的力学性能下降较多。

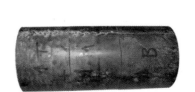

图 8.1　自愈合圆柱样品[16]

2. 油气触发膨胀型自修复材料

油气触发膨胀型自修复材料是指与油气流体接触后产生较大体积膨胀的自修复材料。将其加入水泥后，当水泥环产生微裂缝和微间隙时，油气会沿微裂缝或微间隙窜流而激活自修复材料产生体积膨胀，体积膨胀后的材料可以对微裂缝进行堵塞，从而实现固井水泥环微裂缝的自修复。2007 年，斯伦贝谢公司研究出 FUTUR 自愈合水泥体系来保证油气井完整性。该体系是将自修复材料加入水泥浆，水泥环出现微裂缝−微环隙时碳氢化合物激活自修复材料，材料膨胀增大密封微裂缝与微环隙[18,19]。

较为典型的油气触发膨胀型自修复材料是遇油遇气膨胀橡胶。王强等将吸油树脂与丁腈橡胶或天然橡胶共混制备了遇油膨胀橡胶，当吸油树脂与丁腈橡胶共混后，橡胶在二甲苯中的膨胀倍数可达到 194%。吸油树脂与天然橡胶共混后，橡胶在二甲苯中的膨胀倍率为 335%[20]。在石油工业中，遇油遇气膨胀橡胶主要用于可膨胀橡胶封隔器，自 2001 年以来在世界不同地域可膨胀橡胶封隔器的使用量正以指数方式增长，其膨胀后的封隔效能已得到充分的验证[21-23]。

Cavanagh 和 Johnson 开发了油气触发自修复水泥浆体系(SHC)。SHC 是油气响应型材料，当没有受到油气刺激时，SHC 材料不会发生化学反应；当 SHC 材料与地层的烃类流体接触后，SHC 会发生膨胀而产生自修复作用[24]。Moroni 等测定了 SHC 体系在油气环境中的自修复性能及长期稳定性，将其养护一年后，SHC 体系依然可被油气激发膨胀，且水泥石完整性良好[25,26]。该水泥浆体系在加拿大 Central Alberta Foothills 地区的油井中应用 6 个月没有发生油气窜流。Reddy 等将吸油膨胀材料掺入泡沫水泥浆中，该体系在水泥浆塑性状态时能保持一定的压力以避免流体侵入形成通路；水泥浆凝固后，由于其内部含有大量气孔，吸油膨胀材料的接触面积增大，能更快地吸油膨胀，堵塞油气窜通道，封闭水泥环外部微间隙[27]。国内，姚晓开发了两种油井水泥油气触发自修复材料[28]。中油渤星公司也开展了刺激响应型聚合物技术的研究，主要是通过在聚合物分子中引入特殊功能基团，从而获得刺激响应型聚合物，并于 2013 年 6 月在磨溪 16 井尾管固井中首次应用。赵建峰模拟井下条件，动态测试了油气触发自修复水泥石的快速修复性能，实验以原油为介质，动态测试 5h 时流量减小 50%；48h 后流量减少 98%；5d 后流量减少至 0，膨胀前后的水泥石如图 8.2 所示[29]。

图 8.2   油气触发自修复水泥石与原油反应前后外观形貌

8.2   固井水泥石自修复性能评价方法

科学的自修复性能评价方法是保证自修复水泥浆技术有效性的基础。目前，在混凝土领域针对水泥基材料已有一些自修复评价方法，如 Bonnaure 等提出的以疲劳寿命比作为愈合指数[30]；Chowdary 等的以变形恢复率比作为愈合指数[31]；Qiu 等的采用拉伸强度比作为愈合指数[32]。但是，这些现有的水泥石自修复性能评价方法无法反映井下工况环境，也无法反映孔渗率的改变是由自修复材料的作用引起还是水泥材料内部作用导致的。因此，需要根据固井工程特点和要求，建立包括测定方法、评价指标、评价装置在内的一套固井水泥石自修复性能评价方法。通过总结分析现有的自修复性能评价方法，对比材料领域、混凝土领域、固井领域的特点与不同，提出以水泥石力学强度恢复率和水泥石渗透恢复率为评价指标的固井水泥石自修复性能评价方法[33-36]。

8.2.1   水泥石力学强度恢复率评价方法

在固井领域暂时还没有关于以水泥石力学强度恢复率评价水泥石裂缝自修复情况的具体实施方案。基于此，本书设计了以抗折强度恢复率和抗拉强度恢复率作为评价自修复水泥浆自修复性能的指标，并设计了对应的实验装置和方法。

1. 评价装置

1)抗折强度恢复率测试实验装置

图 8.3 为用于评价裂缝水泥石试样实现自修复后抗折强度恢复率的实验装置的装配整体结构图。由如图 8.4 所示的顶部盖板(3)、侧板(4)、底板(1)、底板(9)、施压垫片(5)和螺旋杆(7 和 8)等部分组成。其特征在于：每个部分均可拆卸，通过螺钉组合固定，可根据测试模块的尺寸自由调整；测试模块的六个方向均加力压紧，内部裂纹可得到充分挤压，更好地进行自愈合；螺旋杆顶端为六边形柱状，可通过扭力扳手调节力度并可感知测试模块是否发生变化；该装置的侧板和盖板用钢化玻璃材料制作，增加了观察测试模块的透明度，有益于及时了解裂缝的自愈合情况。

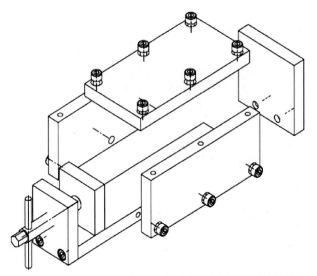

图 8.3　抗折强度恢复率测试实验装置的装配整体结构图

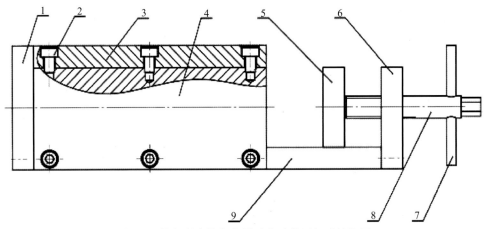

图 8.4　抗折强度恢复率测试实验装置组成结构图

1 中空体腔；2 顶部盖板；3 侧板；4 底板；5 施压垫片；6 螺旋杆

2) 劈裂抗拉强度恢复率测试实验装置

用于压紧劈裂抗拉强度水泥石试样裂缝实现自修复的装置如图 8.5 所示。该装置由左右两半圆环和螺钉组成，每个部分均可拆卸，通过螺钉组合固定，可根据测试模块的

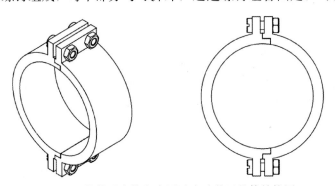

图 8.5　抗拉强度恢复率测试实验装置整体结构图

尺寸自由调整，测试模块的外圆周均加力压紧。由于劈裂后的水泥石试样会有一定程度的变形，因此设计螺钉可在一定范围内移动调整，使测试模块全面受到均匀压力，其内部裂纹也可得到充分挤压，更好地进行自修复。

2. 评价方法

基于上述两种实验装置，以水泥石力学强度恢复率评价固井水泥环自修复性能的方法，包括以下步骤：①水泥浆的制备及养护：制备固井用的自修复水泥浆，然后将其灌入抗折和劈裂抗拉模具中，在高温高压养护釜中养护一定时间使其凝固成水泥石；②水泥石强度测试：测试水泥石完全断裂时的抗折强度和劈裂抗拉强度；将测试后的断裂水泥石放入养护装置中养护 24h，再次测量其抗折强度和劈裂抗拉强度；③修复率的计算：通过以下公式计算水泥石抗折强度修复率和劈裂抗拉强度修复率：修复率＝水泥石修复后强度/水泥石修复前的强度×100%，求取修复率平均值，当抗折强度平均修复率≥50%且劈裂抗拉强度平均修复率≥30%时，则认为该水泥石具有自修复性能。需要说明的是，"当抗折强度修复率≥50%且劈裂抗拉强度修复率≥30%时，则认为该水泥石具有自修复性能"是在大量的实验基础上总结数据得出的。对于具有自修复性能的水泥石，必须对其修复率有一个严格的要求，才能判断其自修复性是否真实、可行、有效。在固井水泥行业，自修复水泥石是一个新兴技术，在业界没有一个统一的评价标准，因此发展缓慢。而纵观以往，所有评价标准的制定也都是在大量的实践和实验中总结得出进而成为行业标准和行业规定的。

8.2.2　水泥石渗透恢复率评价方法

固井水泥环的主要作用之一就是封隔地层流体，而渗透率可以反映地层流体在水泥环微裂缝中的渗流情况。因此，本书将水泥石渗透率作为评价水泥石自修复性能的另一个重要指标。以水泥石渗透率评价固井水泥环自修复性能的方法，是在目前广泛应用于油田及室内实验的岩心驱替装置的基础上，将连续不间断水泥石渗透率测试和气体渗透率测试相结合，可在不同压力、温度环境下工作，对固井水泥环微裂缝进行有效模拟，还可以量化评价固井水泥环的自修复性能。

这种水泥石渗透率评价固井水泥环自修复性能的方法通过以下步骤实现：①水泥浆的制备和养护：制备固井所用的自修复水泥浆，然后将其灌入一个较大的模具中，在设定的温度、压力条件下养护一定时间使其凝固成水泥石；②制样与强度测试：在同一块自修复水泥石上取多个相同的岩心（岩心尺寸 $\Phi25mm\times50mm$），编号 S，S_1，S_2，…，S_n（$n=2\sim6$），选取岩心 S 为标准件，测试其完全压裂时的抗压强度；以标准件岩心 S 抗压强度为基准，将岩心（S_1，S_2，…，S_n）分别进行不同程度的预损伤，如 30%、50%、70% 等；③渗透率测试：烘干预损伤后的岩心（S_1，S_2，…，S_n）24h，测试岩心（S_1，S_2，…，S_n）的气体渗透率（氦气）$K_前$；设定测试温度、压力，将岩心（S_1，S_2，…，S_n）放入渗透率测试仪器中，连续通入流体 8～12h，模拟地层流体情况，测试其渗透率变化趋势，观察自修复材料的响应时间和裂缝的修复时间；再次烘干岩心（S_1，S_2，…，S_n）24h，测试通入流体后的岩心（S_1，S_2，…，S_n）的气体渗透率（氦气）$K_后$；④修复情况判定：若 $K_后 < K_前$，则认为该自修复水泥石具有自修复微裂缝的功能；若 $K_后 \geq K_前$，则认为该自修复水泥石无自修复微裂缝的功能；⑤计算自修复率：自修复率 $= [(K_前 - K_后)/K_前] \times 100\%$。

该评价方法具有以下优点：①可以真实模拟固井水泥环微裂缝的产生和存在；②在同一块自修复水泥石上取得的岩心 S，S_1，S_2，…，S_n，其致密程度相似，抗压强度相似，可以其中岩心 S 作为标准件进行完全压裂记录强度值，减小了计算误差；③对于致密程度、抗压强度相似的岩心 S，S_1，S_2，…，S_n，通过造成不同程度损伤的方式进行微裂缝的模拟；④测试岩心无须其他特别处理，可直接放入岩心驱替装置中进行渗透率测试；⑤岩心气体渗透率测试采用氦气测试，无吸附作用，不影响水泥石原有结构和性能，测试值准确；测试采用的岩心驱替装置可持续通入流体，观察渗透率变化趋势，记录自修复材料的响应时间和裂缝的修复时间；⑥适用于基于气体渗透率和液体渗透率的自修复性能评价；⑦所应用的岩心驱替装置技术成熟，已广泛应用于实验室及油田现场；⑧自修复率计算简便、真实、有效，能够有效评价水泥石的自修复性能。

8.3 烃激活型自修复水泥浆体系

遇油膨胀橡胶在井下具有被烃类流体激活膨胀的性质，已证明可以用于自修复水泥浆中。本书在吸油树脂与遇油膨胀橡胶制备与性能研究的基础上，形成了可用于固井水泥浆的烃激活型自修复材料并对其工程性能和自修复性能开展了评价研究[37]。

8.3.1 烃激活型自修复材料的制备

烃激活型自修复材料是由三元乙丙橡胶（EPDM）和吸油树脂共混塑炼而成的吸油橡胶，主要利用橡胶、吸油树脂等聚合物类材料与井下原油、天然气等有机类物质接触后溶胀的机理，实现对水泥环裂缝的封堵和修复，其中吸油树脂的合成与性能是关键。

1. 吸油树脂的合成与评价

采用单因素法合成吸油树脂，以单体、引发剂、交联剂、反应时间和反应温度为变化量进行调节，选出最佳合成条件。合成步骤如下。

（1）称取一定量的聚乙烯醇（PVA）和 150mL 去离子水，加入三颈瓶中，加热搅拌至 70℃并使 PVA 完全溶解；

（2）称取一定量的甲醛丙烯酸甲酯（MMA）单体和甲醛丙烯酸丁酯（BMA）单体加入 PVA 溶液中搅拌，控制油水比为 2∶8；

（3）称取一定量的过氧化苯甲酰（BPO）作为引发剂和 N,N-亚甲基双两炼酰胺作为交联剂。先将过氧化苯甲酰溶于单体中并加入三颈瓶中搅拌反应，反应 15min 后加入 N,N-亚甲基双丙烯酰胺，并加热至 85℃反应 5h；

（4）反应结束后，产生淡黄色固体胶粒，用去离子水清洗 3~5 次，真空干燥 24h 即获得干燥后的吸油树脂。

将干燥后的树脂用于吸油性能的测试，测试方法为：称量一定量(0.5~1.0g)的树脂，放入事先制备好的几个无纺布袋中(预先称量好布袋的重量)，然后分别将布袋完全浸没在柴油中，浸泡 24h 后将布袋取出滴干，然后迅速称量并记录。计算出树脂的吸油率。计算公式为

$$G = \frac{m_2 - m_1}{m_1 - m_0} \tag{8-1}$$

式中，G 为吸油率，g/g；m_0 为布袋的质量，g；m_1 为树脂吸油前总质量，g；m_2 为树脂吸油后总质量，g。

1)单体配比对吸油树脂吸油性能的影响

如表 8.1 所示，考察了不同 MMA：BMA 配比条件下，吸油树脂吸油率的变化，结果如图 8.6。实验数据表明，体系的柴油吸油率受单体配比的影响，当 BMA 的用量增加时，吸油树脂的吸油率随之增加，原因在于 BMA 比 MMA 的支链更长，与油品的亲和能力更好。虽然吸油率随 BMA 用量的增加而增加，但是当 BMA 用量过大时，树脂链段较长，呈柔软型形态，树脂吸油后很难保持原有的形态。当 MMA：BMA 为 2：8 时，吸油树脂的性能较好，其吸油率较高，其形态保持较好。

表 8.1　以单体为实验变量的配方

配方	MMA：BMA 质量比	BPO/%	N,N-亚甲基双丙烯酰胺/%	PVA/%	温度/℃	反应时间/h
1#	0：10	0.6	0.17	3	85	5
2#	2：8	0.6	0.17	3	85	5
3#	3：7	0.6	0.17	3	85	5
4#	5：5	0.6	0.17	3	85	5
5#	10：0	0.6	0.17	3	85	5

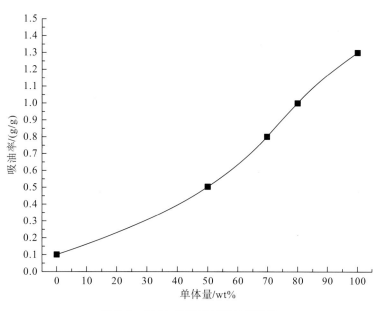

图 8.6　BMA 单体量与吸油率关系

2)引发剂用量对吸油树脂吸油性能的影响

吸油树脂聚合反应的速率、相对分子质量和交联速率都受引发剂用量的影响,如表8.2所示,考察了不同引发剂甲量条件下,吸油树脂吸油率的变化,结果如图8.7。当引发剂用量较少时,树脂的吸油率较低,原因可能是引发剂用量较低造成了树脂的交联度降低,引发剂较低也造成单体聚合不完全,单体残留于树脂内部,造成了树脂吸油能力的下降。当引发剂的浓度过高时,初始时刻的自由基浓度增加,会造成聚合物分子量较低,导致树脂吸油率的降低。实验结果表明,引发剂的最佳用量为0.6%,此时吸油树脂的吸油性能最好。

表8.2　以引发剂为实验变量的配方

配方	MMA∶BMA 质量比	BPO/%	N,N-亚甲基 双丙烯酰胺/%	PVA/%	温度/℃	反应时间/h
6#	2∶8	0.4	0.17	3	85	5
7#	2∶8	0.5	0.17	3	85	5
8#	2∶8	0.6	0.17	3	85	5
9#	2∶8	0.7	0.17	3	85	5
10#	2∶8	0.8	0.17	3	85	5

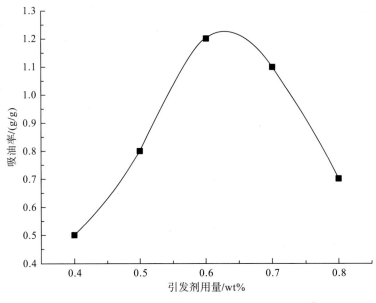

图8.7　引发剂用量与吸油率关系

3)交联剂用量对吸油树脂吸油性能的影响

交联密度和交联度决定着吸油树脂的空间结构,而树脂的空间结构则决定着树脂的吸油能力,所以交联剂的用量对树脂的吸油率影响极大。按表8.3的配方进行实验,由图8.8表明,树脂的吸油率在交联剂用量为1.7%时最高。当交联剂的用量较低时,聚合物的三维结构形成不够良好,聚合物吸油率较低,树脂吸油后的形态呈现为黏稠状且无强度,如图8.9所示。当交联剂的用量太大时,树脂内部的交联点间的链段较短,使得树脂的网络结构的溶剂较低,树脂吸油率下降。

表 8.3　以交联剂为实验变量的配方

配方	MMA∶BMA 质量比	BPO/%	N,N-亚甲基 双丙烯酰胺/%	PVA/%	温度/℃	反应时间/h
11#	2∶8	0.6	1.1	3	85	5
12#	2∶8	0.6	1.3	3	85	5
13#	2∶8	0.6	1.5	3	85	5
14#	2∶8	0.6	1.7	3	85	5
15#	2∶8	0.6	1.9	3	85	5

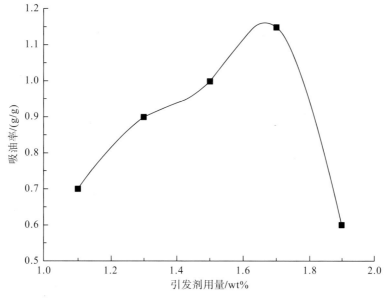

图 8.8　交联剂用量与吸油率关系

图 8.9　交联剂用量过低时的吸油树脂

4）反应时间对吸油树脂吸油性能的影响

如表 8.4 所示，考察了不同反应时间条件下，吸油树脂吸油率的变化，结果如图 8.10 所示。实验数据表明，树脂的吸油性能也受反应时间的影响，当反应时间为 5h 时，树脂的吸油性能最好。

表 8.4　以反应时间为实验变量的配方

配方	MMA：BMA 质量比	BPO/%	N,N-亚甲基双丙烯酰胺/%	PVA/%	温度/℃	反应时间/h
16#	2：8	0.6	0.17	3	85	4
17#	2：8	0.6	0.17	3	85	5
18#	2：8	0.6	0.17	3	85	6
19#	2：8	0.6	0.17	3	85	7
20#	2：8	0.6	0.17	3	85	8

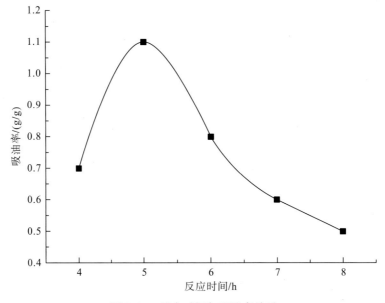

图 8.10　反应时间与吸油率关系

5)反应温度对吸油树脂吸油性能的影响

当反应温度为 75℃时，从反应开始到结束，反应药品都呈油状，不能聚合成树脂。其原因在于，引发剂的分解速率受反应温度的影响，单体反应不完全，大量的单体未参与反应。当反应温度较高时，会加快引发剂的分解速率，造成聚合反应速率增加，但聚合温度过高时，会使得体系不稳定，难以获得颗粒均匀的吸油树脂。当温度过低时，单体反应不完全，大量的单体未参与反应，难以获得树脂。图 8.11 的实验结果表明，反应的较佳温度为 85℃，此时树脂的吸油性能最好。

表 8.5　以反应温度为实验变量的配方

配方	MMA：BMA 质量比	BMA/g	BPO/%	N,N-亚甲基双丙烯酰胺/%	PVA/%	温度/℃	反应时间/h
21#	2：8	16	0.6	0.17	3	75	5
22#	2：8	16	0.6	0.17	3	80	5
23#	2：8	16	0.6	0.17	3	85	5
24#	2：8	16	0.6	0.17	3	90	5
25#	2：8	16	0.6	0.17	3	95	5

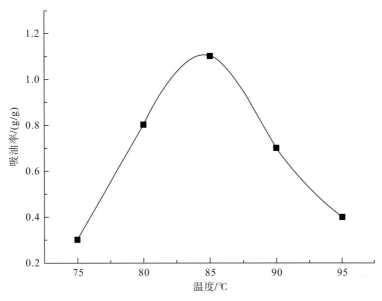

图 8.11　反应温度与吸油率关系

综上可知，吸油树脂的最佳合成条件如表 8.6 所示。

表 8.6　吸油树脂最优合成条件

MMA：BMA 质量比	BPO/%	N,N-亚甲基 双丙烯酰胺/%	PVA/%	温度/℃	反应时间/h
2：8	0.6	1.7	3	85	5

6)吸油树脂性能分析

分别利用傅里叶红外光谱仪和热分析仪对所合成的吸油树脂进行了结构和热重分析。

(1)红外分析。

将产品充分干燥，用 KBr 研磨压片，通过傅里叶红外光谱仪测定分析吸油树脂结构。扫描范围 400~4000cm^{-1}。

从吸油树脂的红外光谱图(图 8.12)可知，相应酯族的 C—H 键的非对称拉伸振动的—CH$_3$基团在 3008.27cm^{-1}处，聚合物的特征吸收带则出现在 3157.60cm^{-1}附近，—CONH中—NH 伸缩振动吸收峰出现在 3439.66cm^{-1}处，这也是反应体系中 N,N-亚甲基双丙烯酰胺中的—NH 特征吸收峰，—CONH 中 C═O 伸缩振动吸收峰出现在 1635.29cm^{-1}处，根据红外光谱分析结果，可证明吸油树脂由甲基丙烯酸丁酯和甲基丙烯酸甲酯通过交联剂共聚所获得。

(2)热重分析。

产品经纯化、充分干燥后用热重分析仪热稳定性，结果如图 8.13 所示。可以看出，吸油树脂开始分解的温度为 150℃左右，从 250℃左右开始树脂才大幅度地分解，直至 440℃左右树脂才完全分解。树脂 TG 线显示了吸油树脂具有较高的热分解温度和耐高温性能。

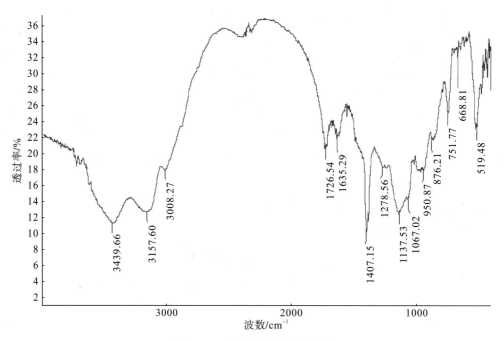

图 8.12　吸油树脂的红外光谱图

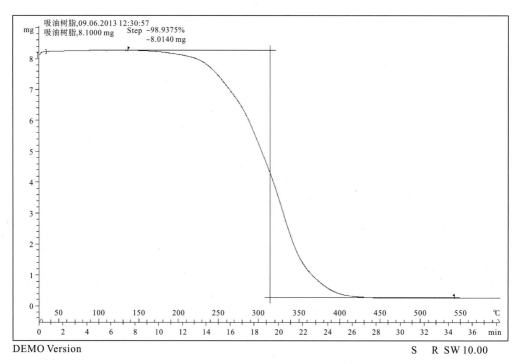

图 8.13　吸油树脂热重分析图

2. 吸油橡胶制备

在确定吸油树脂配方制备条件的基础上，将三元乙丙橡胶（EPDM）与不同加量的黏土、吸油树脂共混塑炼制备吸油橡胶，加入黏土的目的是提高吸油橡胶与水泥浆之间的亲和力，有利于分散和降低对水泥石强度的不利影响。制备时首先使用双滚塑炼机对 EPDM 进行塑炼，塑炼到一定程度后，加入一定量的黏土、吸油树脂混炼，然后将混炼后试样放入平板硫化机热压，最后低温粉碎成 80～120 目粉末。

为获得最优的吸油橡胶配方，将 EPDM：黏土：吸油树脂按不同比例混配（表 8.7），测试吸油橡胶的吸油率，结果如图 8.14 所示。

表 8.7　不同配方吸油橡胶混配比例

序号	混配比例
①	纯 EPDM
②	EPDM：吸油树脂＝100：10
③	EPDM：黏土：吸油树脂＝90：10：10
④	EPDM：黏土：吸油树脂＝80：20：10
⑤	EPDM：吸油树脂＝100：30
⑥	EPDM：黏土：吸油树脂＝90：10：30
⑦	EPDM：黏土：吸油树脂＝80：20：30
⑧	EPDM：吸油树脂＝100：50
⑨	EPDM：黏土：吸油树脂＝90：10：50
⑩	EPDM：黏土：吸油树脂＝80：20：50

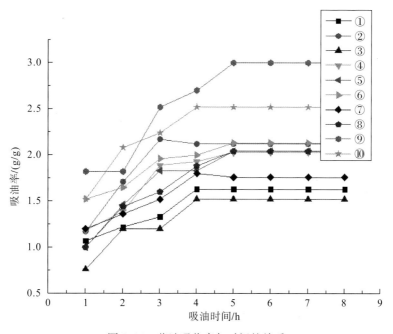

图 8.14　柴油吸收率与时间的关系

从图 8.14 可以看出，随着时间延长，不同配比吸油橡胶的吸油率都是逐渐升高，到达一定的量后不再发生变化；加入黏土可以改变橡胶的性能，随着黏土含量的增加，橡胶的吸油性能也有小幅度的提高。

8.3.2 烃激活型自修复材料对水泥浆性能的影响

油井水泥浆体系具有特殊的使用环境，在探究油井水泥浆自修复材料时，应首先考察水泥浆流动性、API 失水量等工程应用性能，以期得到能够满足一定施工条件的自修复水泥浆体系，同时还需考虑自修复材料对水泥石力学性能的影响。为此，将吸油橡胶粉分别掺入现场常用水泥浆配方中探究其对水泥浆性能的影响，水泥浆配方如表 8.8 所示。

表 8.8　吸油橡胶水泥浆实验配方（液固比 0.44）

序号	吸油橡胶粉加入比例/%	G 级油井水泥/g	吸油橡胶粉加量/g	水/g	降失水剂/g	分散剂/g	微硅/g
P	0	800	0	372	20	4	20
X_1	1	792	8	372	20	4	20
X_2	3	776	24	372	20	4	20
X_3	5	760	40	372	20	4	20

1. 对流动度的影响

从表 8.9 可以看出，当吸油橡胶粉替代部分水泥加入后，在保持液固比不变的情况下，由于吸油橡胶颗粉不吸水，这相当于是提高了水泥浆中的自由水含量。因此，在一定加量范围内，自修复水泥浆流动度随吸油橡胶粉的加量增加而增加，流动度都在 22cm 以上，能够满足现场施工的要求。

表 8.9　吸油橡胶加量对水泥浆流动度的影响

序号	密度/(g/cm³)	自由水/mL	流动度/cm	
			常温	高温（90℃）
P	1.91	0	22	24
X_1	1.87	0	23	25
X_2	1.84	0	24	25
X_3	1.82	0	23	25

2. 对失水量的影响

从表 8.10 可看出，吸油橡胶在一定加量范围内，水泥浆体系的失水量随吸油橡胶的增加而减少，当掺量达 5% 时，失水量为 25mL 左右。这是因为吸油橡胶为颗粒状粉末，粒径较小且有一定的弹性变形能力。当其加入水泥浆中后，吸油橡胶粉能填充到滤饼之间的较大孔隙中并在压力的左右下变形并压实，从而迅速降低滤饼的渗透率。

表 8.10　不同吸油橡胶掺量下水泥浆的失水量

序号	P	X_1	X_2	X_3
失水量(mL/6.9MPa，30min)	56.2	38.8	30.3	24.5

3. 对水泥石力学性能的影响

不同加量下单掺吸油橡胶水泥石的抗压强度值如图 8.15 所示，在 30℃ 低温条件下，加入吸油橡胶后水泥石抗压强度明显提高，养护时间越长，抗压强度越大；与纯水泥相比，X_1 水泥石 14d 抗压强度增长 30%，这可能是由于细化的吸油橡胶粉预先与水泥材料混合均匀，有一定的颗粒级配效果；在 14d 时 X_3 水泥石强度有所下降，水泥本身作为胶凝材料，吸油橡胶在大加量下，取代了水泥的份数，且吸油橡胶属质软材料，高加量下难与水泥基体胶结，且分散性不够好，从而导致水泥石强度有所下降。高温 90℃ 养护下，水泥石的强度均明显下降，说明在高温条件下，由于吸油橡胶高温软化，影响了水泥石的内部结构，导致强度降低。

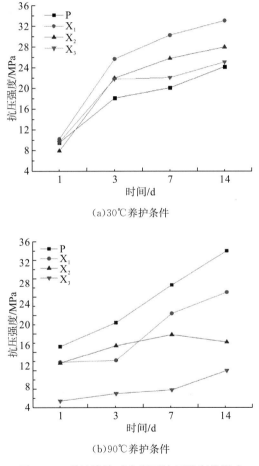

(a)30℃养护条件

(b)90℃养护条件

图 8.15　吸油橡胶对水泥石抗压强度的影响

如图 8.16 所示，加入吸油橡胶后，随养护时间增加，低温下水泥石抗折强度稍有提升，X_1 在 14d 养护后抗折强度均稍高于纯水泥石 6%；但 X_2 的抗折强度随着养护天数的增加较纯水泥均有下降，但下降幅度较小，说明此时吸油橡胶依然具有良好的分散性以及与基体的结合力；X_3 水泥石的抗折强度降低较多，吸油橡胶取代了大量水泥，可能存在团聚等作用，致使吸油橡胶在水泥中不能进行良好分散，影响了水泥石的力学性能。

在高温下，强度整体降低，说明吸油橡胶耐高温性较差。

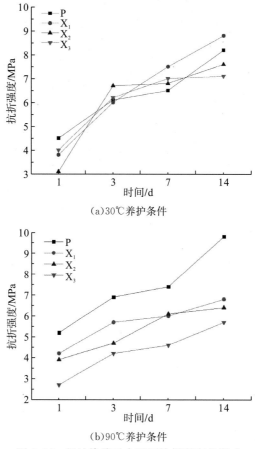

（a）30℃养护条件

（b）90℃养护条件

图 8.16 吸油橡胶对水泥石抗折强度的影响

加入吸油橡胶后水泥石抗拉强度有较大影响，如图 8.17 所示。30℃条件下 X_1、X_2、X_3 加量下 14d 抗拉强度值与纯水泥石相比，分别提高了 15.8%、19.9%、24.4%，90℃时吸油橡胶则对抗拉强度影响较小，随养护时间增加而略有提高。由此可知，低温下加入吸油橡胶对水泥石抗拉强度影响较大，吸油橡胶的加量也是影响水泥石抗拉强度的主要原因，因此需对吸油橡胶的加量进行控制。

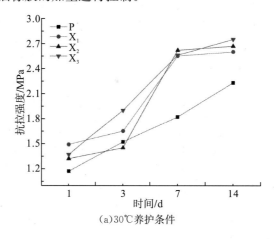

（a）30℃养护条件

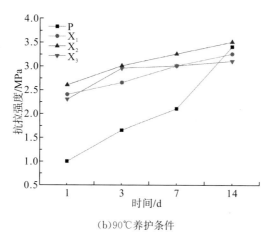

（b）90℃养护条件

图 8.17 吸油橡胶对水泥石抗拉强度的影响

综上分析，在满足固井水泥石力学性能要求的前提下，加量在 1%～3% 情况时较为适宜。

8.3.3 烃激活型固井自修复水泥浆自修复性能评价

采用渗透率恢复率评价方法对吸油橡胶水泥石的自修复性能进行了评价。实验中先将空白水泥浆和不同吸油橡胶掺量水泥浆灌入预先准备好的模具中，放入高温高压养护釜中养护，养护的温度为 110℃、压力为 20MPa，养护 48h。待水泥浆形成水泥石块，取 4 组（每组 3～5 个）岩心编号 P、X_1、X_2、X_3。同时每组选出 3～5 样进行完全压裂，记录抗压强度平均值，并以此为据对 P、X_1、X_2、X_3 组分别进行 0%、30%、50% 的预损伤。

烘干已经损伤的岩心 24h 后，分别测试氮气渗透率 $K_{前}$；然后将待测岩心放入岩心夹持器中，10h 不间断通入柴油，测试岩心的连续渗透率变化；最后再次烘干 24h，测试通入流体后岩心的氮气渗透率 $K_{后}$，并与 $K_{前}$ 进行对比。

水泥石在未损伤的情况下自修复测试结果如图 8.18 和表 8.11 所示，未加入吸油橡胶的水泥石通入柴油后，渗透率几乎没有变化；而加入吸油橡胶材料后，水泥石渗透率在初始时间时均有显著降低，且下降趋势明显，显示出较快的吸油封堵裂缝性能；吸油橡胶加量越多，水泥石的渗透率越小，当通入柴油 8h 后，水泥石渗透率曲线趋于平稳，吸油橡胶加量为 1%、3% 和 5% 的水泥石，其平稳后的渗透率较空白水泥石分别下降了 44.3%、70.5% 和 86.8%，很大程度上堵塞了水泥石的内部孔隙。

表 8.12、图 8.19 和表 8.13、图 8.20 为预损伤 30% 和 50% 时水泥石自修复情况。由图可知，由于初始情况的水泥石存在裂纹，因此其初始渗透率数值较大；存在裂纹的水泥石，使得柴油的通入更为迅速，而与吸油橡胶接触面积更大、速度很快，所以渗透率曲线下降趋势更为陡峭，表现出吸油橡胶较快的吸油性能和良好的封堵裂缝功能。从图中也可看出，通入柴油 8h 后，渗透率曲线趋于平稳，预损伤 30% 和 50% 的水泥石在加量 5% 的情况下，其渗透率较空白水泥石均有一个数量级的下降，体现了明显的封堵裂缝功能，达到了良好的自修复效果。

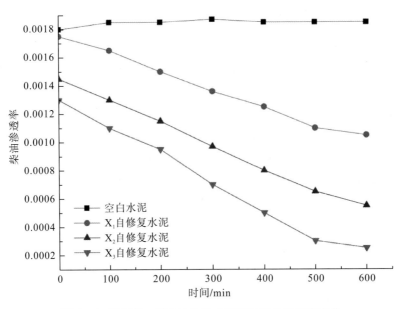

图 8.18 预损伤 0% 吸油橡胶水泥石的柴油渗透率变化

表 8.11 预损伤 0% 吸油橡胶水泥石的气测渗透率变化

吸油橡胶加量/%	通入柴油时间/h	自修复前气体渗透率/mD	自修复后气体渗透率/mD	自修复率/%
0	10	0.579	0.507	—
1	10	0.503	0.321	36.18
3	10	0.432	0.208	51.85
5	10	0.401	0.096	76.06

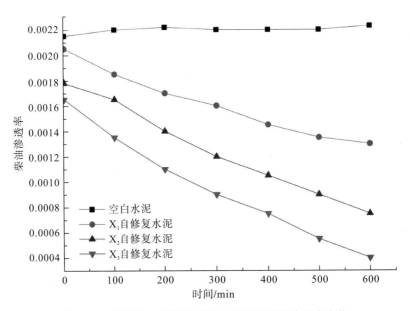

图 8.19 预损伤 30% 吸油橡胶水泥石的柴油渗透率变化

表 8.12 预损伤 30%吸油橡胶水泥石的气测渗透率变化

吸油橡胶加量/%	通入柴油气体时间/h	自修复前气体渗透率/mD	自修复后气体渗透率/mD	自修复率/%
0	10	0.602	0.543	—
1	10	0.587	0.391	33.39
3	10	0.543	0.298	45.12
5	10	0.521	0.137	73.70

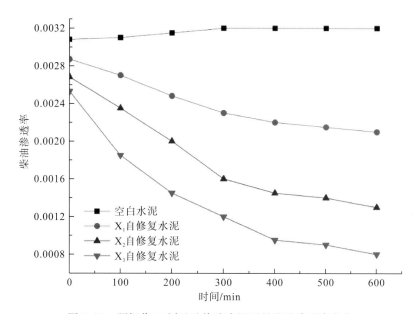

图 8.20 预损伤 50%吸油橡胶水泥石的柴油渗透率变化

表 8.13 预损伤 50%吸油橡胶水泥石的柴气测渗透率变化

吸油橡胶加量/%	通入柴油气体时间/h	自修复前气体渗透率/mD	自修复后气体渗透率/mD	自修复率/%
0	10	0.659	0.604	—
1	10	0.601	0.426	29.12
3	10	0.589	0.329	44.14
5	10	0.574	0.161	71.95

由以上实验数据分析可知，由于吸油橡胶有吸油迅速膨胀的性质，加入水泥浆后，使得水泥石具有一定的自动愈合裂纹功能。当水泥石出现裂缝时，井下的油类物质会沿着裂缝进入水泥石内部，此时，添加在水泥中的吸油橡胶材料会发生吸油膨胀效应，锁住油类物质上窜，并通过自身膨胀封堵裂缝及水泥石内部的孔隙。图 8.21 为空白水泥石与吸油橡胶自修复后水泥石形貌对比。从图中可看出，空白水泥石具有较大的裂缝及孔隙，吸油橡胶水泥石通油后实现自修复功能，水泥石内部的空隙明显减少，裂缝在一定程度上得以修复。

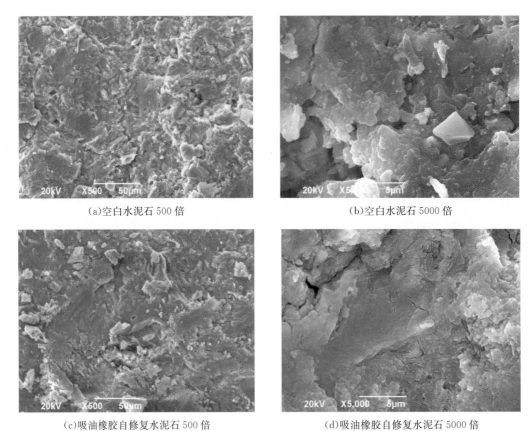

<table>
<tr><td>(a)空白水泥石 500 倍</td><td>(b)空白水泥石 5000 倍</td></tr>
<tr><td>(c)吸油橡胶自修复水泥石 500 倍</td><td>(d)吸油橡胶自修复水泥石 5000 倍</td></tr>
</table>

图 8.21 空白水泥石与吸油橡胶自修复水泥石形貌

通过吸油橡胶的扫描电镜图(图 8.22)观察发现，吸油橡胶内部存在较规则的网络交联及多孔结构，骨架结构明显，这使其具有极大的比表面积和丰富的毛细孔道。吸油橡胶一旦与油接触，材料表面就会发生吸附作用，此外，这种多孔结构加快了油分子向内部结构的扩散。网络骨架结构对吸入油重量起到良好的支撑作用，并提高了吸油橡胶的保油能力。

图 8.22 吸油橡胶粉末微观形貌

8.4　热自修复水泥浆体系

8.4.1　热自修复材料性能

本书所选用的热自修复材料为乙烯－醋酸乙烯酯（EVA）热熔胶粉，其相关参数如表 8.14 所示。

表 8.14　EVA 热熔胶粉参数

VA 含量 /%	熔融指数 /(g/10min)	密度 /(g/cm³)	断裂伸长率 /%	熔点 /℃	软化点 /℃	硬度 /Shore D
18	150	0.934	700	82	92	23

8.4.2　热自修复材料对水泥浆性能的影响

由于 EVA 是一种不溶于水的有机物，因此，在配制水泥浆时先将其与水泥、添加剂预先均匀混合，再配制水泥浆，这样对水泥浆性能影响较小，分散更为均匀。EVA 水泥石实验配方如表 8.15 所示。

表 8.15　EVA 自修复水泥石实验配方（液固比 0.44）

序号	EVA 加量/%	G 级油井水泥/g	EVA/g	水/g	降失水剂/g	分散剂/g	微硅/g
P	0	800	0	372	20	4	20
E_1	1	792	8	372	20	4	20
E_2	3	776	24	372	20	4	20
E_3	5	760	40	372	20	4	20

1. 对流动度的影响

如表 8.16 所示，随着 EVA 掺量的增加，水泥浆的密度逐渐减小，流动度减小，由于 EVA 为热塑型材料，熔点为 78℃，在 90℃的高温条件下养护，EVA 处于可流动的熔化状态，增加了体系黏度，因此，高温下流动度有所降低。温度对其流变性影响不大，且随加量增加，流变性递增，加量在一定范围内能够满足固井施工性能要求。

表 8.16　EVA 加量对水泥浆流动度的影响

加量/wt%	密度/(g/cm³)	自由水/mL	流动度/cm	
			常温	高温（90℃）
0	1.91	0	22	24
1	1.84	2	21	20
3	1.83	3	20	19
5	1.80	3	20	19

2. 对失水量的影响

EVA 水泥浆体系的失水量是随 EVA 掺量的增加而减少（表 8.17）。当掺量达 5% 时，失水量在 28mL 左右。EVA 为颗粒状物质，其粒径较大，高温下呈流动状态，在进行失水测试时，随着温度的升高，流动的 EVA 能流进并填充到水泥颗粒和水化产物之间的孔隙中，达到黏结的效果，并堵住外界介质通过的空隙，降低了滤饼的渗透率，减少失水通道。

表 8.17 不同 EVA 掺量下水泥浆的失水量

EVA 掺量/%	0	1	3	5
失水量/mL	51	39.6	34.2	28

3. 对水泥石力学性能的影响

不同加量下单掺 EVA 水泥石抗压强度值如图 8.23 所示，在温度较低的情况下，少加量的 EVA 水泥石抗压强度有一定提高，与纯水泥相比，E_1 水泥石 14d 时的抗压强度增长 7.3%。在高温情况下，强度显著下降。这可能是由于 EVA 属于有机高分子材料，预先混于水泥材料中能有更好的相容性，而在较高加量下，水泥石中水泥材料加量减少，EVA 分散性不够，与水泥基体胶结性差；而且高温 90℃ 高于 EVA 的熔点，此时的 EVA 呈流动状态，而水泥石内部存在空隙，因此流动的 EVA 可能会填充空隙而使强度降低。

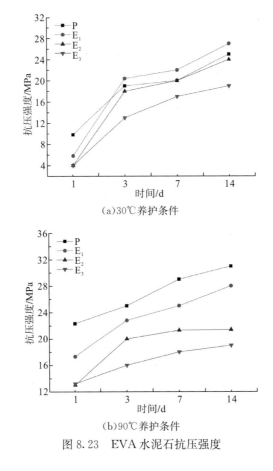

(a) 30℃ 养护条件

(b) 90℃ 养护条件

图 8.23 EVA 水泥石抗压强度

8.4.3　热自修复水泥浆自修复性能评价

对于热修复固井水泥石，以水泥石力学强度恢复率评价其自修复性能较好。首先，将固井用的自修复水泥浆灌入抗折和劈裂抗拉模具中，并在高温高压养护釜中(设定温度110℃，压力 20MPa)养护 48h。随后，测试水泥石完全断裂时的抗折强度 R_{c1} 和劈裂抗拉强度 σ_{t1}。然后，将测试后的断裂水泥石放入固井水泥石自修复评价装置中养护 48h，再次测量其抗折强度 R_{c2} 和劈裂抗拉强度 σ_{t2}。最后，多次计算水泥石的修复率并求取修复率平均值。

EVA 水泥石的热自修复情况如表 8.18 所示，从表中可以看出，温度升高至熔点以上时，EVA 改变了形态，进而改变了水泥基体和 EVA 的界面结构。EVA 受热后熔化呈流动状态，能够在水泥基体的孔隙和缝隙中流动，从而填补空隙赋予了水泥石自修复的性能。EVA 含量增加，强度修复率越高。

表 8.18　EVA 水泥石抗折强度自修复情况

EVA 加量/%	1	3	5
自修复前抗折强度/MPa	6.5	7.8	5.9
自修复后抗折强度/MPa	5.4	4.8	5.1
抗折强度自修复率/%	83.1	61.5	86.4

参 考 文 献

[1]唐欣，杨远光. 自修复水泥—解决油气井泄漏的新技术[J]. 国外油田工程，2008，24(11)：43-46.

[2]赵宝辉. 自愈合水泥技术研究进展[C]. 2012 年全国固井研讨会议.

[3]杨振杰，齐斌，刘阿妮，等. 水泥基材料微裂缝自修复机理研究进展[J]. 石油钻探技术，2009，37(5)，124-128.

[4]姚晓. 国内外水泥环自修复材料技术评析[C]. 2012 年全国固井研讨会议.

[5]张雄，习志臻，王胜先，等. 仿生自愈合混凝土的研究进展[J]. 混凝土，2001 (3)：10-13.

[6]匡亚川，欧进萍. 混凝土裂缝的仿生自修复研究与进展[J]. 力学进展，2006，36(3)：406-414.

[7]薛绍祖. 国外水泥基渗透结晶型防水材料的研究与发展[J]. 中国建筑防水，2001，(6)：9-12.

[8]匡亚川，欧进萍. 混凝土的渗透结晶自修复试验与研究[J]. 铁道科学与工程学报，2008，5(1)：6-10.

[9]黄伟，王平，尹万云，等. 渗透结晶型裂缝自愈合混凝土的抗渗性能及其机理[J]. 混凝土，2010 (8)：28-30.

[10]Dry C. Procedures developed for self-repair of polymer matrix composite materials[J]. Composite structures，1996，35(3)：263-269.

[11]习志臻，张雄. 仿生自愈合水泥砂浆的研究[J]. 建筑材料学报，2002，5(4)：390-392.

[12]匡亚川，欧进萍. 内置纤维胶液管钢筋混凝土梁裂缝自愈合行为试验和分析[J]. 土木工程学报，2005，38(4)：53-59.

[13]欧进萍，匡亚川. 内置胶囊混凝土的裂缝自愈合行为分析和试验[J]. 固体力学学报，2004，25(3)：320-324.

[14]匡亚川. 具有裂缝自愈合行为的两种混凝土材料及其构件[D]. 哈尔滨：哈尔滨工业大学，2002.

[15]孔丽丽. 梁式桥混凝土自修复胶囊工作机理的研究[D]. 重庆：重庆交通大学，2011.

[16]Reddy B R，Liang F，Fitzgerald R. Self-healing cements that heal without dependence on fluid contact：A laboratory study[J]. SPE Drilling and Completion，2010，25(3)：309-313.

[17]袁雄洲，孙伟，左晓宝，等. 乙烯-醋酸乙烯热熔胶对水泥基材料裂缝自修复性能的影响[J]. 硅酸盐学报，2010，

　　38(11)：2185.

[18]Bellabarba M，Bulte-Loyer H，Froelich B，et al. Ensuring zonal isolation beyond the life of the well[J]. Oilfield Review，2008，20(1)：18-31.

[19]http：//www. slb. com/services/drilling/cementing/self_healing_cement. aspx.

[20]王强，曹爱丽，王苹，等. 遇油膨胀橡胶的制备及性能研究[J]. 高分子材料科学与工程，2003，19(2)：206-208.

[21]徐鑫，魏新芳，余金陵. 遇油遇水自膨胀封隔器的研究与应用[J]. 石油钻探技术. 2009，37(6)：67-69.

[22]马明新，步玉环，曹成章，等. 遇油膨胀封隔器的封隔性能研究[J]. 润滑与密封，2012，37(7)：56-59.

[23]郭朝辉，马兰荣，朱和明，等. 国外可膨胀尾管悬挂器的新进展[J]. 石油钻探技术，2008，36(5)：66-69.

[24]Cavanagh P，Johnson C R. Self-healing cement-novel to achieve leak-free wells[R]. SPE/IADF 105781，2007.

[25]Moroni N，Vallorani F，Johnson C R，et al. Achieving long-term isolation for thin gas zones in the Adriatic Sea Region[C]//SPE Western Regional Meeting. Society of Petroleum Engineers，2005.

[26]Bybee K. Overcoming the Weak Link in cemented isolation[J]. Journal of Petroleum Technology，2008，60(5)：101-104.

[27]Reddy B R，Liang F，Fitzgerald R M，et al. Self repairing cement compositions and methods of using same：U. S. Patent 7，530，396[P]. 2009-5-12.

[28]胡婷，姚晓，诸华军. 水泥石自修复用聚脲甲醛微胶囊的制备及性能[J]. 高分子材料科学与工程，2012，28(8)：148-151.

[29]赵建锋. 固井水泥环微裂缝自修复技术研究与开发[J]. 科技致富向导，2010，12：210.

[30]Bonnaure F P，Huibers A，Boonders A. A laboratory investigation of the influence of rest periods on the fatigue characteristics of bituminous mixes[J]. Journal of the Association of Asphalt Paving Technologists，1982，51：104-128.

[31]Chowdary V. Experimental Studies on Healing Of Asphalt Mixtures[C]//International Symposium of Research Students on Materials Science and Engineering，Department of Metallurgical and Materials Engineering，Indian Institute of Technology Madras，India. 2004.

[32]Qiu J，Van de Ven M F C，Wu S，et al. Investigating the self healing capability of bituminous binders[J]. Road Materials and Pavement Design，2009，10(sup1)：81-94.

[33]刘萌，李明，刘小利，等. 固井自修复水泥浆技术难点分析与对策[J]. 钻采工艺，2015，38(2)：27-30.

[34]刘萌，李明，郭小阳，等. 一种用于评价水泥基体自愈合效果的试验装置[P]. 中国，ZL 2013 2 0690375. 62014-04-02.

[35]李明，郭小阳，刘萌，等. 一种评价固井水泥环自修复性能的方法[P]. 中国，201310539581. 1. 2014-02-12.

[36]李明，刘萌，郭小阳，等. 以水泥石渗透率评价固井水泥环自修复性能的方法[P]. 中国，201410255273. 02015-03-02.

[37]刘萌. 固井水泥浆用自修复材料的探索研究[D]. 成都：西南石油大学，2015.